"十四五"职业教育国家规划教材

工业和信息化精品系列教材

Information Techn

信息技术

拓展模块

慕课版

史小英 ◎ 主编

姚锋刚 高海英 许大伟 何瑛 ◎ 副主编 张敏华 ◎ 主审

人民邮电出版社

北京

图书在版编目（CIP）数据

信息技术 : 拓展模块 / 史小英主编. -- 北京 : 人民邮电出版社, 2021.11（2023.8重印）
工业和信息化精品系列教材
ISBN 978-7-115-57526-5

Ⅰ. ①信… Ⅱ. ①史… Ⅲ. ①电子计算机—教材 Ⅳ. ①TP3

中国版本图书馆CIP数据核字(2021)第267345号

内容提要

本书以《高等职业教育专科信息技术课程标准（2021 年版）》为参考标准，采用任务驱动的讲解方式来锻炼学生的信息技术操作能力，培养学生的信息素养。全书共 12 个模块，分别为信息安全、项目管理、机器人流程自动化、程序设计基础、大数据、人工智能、云计算、现代通信技术、物联网、数字媒体、虚拟现实和区块链。每个模块包含若干任务，每个任务采用“任务描述→相关知识→任务实践”的结构进行讲解，每个模块最后还安排有课后练习，以便学生对所学知识进行练习和巩固。

本书适合作为普通高等学校、高职高专院校信息技术课程（拓展模块）的教材或参考书，也可作为各行各业人员了解信息技术的参考书。

◆ 主　　编　史小英
副 主 编　姚锋刚　高海英　许大伟　何　瑛
主　　审　张敏华
责任编辑　马小霞
责任印制　王　郁　焦志炜

◆ 人民邮电出版社出版发行　　北京市丰台区成寿寺路 11 号
邮编　100164　　电子邮件　315@ptpress.com.cn
网址　https://www.ptpress.com.cn
涿州市京南印刷厂印刷

◆ 开本：787×1092　1/16
印张：12.5　　2021 年 11 月第 1 版
字数：330 千字　　2023 年 8 月河北第 2 次印刷

定价：39.80 元

读者服务热线：(010)81055256　印装质量热线：(010)81055316
反盗版热线：(010)81055315
广告经营许可证：京东市监广登字 20170147 号

前言 PREFACE

信息技术涵盖信息的获取、表示、传输、存储、加工、应用等各种技术。信息技术已成为经济社会转型发展的主要驱动力，是建设创新型国家、制造强国、网络强国、数字中国、智慧社会的基础和支撑。提升国民信息素养，增强个体在信息社会的适应力与创造力，对个人的生活、学习和工作，对全面建设社会主义现代化国家具有重大意义。高等职业教育专科信息技术课程是各专业学生必修或限定选修的公共基础课程。学生学习本课程，能够增强信息意识，提升计算思维，促进数字化创新与发展能力，树立正确的信息社会价值观和责任感，为其明确职业发展和学习方向，从而更好地服务社会。

党的二十大报告提出“深入实施人才强国战略”。本书围绕“中国制造”“互联网+”等战略发展要求，用通俗易懂的语言和日常生活中的案例讲解信息技术的基础知识和应用方法，以实现教育链和人才链、产业链的有效衔接。根据《高等职业教育专科信息技术课程标准（2021 年版）》，结合高等职业学校学生的学习水平和学习能力，以及职业生涯发展和终身学习的需要，我们特地编写了本书。

1. 课程目标

高等职业教育专科信息技术课程的目标是通过理论知识讲解、技能训练和综合应用实践，使高等职业教育专科学生的信息素养和信息技术应用能力得到全面提升。本课程通过丰富的教学内容和多样化的教学形式，帮助学生认识信息技术对人类生产、生活的重要作用，了解现代社会信息技术发展趋势，理解信息社会特征并遵循信息社会规范；帮助学生掌握常用的工具软件和信息化办公技术，了解大数据、人工智能、区块链等新兴信息技术，具备支撑专业学习的能力，能在日常生活、学习和工作中综合运用信息技术解决问题；培养学生的团队意识和职业精神，让学生具备独立思考和主动探究的能力，为学生职业能力的持续发展奠定基础。

2. 课程内容

信息技术课程由基础模块和拓展模块两部分构成。拓展模块包含信息安全、项目管理、机器人流程自动化、程序设计基础、大数据、人工智能、云计算、现代通信技术、物联网、数字媒体、虚拟现实、区块链等内容。各地区、各学校可根据国家相关规定，结合地方资源、学校特色、专业需要和学生实际情况，自主确定拓展模块教学内容。拓展模块建议学时为 32～80 学时。

3. 本书特色

本书在知识讲解、体例设计及配套资源方面具有以下特色。

（1）依据课程标准，帮助学生做到学以致用，全面提升学生信息素养。本书以《高等职业教育专科信息技术课程标准（2021 年版）》为基础，以“全面贯彻党的教育方针，落实立德树人”为根本任务，通过“理实一体化”教学，提升学生应用信息技术解决问题的综合能力，使学生成为德智体美劳全面发展的高素质技术技能人才。

（2）任务驱动，目标明确。本书将知识点模块化，每个模块安排了多个任务，每个任务采用“任务描述→相关知识→任务实践”的形式组织内容，让学生可以在情景式教学环境下，明确学习目标，更好地将知识融入实际操作和应用中。

（3）讲解深入浅出，实用性强。本书在注重系统性和科学性的基础上，突出实用性及可操作性，对重点概念和操作技能进行详细讲解，语言流畅，深入浅出，符合信息技术教学的规律，满足社会对人才培养的要求。

（4）小栏目实用，提供更多解决方案。本书在讲解过程中，通过“提示”小栏目为学生提供更多解决问题的方法和更为全面的知识，引导学生尝试更好、更快地完成当前工作任务及类似工作任务。

（5）配套微课视频和素材文件。本书所有操作讲解内容均已录制成视频，同时本书还提供相关操作的素材与效果文件，帮助学生更好地学习。

本书配有慕课视频，登录人邮学院网站（www.rymooc.com）或扫描封底二维码，使用手机号完成注册，在首页右上角单击“学习卡”选项，输入封底刮刮卡中的激活码，即可在线观看视频。

为了方便教学，读者可以登录人邮教育社区（www.ryjiaoyu.com）下载本书的 PPT 课件、教学大纲、练习题库、素材和效果文件等相关教学配套资源。

本书由西安航空职业技术学院史小英任主编，姚锋刚、高海英、许大伟、何瑛任副主编，张敏华负责主审。其中，史小英编写模块二、模块四、模块十，姚锋刚编写模块三、模块六、模块十二，高海英编写模块一、模块五、模块十一，许大伟编写模块七、模块九，何瑛编写模块八。感谢北京四合天地科技有限公司为本书提供部分案例。

由于编者水平有限，书中难免存在不足之处，欢迎广大读者批评指正。

编者

2023 年 5 月

目录 CONTENTS

模块四

模块五

模块六

模块七

模块八

模块九

模块十

模块十一

模块十二

模块一 信息安全

01

2021 年 9 月，由国家互联网信息办公室、科学技术部、工业和信息化部、浙江省人民政府联合主办的 2021 年世界互联网大会“互联网之光”博览会在浙江乌镇顺利举行，其中，“网络空间安全和个人信息保护”主题展区对网络安全领域的产品、技术成果、工作业绩，以及中国个人信息保护实践、中国与国外个人信息保护立法工作的开展、各大企业在个人信息保护方面的现有成果等进行了展示，引发了人们的热烈讨论。这不仅体现了互联网背景下人们对信息安全的重视，也体现了我国在建设数字文明新时代，携手全球构建网络空间命运共同体的决心。作为当代青年，我们应该了解信息安全，熟悉互联网时代信息安全的技术特征和未来趋势，提升自己的信息安全素养和能力，在自己力所能及的范围内努力为国家的数字化经济发展贡献力量。

课堂学习目标

- 知识目标：了解信息安全的概念、基本要素，以及网络安全等级保护等理论知识；了解信息安全面临的威胁和常用的安全防御技术；能够对网络安全设备进行设置，提升信息安全技术的操作能力。
- 素质目标：了解信息安全对社会发展的影响，积极探索信息安全发展对个人和社会的意义，提升个人的信息安全素养和能力。

任务一 认识信息安全

任务描述

随着互联网和信息技术的普及，人们在享受信息带来的便利的同时，也面临着诸多信息安全问题，如计算机病毒、非法入侵操作系统、数据泄露、网络诈骗等。这些问题轻则损害个人的财产或合法权益，重则破坏社会诚信，影响社会的稳定和谐。因此，国家正大力推动信息安全方面的建设，培养从事信息安全工作的技术人才。本任务将介绍信息安全的概念、基本要素，以及网络安全等级保护等知识。读者应先了解信息安全的基础理论，构建信息安全的基本框架，再通过搜索信息安全相关的关键词和保护制度等进行实践操作，加深对信息安全的理解。

相关知识

（一）信息安全的概念

信息安全目前没有统一的定义，不同的机构、学者对信息安全有不同的定义。

- 国际标准化组织（International Organization for Standardization，ISO）对信息安全的定义：为数据处理系统建立和采用的技术和管理上的安全保护，其目的是保护计算机硬件、软件、数据不因偶然或恶意攻击而遭到破坏、更改和泄露。
- 欧盟对信息安全的定义：在既定的密级条件下，网络与信息系统抵御意外事件或恶意行为的能力。
- 美国国家安全电信和信息系统安全委员会对信息安全的定义：对信息、系统，以及使用、存储和传输信息的硬件的保护。
- 信息安全学者对信息安全的定义：在充分的知识和经验保证下的信息风险与控制的平衡。

综上，我们可以将信息安全理解为：信息从产生、制作、传播、收集、处理、选取直到使用这一过程中的信息资源安全。

> **提示** **从宏观上看，信息安全主要是指一个国家的社会信息化状态和信息技术体系不受外来的威胁与侵害，主要包括具体的信息技术系统发展的安全与某一特定信息体系（如国家的金融信息系统、作战指挥系统等）的安全。**

（二）信息安全的基本要素

信息安全的基本要素主要包括保密性、完整性、可用性、真实性和不可否认性，各个要素的基本内容如图 1-1 所示。

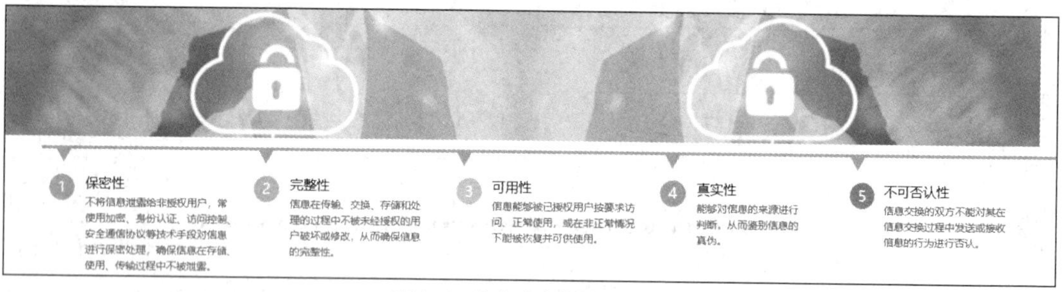

图 1-1　信息安全的基本要素

（三）网络安全等级保护

信息安全等级保护是对信息和信息载体按照重要性等级进行保护的一种工作。我国 2007 年发布的《信息安全等级保护管理办法》对信息安全等级保护做了明确的规定。随着互联网技术的发展，个人信息泄露、网络诈骗等网络安全问题层出不穷，推动了网络安全等级保护的建立。

网络安全等级保护是指对网络（含信息系统、数据）实施分等级保护、分等级监管，对网络中使用的安全产品分等级管理，对网络中发生的安全事件分等级响应、处置。我国 2017 年实施的《中华人民共和国网络安全法》明确规定“国家实行网络安全等级保护制度”，这标志着网络安全等级保护制度正式启动。

《中华人民共和国网络安全法》第二十一条规定，国家实行网络安全等级保护制度。网络运营者应当按照网络安全等级保护制度的要求，履行下列安全保护义务，保障网络免受干扰、破坏或者未经授权的访问，防止网络数据泄露或者被窃取、篡改。

- 制定内部安全管理制度和操作规程，确定网络安全负责人，落实网络安全保护责任。
- 采取防范计算机病毒和网络攻击、网络侵入等危害网络安全行为的技术措施。
- 采取监测、记录网络运行状态、网络安全事件的技术措施，并按照规定留存相关的网络日志不少于六个月。
- 采取数据分类、重要数据备份和加密等措施。
- 法律、行政法规规定的其他义务。

网络安全等级保护制度是国家网络安全的基本制度，我们应当了解《信息安全等级保护管理办法》和《中华人民共和国网络安全法》的基本内容，学好信息安全知识，做一名合格的网络用户，营造健康、积极向上的网络环境。

任务实践

（1）按照表 1-1 中的搜索关键词搜索相关内容，了解信息安全的相关知识，并回答问题。

表 1-1　了解信息安全

搜索关键词		
信息安全	信息安全事件	网络安全
问题		
① 个人信息安全的威胁主要体现在哪些方面？		
② 哪些原因会对网络安全造成威胁？		
③ 我国信息安全的发展趋势如何？列举代表性的事件或案例。		

（2）在网络中搜索信息安全的相关制度，回答表 1-2 所示的问题。

表 1-2　信息安全制度

个人	
① 个人具有哪些信息安全权益？	② 个人应遵守哪些信息使用规则？
运营者	
① 运营者应遵循哪些信息安全规则？	② 如何提高运营者的信息安全级别？

任务二　了解信息安全技术

微课

了解信息安全技术

任务描述

信息技术的不断普及和应用，虽然为人们的生活带来了便利，但网络环境中信息资源的开放性和共享性等特点，也为信息的管理带来了一些安全性问题，从而使信息安全面临着巨大的威胁，因此有必要采取一定的信息安全技术来维护信息安全。本任务将介绍信息安全面临的威胁、常用的安全防御技术等知识。读者应先了解当下影响信息安全的主要因素，熟悉构建健康的网络环境需要具备的各项技术，再通过评估影响信息安全的行为、阅读并分析《2020 年中国互联网网络安全报告》等进行实践操作，提升信息安全的保护意识和能力。

相关知识

（一）信息安全面临的威胁

就目前来看，信息安全面临的威胁主要有以下几点。

1. 计算机病毒

计算机病毒（Computer Virus）是编制者在计算机程序中插入的破坏计算机功能或者数据的代码，这些代码能进行自我复制，影响计算机的使用性能。计算机病毒具有传播性、感染性、隐蔽性、潜伏性、可激发性、表现性和破坏性等特点。一旦感染了计算机病毒，计算机中的程序将受到损坏，用户信息还会被非法盗取，用户自身权益将受到损害。计算机病毒可以通过杀毒软件清除与查杀，建议用户养成定期查杀计算机病毒的习惯，以保护自己的切身利益。

提示 不仅个人计算机容易受到病毒的侵害，手机也容易感染病毒。手机病毒可以通过短信、电子邮件、网站和蓝牙等方式传播，可能导致手机关机、死机、自动拨打电话、自动发送短信和资料被盗取等。

2. 黑客攻击

黑客一般都精通各种编程语言和各类操作系统，善于利用计算机网络破坏或入侵他人的计算机系统。就目前网络技术的发展趋势来看，黑客攻击的方式越来越多样化，对没有网络安全防护设备（防火墙）的网站和系统具有强大的破坏力，这给信息安全防护带来了严峻的挑战。

3. 网络钓鱼

网络钓鱼（Phishing）是一种通过欺骗性的电子邮件和伪造的 Web 站点来进行网络诈骗的方式。它一般通过伪造并发送声称来自银行或其他知名机构的欺骗性信息，引诱用户泄露自己的信息，如银行卡账号、身份证号码和动态口令等。

网络钓鱼是一种目前十分常见的网络信息安全问题，其实施途径多种多样，可通过假冒网站、手机银行和运营商向用户发送诈骗信息，也可以通过手机短信、电子邮件、微信消息和 QQ 消息等形式实施不法活动，如常见的中奖诈骗、促销诈骗等。

4. 系统漏洞

系统漏洞（System Vulnerabilities）是指应用软件或操作系统在逻辑设计上的缺陷或错误。不同的软件、硬件设备和不同版本的系统都存在系统漏洞，容易被不法分子通过病毒进行控制，从而窃取用户的重要资料。不管是计算机操作系统、手机运行系统，还是应用软件，都容易因为漏洞问题遭受攻击，因此，建议用户使用最新版本的应用程序，并及时更新应用商提供的漏洞补丁。

5. 预置陷阱

预置陷阱是指在信息系统中人为地预设一些“陷阱”，以干扰和破坏计算机系统的正常运行。预置陷阱有硬件陷阱和软件陷阱之分。硬件陷阱主要通过蓄意更改硬件的集成电路芯片的内部设计和使用规程等手段破坏计算机系统；软件陷阱主要通过在信息产品中人为地预置嵌入式病毒，对信息进行盗窃、传播。预置陷阱是信息安全面临的各种威胁中危害性较大的一类，且较难防范。

6. 隐私泄露

在互联网时代，信息广泛存在于网络空间。人们在进行各种网络操作（如利用电子病历看病、移动支付、网上开店、在社交媒体中发布照片和定位等行为）时，容易将个人的姓名、身份证号码、照片和电话号码等信息暴露在网络空间中，进而被不法分子收集并利用，最终对个人的财产或合法权益造成侵害。

（二）常用的安全防御技术

学会一些常用的信息系统安全防御技术，有助于我们更好地保护信息安全。下面重点介绍加密技术、认证技术、防火墙技术、访问控制技术、系统容灾、杀毒软件等安全防御技术。

1. 加密技术

加密技术是实现信息保密性、真实性和完整性的前提。它是一种主动的安全防御策略，通过基于数学方法的程序和密钥对信息进行编码，将计算机数据变成一堆杂乱无章、难以理解的字符，即将明文变为密文，从而阻止非法用户对信息的窃取。

加密技术与密码学息息相关，涉及信息（明文、密文）、密钥（加密密钥、解密密钥）和算法（加密算法、解密算法）。明文是指传输的原始信息，对信息进行加密后，明文变为密文。密钥和算法都是加密的技术，密钥是明文与密文转换算法中的一组参数，可以是数字、字母或词语。算法将明文与密钥结合，明文通过加密运算成为密文；密文通过解密运算变为明文。目前，加密技术主要包括对称加密技术和非对称加密技术。

- 对称加密技术。对称加密技术要求发送方和接收方使用相同的密钥，即文件加密与解密使用相同的密钥。对称加密技术的算法主要有数据加密标准（Data Encryption Standard，DES）、高级加密标准（Advanced Encryption Standard，AES）和三重数据加密标准（3DES）等。
- 非对称加密技术。非对称加密技术使用公开密钥（简称公钥）和私有密钥（简称私钥）分别进行加密和解密。公钥是公开的，私钥则由用户自己保存。非对称加密算法主要有 RSA（Ron Rivest、Adi Shamir、Leonard Adleman 三位数学家于 1977 年设计的非对称加密算法，以他们的名字姓氏开头的字母组成在一起命名）、背包密码、McEliece 密码等。

一般来说，非对称加密技术比对称加密技术的安全性更好，就算攻击者截获了传输的密文并得到公钥，也无法破解，但非对称加密技术需要的时间更长，速度更慢。因此，非对称加密技术只适合对少量数据进行加密。目前互联网中常用的电子邮件和文件加密软件优良保密协议（Pretty Good Privacy，PGP）就采用了非对称加密技术。

2. 认证技术

加密技术主要用于网络信息传输的通信保密，不能保证网络通信双方身份的真实性，因此还需要认证技术来验证网络活动对象是否属实、有效。常见的认证技术主要包括身份认证技术、数字摘要、数字信封、数字签名和数字时间戳，如图 1-2 所示。

图 1-2　常见的认证技术

3. 防火墙技术

防火墙技术是针对互联网不安全因素所采取的一种保护措施，用于在内部网与外部网、专用网与公共网等多个网络系统之间构造一道安全的保护屏障，阻挡外部不安全的因素，防止未授权用户的非法侵入。防火墙主要由服务访问规则、验证工具、包过滤和应用网关 4 个部分组成，任何程序或用户都需要通过层层关卡才能进入网络，从而达到降低风险的目的。

在实际应用防火墙时可以设置防火墙的保护级别，对不同的用户和数据进行限制。设置的保护级别越高，限制越强，可能会禁止一些服务，如视频流。在受信任的网络上通过防火墙访问互联网时，经常会出现延迟或需要多次登录的情况。

4．访问控制技术

访问控制技术是指计算机系统对用户身份及其所属的预先定义的策略组的限制（如用户对服务器、目录、文件等资源的访问权限），对用户访问计算机资源的权限进行控制的技术。访问控制技术是网络安全防御和资源保护的关键技术之一，可以保证合法用户的访问权限，防止非法用户进入受保护的网络资源。

访问控制的操作流程较简单，先验证用户身份的合法性，并合理设置控制规则，确保合法用户在授权范围内合理使用信息资源，然后对计算机网络环境进行检查和验证，并做出相应的评价与审计。

5．系统容灾

系统容灾是指为计算机系统提供的一个能应付各种灾难的环境，主要包括数据容灾和应用容灾。

- 数据容灾。数据容灾是指在异地建立一个与本地系统一致或数据稍微落后于本地系统的数据系统，以保证本地系统的数据或整个系统出现问题时，能够通过异地系统查看和恢复本地系统的数据或整个系统。数据容灾的典型应用是数据备份，其实现方式主要有备份数据到移动存储设备（如U盘、移动硬盘等）、备份数据到其他计算机和备份数据到网络（如百度网盘等）3种。
- 应用容灾。应用容灾是在数据容灾的基础上，在异地建立一个完整的且与本地系统一致的备份应用系统（可以是互为备份）。应用容灾的过程较复杂，不仅需要提供可供使用的数据备份，还要有网络、主机、应用，甚至IP等资源。

6．杀毒软件

杀毒软件也称反病毒软件或防毒软件，主要用于处理危害计算机性能、影响信息安全等问题，帮助计算机清除病毒、木马程序和恶意软件等威胁。大多数的杀毒软件都集成了防火墙、监控识别、病毒扫描和清除、自动升级、主动防御、数据恢复、网络流量控制等功能，能保障计算机系统不受外部威胁。目前，主流的杀毒软件有360杀毒软件、瑞星杀毒软件、金山毒霸等。

任务实践

（1）仔细阅读表1-3所示的内容并填写，评估自己可能做过的影响信息安全的行为，并提出改进方法，从而培养个人的信息安全素养，为维护社会、国家的网络安全肩负起个人的责任。

表1-3　评估影响信息安全的行为

影响信息安全的行为	评估结论		改进方法
	是	否	
是否打开过来源不明的电子邮件、网站链接			
是否在计算机中安装了杀毒软件			
是否在手机中安装了来源不明的软件			
是否在网上与人交流时过多地透露了个人信息			
是否扫描过来源不明的二维码			
是否经常用自己的生日、手机号码、姓名拼音等设置登录密码			
是否在不同的网站使用相同的登录密码			
是否定期对重要的资源和文件进行备份			

（2）搜索《2020年中国互联网网络安全报告》，仔细阅读该报告的内容，了解我国目前的网络安全状况；并重点关注计算机恶意程序的传播和活动情况、移动网络恶意程序的传播和活动情况、网站安全监测情况、信息安全漏洞通报与处置情况等内容；最后对网络安全事件接收与处理情况进行了解，并在网络中搜索典型的网络安全事件，查看这些事件的发生原因、处理经过和结果，提高

个人对网络信息安全的重视，掌握发生信息安全问题时的处理方法。

任务三　网络安全设置

任务描述

网络安全是信息安全的重要组成部分，尤其是在互联网时代，网络已经涉及人们日常生活的方方面面，如网上购物、缴纳水电费、出行、订票、文件共享、上班打卡、在线视频会议等。个人在使用网络的过程中，要养成保护个人信息、提高网络安全保护的意识，并通过合理的网络安全设置来避免自己的合法权益受到侵害。本任务将先介绍网络安全设置的相关理论知识，再通过配置防火墙、设置和维护系统安全、配置第三方杀毒软件等实践操作提高读者进行网络安全设置的能力。

相关知识

（一）网络安全设备的功能和部署

网络安全设备是保障网络安全的基础设备，主要包括防火墙、入侵检测系统、入侵防御系统、安全管理中心、网络准入控制系统、虚拟专用网络设备等。下面对这些设备的功能和部署进行介绍。

1. 防火墙

防火墙是一种将内部网和外部网分开，以避免外部网的潜在危险随意进入内部网的隔离技术，其功能主要在于及时发现并处理计算机网络运行时可能存在的安全风险、数据传输等问题，如隔离危险信息、保护重要信息等，同时还可对计算机网络安全中的各项操作进行记录与检测，以确保计算机网络运行的安全性，并保障用户信息的完整性。

在实际的应用中，防火墙的部署需要从不同的安全考虑与实际环境的需求出发，如家庭网络、小型办公网络和远程办公网络的环境适合无 DMZ 的单防火墙部署方式，即只使用内部和外部端口。如果希望向客户提供 Web 和 FTP（File Transfer Protocol，文件传输协议）等公共服务，或运行邮件服务器，则可以将公共服务器设在防火墙后的内部网络中，并在防火墙上打开链接，允许外部机构访问公共服务器，或将公共服务器设在防火墙外部。

除了无 DMZ 的单防火墙部署方式外，防火墙产品还可以提供一个或多个虚拟隔离区（Demilitarized Zone，DMZ），即有 DMZ 的单防火墙部署方式。在该部署方式下，一台防火墙提供了 3 个不同端口，分别连接外部网络、内部可信网络和 DMZ。DMZ 用于放置一些允许外部网络访问的公开服务系统，如 Web 系统、邮件系统等。此外，政府、银行组织机构的系统还可以采用双防火墙部署方式，即使用两台防火墙分别作为外部防火墙和内部防火墙，以提供更高级别的安全保护。

2. 入侵检测系统

入侵检测系统（Intrusion Detection System，IDS）是进行入侵检测的软件和硬件的组合，其功能是通过监视网上的访问活动，检测、识别和隔离入侵企图，并对正在发生的攻击行为进行报警。

部署 IDS 时，应该先明确部署目标，然后在满足检测策略要求的基础上，选择适合自己的 IDS 类型。目前，IDS 主要有两种类型，一种是基于网络的入侵检测系统（NIDS），另一种是基于主机的入侵检测系统（HIDS）。

- 基于网络的入侵检测系统的部署方式一般是将 IDS 部署在防火墙之后，通过防火墙与 IDS 的相互配合来保护网络安全。其中，防火墙主要防御来自外部网络的攻击，然后通过 IDS 进行二次防御。

- 基于主机的入侵检测系统一般用于保护关键主机或服务器，只要将其检测代理（也叫探测头）部署到这些关键主机或服务器中即可。

3. 入侵防御系统

入侵防御系统（Intrusion Prevention System，IPS）是一种集入侵检测和防御于一体的安全设备，能够预先对攻击性网络流量进行拦截，并通过一定的响应方式，实时地阻止入侵行为。IPS 一般部署在网络关键点上，采用特征分析、协议异常分析、行为异常分析等技术实现主动防御。在具体部署 IPS 时，还可以将其与 IDS 组合。如需要在一次项目中实施较为完整的安全解决方案，可在全网部署 IDS，在网络的边界点部署 IPS；若要分步实施安全解决方案，则可以先部署 IDS 用于监控网络安全状况，后期再部署 IPS。

4. 安全管理中心

安全管理中心（Security Operations Center，SOC）也称安全管理平台，它基于传统的网络运行中心、安全管理理论与技术的不断发展而产生。SOC 拥有风险管理中心、服务管理中心、专业安全系统、接口管理等功能。

- 风险管理中心。风险管理中心主要用于收集信息的漏洞和相关事件，并对信息进行分析和处理，筛选出有用信息，给出级别度量，从而达到管理和控制风险的目的。
- 服务管理中心。服务管理中心主要对资产配置库、安全知识管理、流程管理等提供服务保障工作。
- 专业安全系统。专业安全系统主要用于管理安全问题，如账户口令管理、防病毒管理、桌面系统管理、垃圾邮件投诉处理等。
- 接口管理。接口管理主要用于为企业内部 IT 系统提供各类灵活接口。

5. 网络准入控制系统

网络准入控制（Network Access Control，NAC）系统可以对连入网络的终端设备（如 PC、服务器、笔记本电脑、智能手机等）进行授权，防止恶意代码对网络安全造成危害。

NAC 系统主要包括终端安全检查软件、网络接入设备、策略/AAA 服务器等组件，在部署 NAC 系统时，需要先安装这些组件，然后将网络中已拥有的终端和网络接入 NAC 系统，并部署策略/AAA 服务器。

6. 虚拟专用网络设备

虚拟专用网络（Virtual Private Network，VPN）是一种在公用网络上建立专用网络的技术。VPN 中任意两个节点之间的连接都架构在公用网络服务商提供的网络平台上，数据主要通过逻辑链路进行传输。VPN 设备具有实现网络互连、支持用户安全管理、监控网络和诊断故障等功能。其部署方式主要有 3 种：在大型局域网的网络中心搭建 VPN 服务，作为 VPN 服务器使用；通过专业的软件或硬件实现；使用含有 VPN 功能的集成 VPN。

> **提示** 网络安全设备的软件设备主要包括防病毒软件、Web 应用防火墙、反垃圾邮件系统、数据泄露防护系统等，主要用于进行网络安全内容与威胁管理、身份管理，以及访问控制和安全性、漏洞管理。

（二）网络信息安全保障的思路

网络信息安全保障关系着每一位网民的合法权益，目前，我国正在全面加强网络信息安全保障体系和能力建设，从法律法规、制度机制、流程规范等方面对网络信息安全保障体系进行全方位的规划，从技术实力、治理能力等方面全面提升网络信息安全的防范能力。在具体的推进过程中，网络信息安全保障还要立足实际情况，通过科学、辩证的方法去保障网络信息安全，具体可以采取以下策略。

- 加强信息共享，将网络信息的相关漏洞、风险、政策、知识等纳入安全信息共享平台，提高公民发现安全风险隐患的监测和预警能力。
- 打造网络信息的互联互通预警平台，实现跨地区、跨行业、跨领域之间的关键信息基础设施协同。
- 定期开展网络信息安全检查，明确网络信息安全的保护范围和对象，建立一条明确的、一体化的网络信息安全保障体系。
- 制定完善的网络信息安全应急处置预案，不断提高对网络信息安全的监测、预警能力。
- 加强大数据环境下的个人信息保护，严厉打击非法盗取、收集、买卖、转移个人信息等行为。
- 加强公民的网络安全意识教育和技能教育，提高公民对网络信息安全危害性的认识，养成良好的信息使用习惯。

任务实践

（一）配置防火墙

防火墙是保护计算机系统和网络信息安全的第一道关卡，用户可以通过Windows 10操作系统配置防火墙，主要包括开启计算机中的防火墙保护，并进行自定义设置。操作步骤如下。

（1）在 Windows 10 操作系统中打开控制面板，单击“Windows Defender 防火墙”超链接，打开“Windows Defender 防火墙”窗口。

（2）单击窗口左侧的“启用或关闭 Windows Defender 防火墙”超链接，在打开的窗口中根据需要选中“启用 Windows Defender 防火墙”单选项，如选中“公用网络设置”栏下的“启用 Windows Defender 防火墙”单选项，如图 1-3 所示。

（3）若要恢复系统默认的防火墙设置，则可以在“Windows Defender 防火墙”窗口中单击“还原默认值”超链接。

（4）在“Windows Defender 防火墙”窗口左侧单击“高级设置”超链接，打开“高级安全 Windows Defender 防火墙”窗口，在该窗口中可以设置系统的入站规则、出站规则、连接安全规则和监视，如图 1-4 所示。

图 1-3　启用防火墙

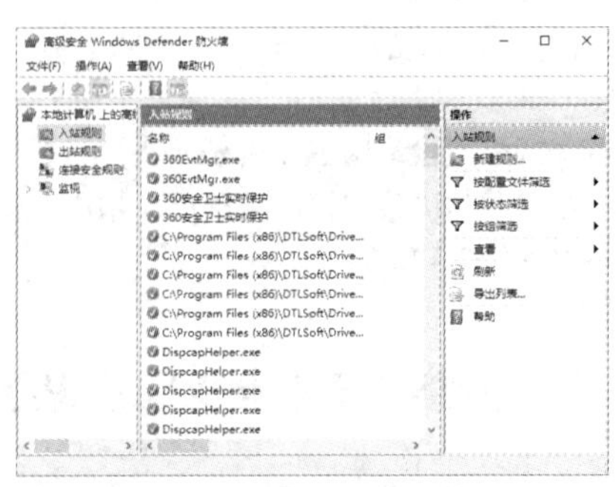

图 1-4　防火墙高级设置

（二）设置和维护系统安全

Windows 10 操作系统的安全功能包括查看关于系统的用户账户控制、Windows 更新、软件防护、Internet 安全设置、网络防火墙、病毒防护、Microsoft 账户和 Windows 激活的最新消息，并解决相关问题。通过 Windows 10 操作系统的维护功能可以设置系统自动维护时间，让系统自动维护。操作步骤如下。

（1）在控制面板中单击“安全和维护”超链接，打开“安全和维护”窗口，在“安全”栏中可查看与当前计算机显示有关的最新消息，如图 1-5 所示。

（2）在“维护”栏中可查看维护报告。若需要维护，则单击“自动维护”栏中的“开始维护”超链接；若需要更改维护时间，则单击“更改维护设置”超链接，在打开的窗口中进行设置，如图 1-6 所示。

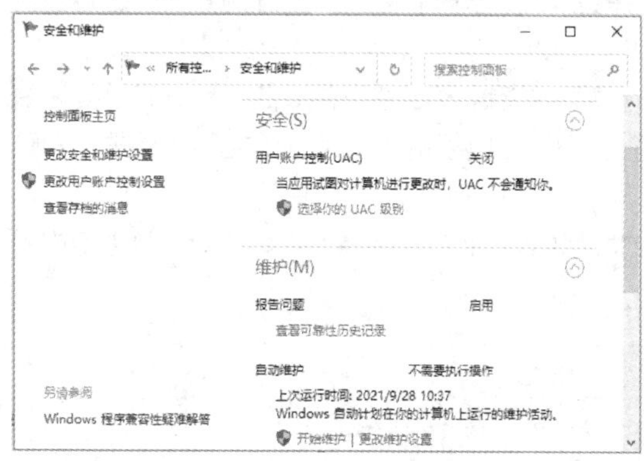

图 1-5　查看安全信息

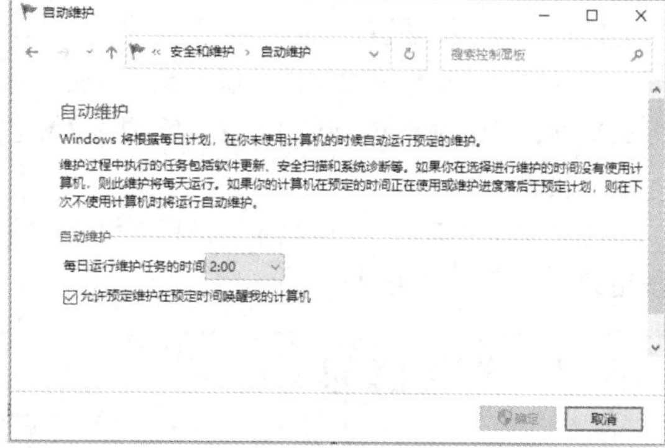

图 1-6　设置系统维护

（3）在“安全和维护”窗口左侧单击“更改安全和维护设置”超链接，在打开的窗口中可更改安全和维护设置。

（4）在“安全和维护”窗口左侧单击“更改用户账户控制设置”超链接，在打开的窗口中可选择通知计算机更改消息的方式。

（三）配置第三方杀毒软件

计算机病毒是威胁网络信息安全的主要因素，可使用专业的第三方杀毒软件进行预防与处理。下面以目前较主流的第三方杀毒软件——360 杀毒为例进行介绍。操作步骤如下。

（1）在 360 杀毒官方网站下载安装程序并进行安装。

（2）启动 360 杀毒软件，单击首页右上角的“设置”按钮，打开“360 杀毒-设置”对话框。

（3）在其中可以进行杀毒软件的常规设置、升级设置、多引擎设置、病毒扫描设置、实时防护设置、文件白名单设置、免打扰设置、异常提醒设置、系统白名单设置，如图 1-7 所示。

（4）若需要恢复默认设置，则单击对话框左下角的“恢复默认设置”超链接。

（5）设置完成后返回首页，在该界面中可选择以全盘扫描、快速扫描或自定义扫描方式扫描计算机中是否存在病毒，如图 1-8 所示。扫描完成后可对结果进行处理。

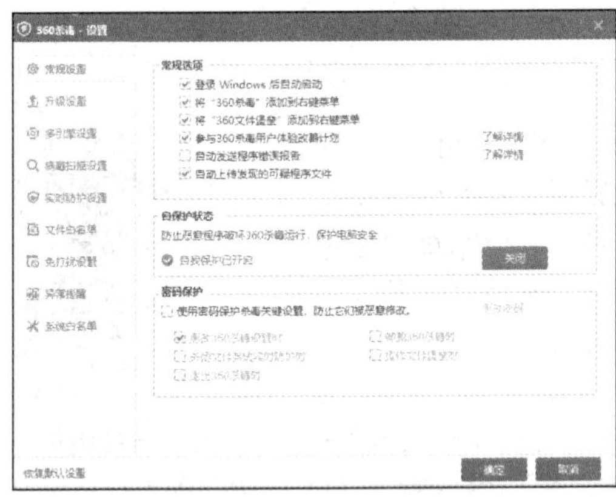

图 1-7　设置 360 杀毒

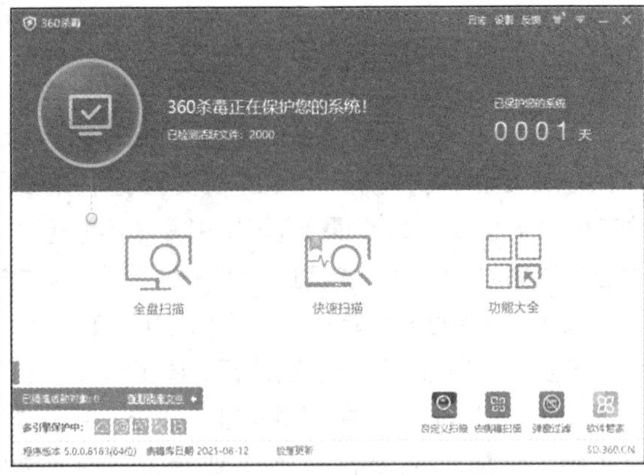

图 1-8　扫描病毒

（6）分别单击首页中的“宏病毒扫描”按钮、“弹窗过滤”按钮，可以在打开的界面中进行宏病毒扫描和弹窗过滤设置。

（7）单击“查看隔离文件”超链接，可在打开的界面中查看 360 杀毒隔离的文件，若需要恢复隔离文件，则选中文件，单击“恢复所选”按钮进行恢复；若需要删除，则选中文件，单击“删除所选”按钮。

（8）在首页单击“功能大全”按钮，可在打开的界面中看到 360 杀毒的所有功能，单击相应的按钮即可执行对应的操作。

课后练习

一、填空题

1. 计算机病毒是编制者在计算机程序中插入的破坏计算机功能或者数据的__________。
2. 加密技术是实现信息__________、__________和__________的前提。
3. 加密技术与密码学息息相关，涉及__________、__________和__________。
4. 系统容灾是指为计算机系统提供的一个能应付各种灾难的环境，主要包括__________和__________。
5. NAC 主要包括__________、__________、__________等组件。

二、选择题

1. 下列不属于信息安全面临的威胁的是（　　）。
   A. 计算机病毒　　B. 黑客攻击　　C. 系统漏洞　　D. 网络发展
2. 下面不属于对称加密技术的算法的是（　　）。
   A. DES　　B. 3DES　　C. RSA　　D. AES
3. （　　）是指计算机系统对用户身份及其所属的预先定义的策略组的限制。
   A. 访问控制技术　　B. 访客控制技术　　C. 虚拟专用网络技术　　D. 加密技术
4. （　　）是进行入侵检测的软件和硬件的组合。
   A. 入侵防御系统　　B. 入侵检测系统　　C. 网络准入控制系统　　D. 安全管理中心

模块二 项目管理

02

项目是一个组织为实现既定的目标，在一定的时间、人力和其他资源的约束条件下，所开展的满足一系列特定目标、有一定独特性的一次性活动。从项目的定义来看，项目具有一次性、临时性和目标明确等特点。若要在临时的一次性活动中达到预期目标，就需要对项目加以管理，即利用各种方法、理论，通过协调各方资源，让项目在从启动到结束的整个过程中，都能有条不紊且高效准确地向目标的方向前进。了解并熟悉项目管理的相关知识和方法，能帮助我们更高效地管理与计划自己的学习与工作，培养团队协作的意识。

课堂学习目标

- 知识目标：了解项目管理和项目范围管理的概念；熟悉项目管理的阶段和过程；掌握项目管理工具；能通过项目管理软件中的工具创建和管理项目、分解项目工作、编制和优化进度计划；掌握利用项目管理软件进行项目质量监控和风险控制的方法。
- 素质目标：通过项目管理提升自己在管理过程中的沟通协调能力、团队协作能力，培养良好的统筹策划能力和解决问题的综合素质。

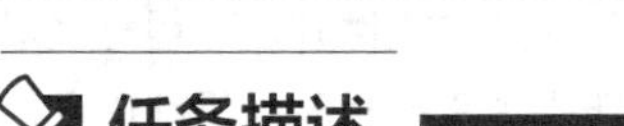

任务一 认识项目管理

任务描述

项目是人类社会特有的一种经济、社会活动形式，是为创造特定产品或服务而开展的一种活动，无论是建设一栋大楼、研发一种药物、组织一场活动、安排一次表演，还是开展一次行动，都是项目。项目管理便是为了使这些项目得以更好地启动、实施和完成而进行的管理活动。本任务将介绍与项目管理相关的基础知识，然后通过任务实践让大家对项目管理有更深入的认识。

相关知识

（一）项目管理的概念

项目管理是指管理者在有限的资源约束下，合理运用正确的观点、方法和理论，对项目涉及的全部工作进行管理的行为。可以想象一下，假设某企业启动了一个项目但未进行项目管理，则参与这个项目的部门，如财务部、市场部、销售部、行政部等，就有可能在项目运作的过程中因各自的工作内容和周期限制等产生摩擦，这时就需要项目管理者重新进行协调和部署，这样无疑会增加项目成本并影响效率。若在项目开始前就进行项目管理，则可以抽调不同部门的员工组成一个临时的项目团队，整个团队在项目管理者的统一领导下高效地完成项目。特别是当项目涉及财务、生产、采购、人力资源等跨领域的问题时，项目管理就更能为项目的完成提供保障。

对项目管理者而言，他（们）的目标就是保证项目在规定的各种条件下完成，并同时让用户和企业领导满意。要达到这个目标，项目管理者在领导项目时，其核心任务就是处理好项目质量、成本和时间这 3 个关键要素的关系，如图 2-1 所示。

图 2-1　项目管理的 3 个要素

这 3 个要素互相制约和影响，调整其中任何一个要素都会影响其他两个要素。例如，在低成本的要求下完成项目，虽然项目时间可能较短，但项目质量有可能无法得到保证。

当然，这 3 个要素之间的关系并不是一直固定不变的，它们会随着项目的进展而发生相应的变化。当需要在某个阶段控制成本时，可能会对时间和质量进行重新部署；当需要在某个阶段保证质量时，可能会牺牲一定的时间和成本。

（二）项目范围管理的概念

美国项目管理学会（Project Management Institute，PMI）是项目管理行业的倡导者，它提出了有效的专业项目管理者必须具备的基本能力，具体包括项目范围管理、项目时间管理、项目费用管理、项目质量管理、项目人力资源管理、项目沟通管理、项目风险管理、项目采购管理、项目综合管理等能力，其中项目范围管理可以说是非常重要的一种能力。

项目范围是指达到项目预期目标所包括的所有内容，如人员构成、时间、费用等。项目范围小，这些内容就少；项目范围大，这些内容就多。项目范围管理是指对项目应该包括哪些内容、不应该包括哪些内容所进行的计划与控制过程，这个过程有利于项目团队在实施项目时对所做的工作达成共识，从而有助于项目的执行、推进和控制。

项目范围管理无论是对项目，还是对企业都有着较强的影响。如某企业的软件开发项目已经进行了两年多，但由于项目范围管理失衡，该项目一直围绕用户提出的新需求不断修改，目前该项目已经投入了大量的人力、物力和时间成本，但仍然不知道该项目何时能够结束。实际上，该项目已经变成了一个“无底洞”，虽然团队并没有轻易放弃这个项目，但是如果继续做下去，则对项目成本、团队凝聚力也是巨大的考验。目前该项目中的许多成员采取了离职的方式向企业表达对该项目的不满，这就导致企业不仅在该项目上不断地增加成本费用，还流失了大量人才。

就上例而言，如果该软件开发项目一开始就明确了整个项目的范围，并具备完善的变更控制管理流程，那么用户的需求就会始终被控制在可控的范围内。在该范围内，用户的需求是合理且可以满足的；超过该范围，用户的需求就不在项目应当承担的责任中。这样才会使项目的执行井然有序，不会变成一个“烂摊子”。

（三）项目管理的阶段和过程

项目管理具有 4 个阶段，分别是识别需求阶段（规划阶段）、提出方案阶段（计划阶段）、执行项目阶段（实施阶段）、结束项目阶段（完成阶段），这 4 个阶段对每一个项目而言都是必需的。

项目的各个阶段可能又包含启动、计划、执行、监控、收尾这 5 个过程。可以根据实际情况决定每个阶段包含的过程。例如，在识别需求阶段，我们可以先启动该阶段的任务，其次安排计划，并根据计划确认需求，然后监控需求内容是否合理，最后完成该阶段任务，因此整个识别需求阶段就完整包含了 5 个过程。又如在结束项目阶段，我们可以先启动该阶段的任务，然后监控项目是否达标，最后正式收尾，因此该阶段只包含启动、监控和收尾 3 个过程。

图 2-2 展示了项目管理的 4 个阶段和 5 个过程，以及它们之间的关系。

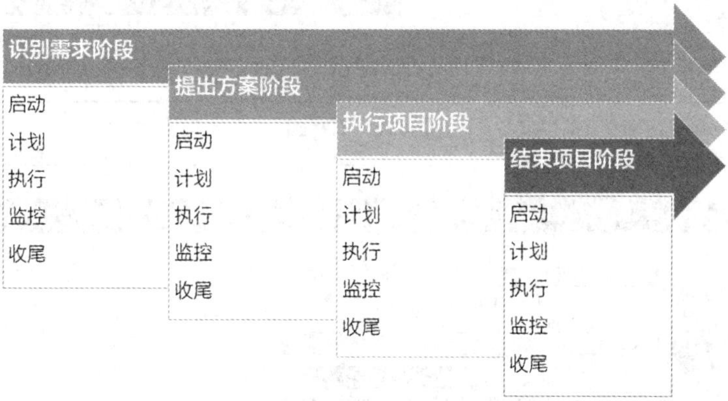

识别需求阶段
启动
计划
执行
监控
收尾

提出方案阶段
启动
计划
执行
监控
收尾

执行项目阶段
启动
计划
执行
监控
收尾

结束项目阶段
启动
计划
执行
监控
收尾

图 2-2　项目管理的阶段和过程及其关系

提示　**就项目管理的 5 个过程而言，启动表示定义现有项目的一个新阶段，开始该阶段的一组过程；计划表示明确该阶段范围，优化目标，为实现目标制订方案的一组过程；执行表示完成该阶段计划中确定的工作，以满足项目要求的一组过程；监控表示跟踪、审查和调整该阶段任务，识别必要的计划变更并启动相应变更的一组过程；收尾表示正式完成或结束该阶段所执行的一组过程。**

（四）项目管理工具

在信息技术高速发展的今天，往往会使用各种计算机软件来进行项目管理，这些软件集成了各种项目管理工具，凭借其强大的逻辑能力和计算能力，项目管理者可以更高效地完成项目管理工作。就目前而言，常见的项目管理工具主要有以下 8 种。

- 甘特图。甘特图以亨利·劳伦斯·甘特（Henry Laurence Gantt）的名字命名，也称为横道图、条状图。它可以通过条状图来显示项目、进度和其他与时间相关的系统进展的内在关系，并反映出这些对象随着时间进展的具体情况，如图 2-3 所示。
- PERT 图。计划评审技术（Program Evaluation and Review Technique，PERT）可以用于计划和安排整个项目行程。PERT 图是实施阶段的主要项目管理工具之一。PERT 图也能展示项目阶段的划分、任务时间的分配等，但它不像甘特图那样用条状图代表任务，而是用关系模型展示信息，用方框代表任务，箭头代表任务之间的关系，如图 2-4 所示。相比于甘特图，PERT 图更有利于展示各个任务之间的关系和当前所处的项目阶段。

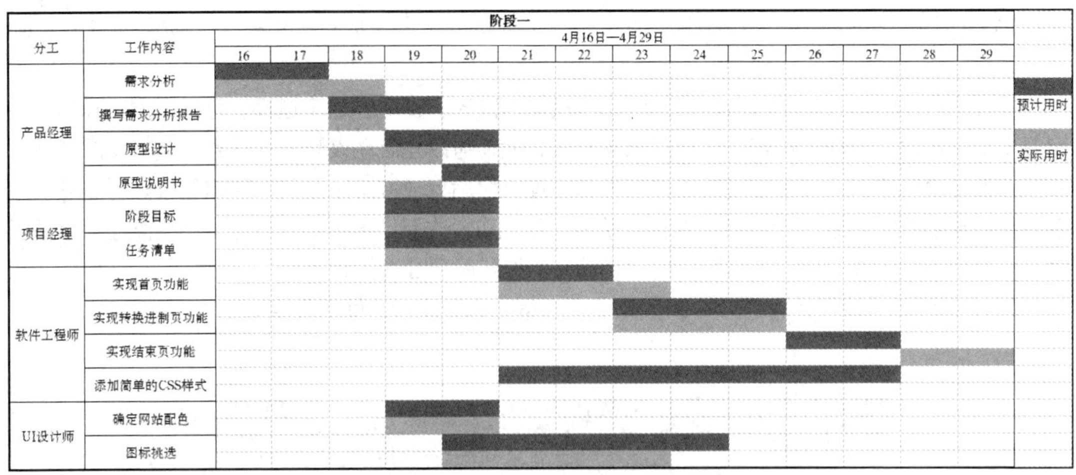

图 2-3　甘特图

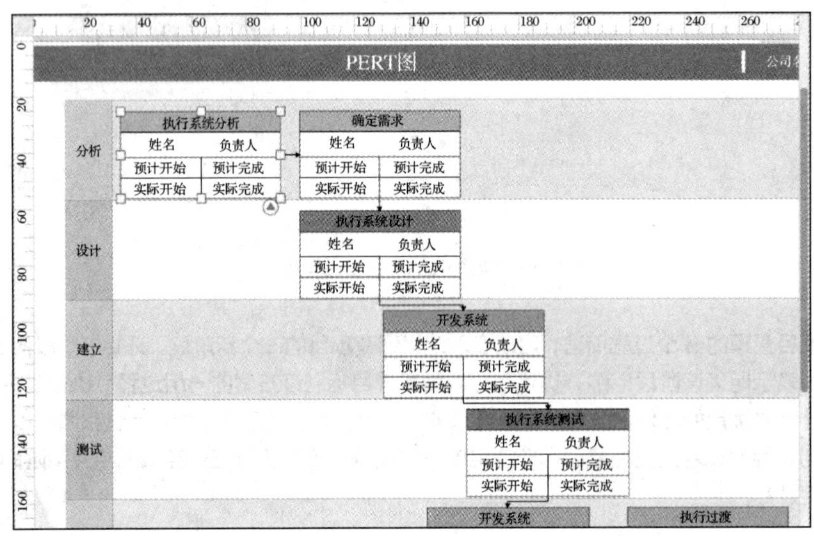

图 2-4　PERT 图

- 日历。日历是基于时间的项目管理工具，它能够更好地管理每天、每周或每个月的行程，其优势在于可以添加各种待办事项列表，用以提醒某个时间需要完成的事项，确保事情能在截止日期前完成，如图 2-5 所示。

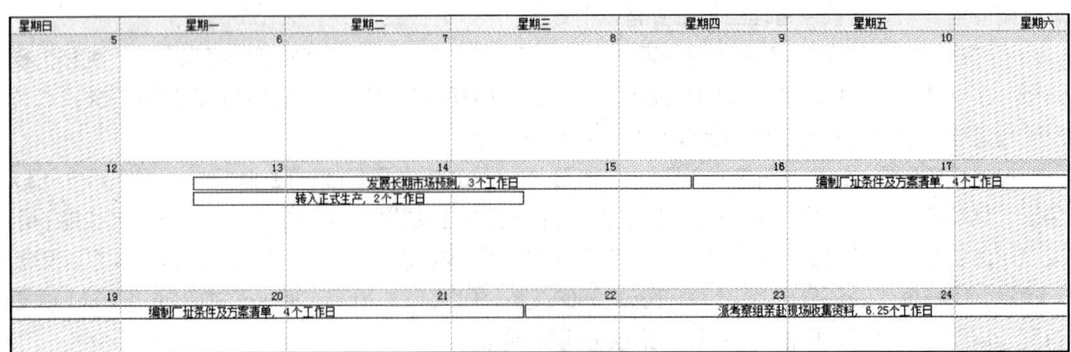

图 2-5　日历

- 时间线。时间线是一种可视化的项目管理工具，它有助于跟踪项目进程，能够直观地看到某个任务的起始和结束时间，这是了解任务时间更加有序的方法，如图 2-6 所示。

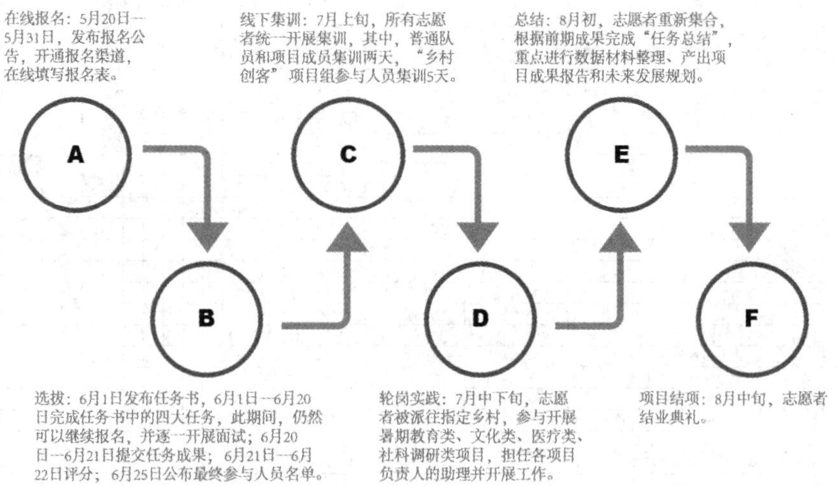

图 2-6 时间线

- WBS。工作分解结构（Work Breakdown Structure，WBS）可以把项目分解成能有效安排的组成部分，从而有助于可视化整个项目。从整体布局来看，WBS 是一种树形结构，总项目在上方，往下依次为分解的各子项目，可以进一步将子项目分解为各个独立的任务。WBS 与流程图相似，各组成部分逻辑连接，并用文字或形状解释，如图 2-7 所示。

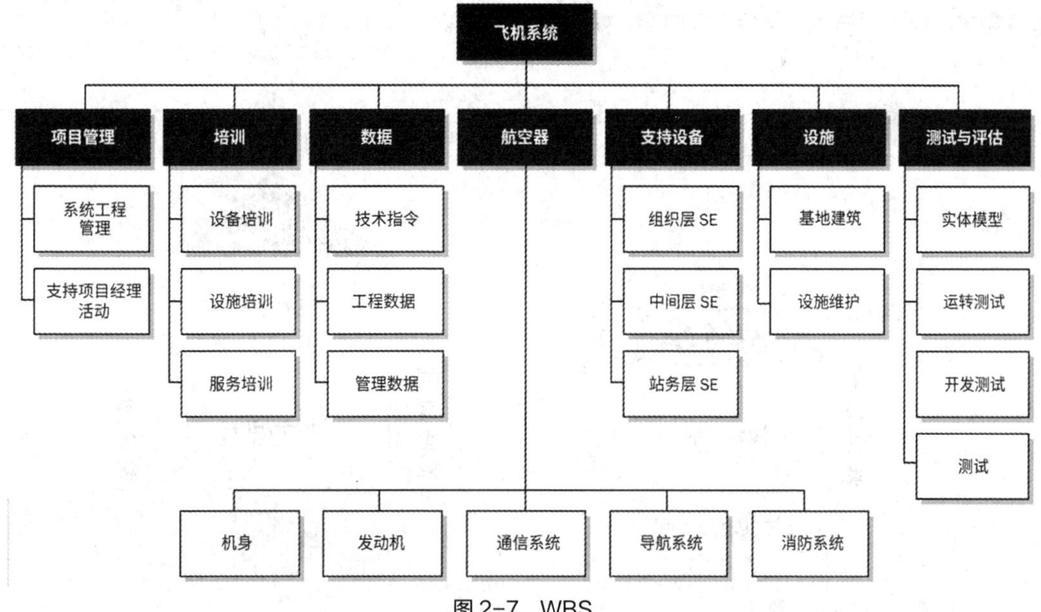

图 2-7 WBS

- 状态表。状态表在跟踪项目进程时十分有效，它不包含项目持续时间和任务关系等细节，更注重项目状态和完成的过程。状态表同时也包含了每个任务的负责人，这让项目管理者可以更好地评估员工的业绩，更好地落实责任等，如图 2-8 所示。

序号	项目阶段	策划内容	职能部门	责任人	起始日期	结束日期	2021								2022								
							5	6	7	8	9	10	11	12	1	2	3	4	5	6	7	8	9
1	计划和确定项目	确定项目组人员及职责	横向协调小组	蒋志华	2021/9/30	2021/10/10																	
2		确定开发目标和质量目标	横向协调小组	蒋志华	2021/9/30	2021/10/10																	
3		编制产品开发计划	横向协调小组	蒋志华	2021/9/30	2021/10/10																	
4	结构设计阶段	编制初始材料清单/零件清单	技术科	张晓刚	2021/10/10	2021/10/30																	
5		编制工程图样	技术科	张晓刚	2021/10/10	2021/10/30																	
6		编制工程规范和材料规范	技术科	张晓刚	2021/10/10	2021/10/30																	
7		编制产品特殊特性清单	技术科	张晓刚	2021/10/10	2021/10/30																	
8		确定零件状态清单（进口/自制/采购）	技术科	张晓刚	2021/10/10	2021/10/30																	
9	工装样件提交阶段	产品设计、数模冻结及设计确认	技术科	张晓刚	2022/2/20	2022/5/30																	
10		设计失效模式及后果分析（DFMEA）	主机厂	主机厂	2021/10/30	2021/11/30																	
11		编制工艺流程图	技术科	张晓刚	2021/12/10	2021/12/30																	
12		编制样件控制计划	技术科	张晓刚	2021/12/10	2021/12/30																	
13		4P-PMEA	技术科	张晓刚	2021/12/10	2021/12/30																	
14		编制采购计划	采购科	郭建伟	2021/12/10	2021/12/30																	
15		签订采购合同	采购科	郭建伟	2021/12/10	2021/12/30																	
16		编制分供方清单	技术科	张晓刚	2021/12/10	2021/12/30																	
17		编制过程特殊特性清单	技术科	张晓刚	2021/12/10	2021/12/30																	
18		绘制生产场地平面布置图	技术科	张晓刚	2021/12/10	2021/12/30																	
19		编制新人员配置计划（如需要）																					
20		编制新设备、设施规划（如需要）																					
21		编制专用工装、模具及检具清单	技术科	张晓刚	2022/5/30	2022/6/20																	
22		编制专用工装、模具及检具计划表	技术科	张晓刚	2022/5/30	2022/6/20																	
23		编制专用检测、试验设备清单	质管科	宋阳	2022/5/30	2022/6/20																	
24		模具设计	技术科	张晓刚	2022/5/30	2022/6/20																	
25		模具制造	技术科	张晓刚	2022/6/20	2022/8/20																	
26		工装、模具及检具设计	技术科	张晓刚	2022/5/30	2022/6/20																	
27		工装、模具及检具制造	技术科	张晓刚	2022/6/20	2022/8/20																	
28		包装图样/标准	技术科	张晓刚	2022/6/20	2022/8/20																	
29		编制检验指导书	质管科	宋阳	2022/8/20	2022/9/20																	

图 2-8　状态表

- HOQ。质量屋（House of Quality，HOQ）可以界定用户需求和产品功能之间的关系，在质量功能配置、团队决策等方面的作用较为明显。HOQ 的内容包括屋顶、技术特性、关系矩阵、顾客需求、技术评估、竞争分析等内容，如图 2-9 所示。

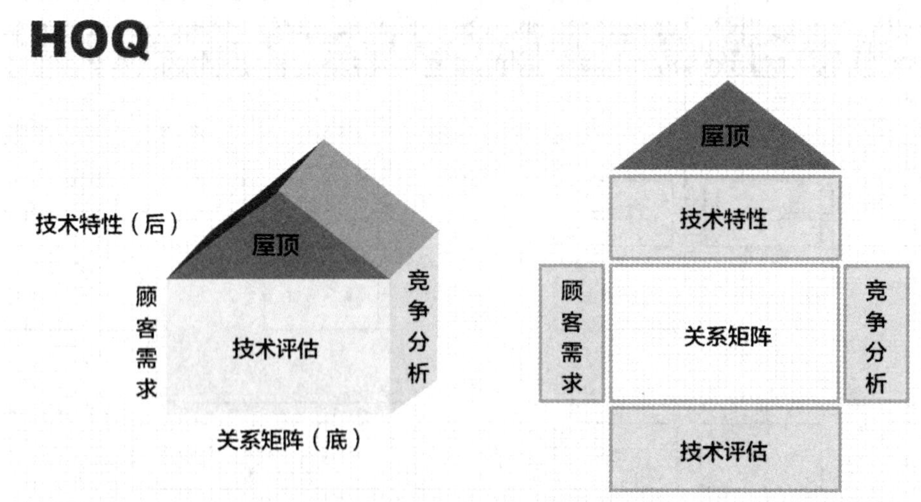

图 2-9　HOQ

- 思维导图。思维导图的主要作用是把项目分解成小任务，以便于管理待办事项或分析问题，如图 2-10 所示。

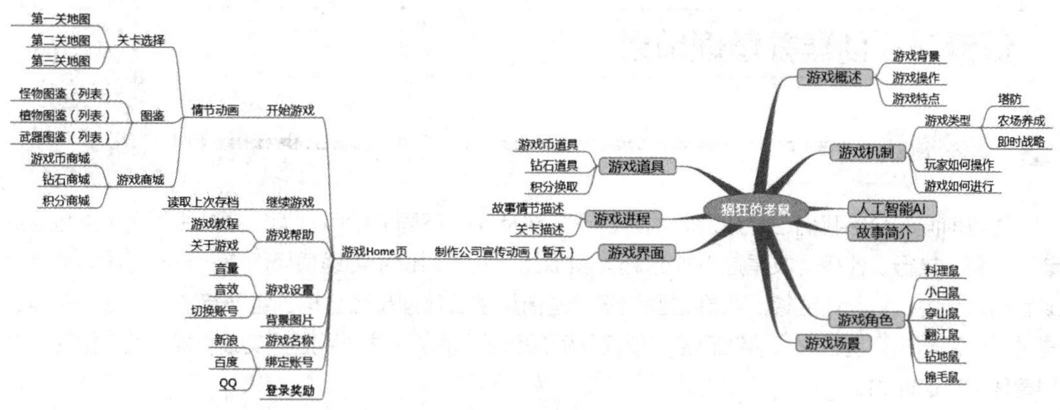

图 2-10　思维导图

任务实践

某学校需要为新修建的图书馆建立一套图书借阅系统，要求该系统主要具备会员管理、图书管理、借阅管理、数据统计等功能。其中，会员管理功能可以实现新增、修改、删除会员信息等管理操作；图书管理功能可以实现图书录入、出库、盘点等管理操作；借阅管理功能可以实现借阅和归还等管理操作；数据统计功能可以实现图书查询、归还提醒等管理操作。请根据以上信息回答表 2-1 所示的问题。

表 2-1　图书借阅系统项目的相关问题

问题	回答
如果你被任命为项目管理者，你会如何进行项目范围管理？	
你会如何对项目管理进行阶段划分？各个阶段初步确定包含哪些过程？	
在项目管理过程中，你会选择使用哪种或哪几种项目管理工具？说出你的理由。	

任务二　创建并管理项目

任务描述

通过前面的介绍我们已经知道，项目管理会涉及 4 个不同的阶段，而每个阶段都有可能包含启动、计划、执行、监控、收尾这 5 个过程。实际上，对于创建和管理项目而言，在不同阶段如何完成启动、计划、执行、监控、收尾这些过程，是衡量项目管理是否合格的重要标准。本任务将对这些过程的基本知识进行介绍，然后通过创建并管理手机 App 开发项目进行实践，帮助读者提高创建和管理项目的能力。

相关知识

（一）项目启动

项目启动是指一个项目或项目的一个阶段正式开始，其标志是项目经理的任命、项目领导组的组建，也可以是项目许可证书的下达或项目章程的发布等。其中，项目章程是一个非常重要的文件，该文件正式确认项目的存在并提供项目概况的简要说明。项目的主要利益相关者要在项目章程上签字，以表示大家在项目需求和目的上达成一致。

项目经理的选择和项目领导组的组建是项目启动的关键环节，因为项目经理必须领导好项目成员，处理好与关键的项目干系人的关系，并能充分理解项目的商业需求，准备可行的项目计划。这些都是一名优秀的领导者必须具备的素质。

项目启动后的主要任务包括制定项目的目标、项目的合理性说明等，具体如图 2-11 所示。

图 2-11　项目启动后的主要任务

（二）项目计划

项目计划是说明协调、指导项目执行和控制的过程，其关键组成部分包括项目简介或概览、项目描述，如描述项目需要完成的工作内容、进度信息和预算信息等。在项目开始运作之前，项目团队必须花足够的时间对项目进行计划，使项目能够有序地执行和完成。项目的所有相关人员都应该参与项目计划，明确项目相关人员在项目中需要负责的范围和需要完成的任务。

项目计划的主要步骤如图 2-12 所示。

01
清晰地定义项目目标
02
把项目范围一步步分解为工作包
03
界定每一个工作包所必须执行的具体任务
04
表明为实现项目预期目标，各项工作之间的必要次序和相互依赖关系
估计完成每一项工作需花费的时间、资源
05
估算每一项工作的成本
06
计算项目进度计划及预算额
07

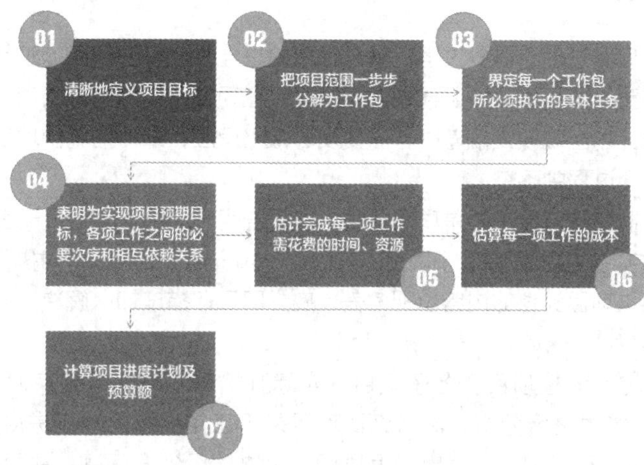

图 2-12　项目计划的主要步骤

（三）项目执行

项目执行是指正式开始为完成项目而进行的活动或工作的过程，也就是项目从无到有的实现过程。项目计划完成后，就可以开始项目执行过程。项目执行的主要任务是执行项目计划书，按照项目计划书和项目规划的内容选配项目成员、调拨资金、调配机械设备和工具、采购物资等，并按进度计划来实施项目，最终实现计划的项目目标。在执行一个项目之前，项目经理应当事先做好一系列的准备工作，这样才能保证后续工作开展得顺畅和高效。这些准备工作主要包括核实项目计划、确认项目参与者、实施项目规章制度、进行动员工作等。

项目执行是项目管理过程中较为重要的环节，项目经理要注意协调和管理项目中存在的各种技术和组织等方面的问题，可以充分利用项目会议来统一项目团队成员的认识和思想，将执行方向引导到正确的方向，并对项目执行过程中存在的问题进行及时的反思和改进。同时，项目经理要做好项目事项的沟通，有效的沟通能保证项目顺利执行，其类型主要体现为单向沟通、双向沟通、网状沟通等，如图 2-13 所示。项目经理可以根据项目情况建立有效的沟通管理制度和沟通反馈机制，保证各方面的信息沟通都到位和准确。

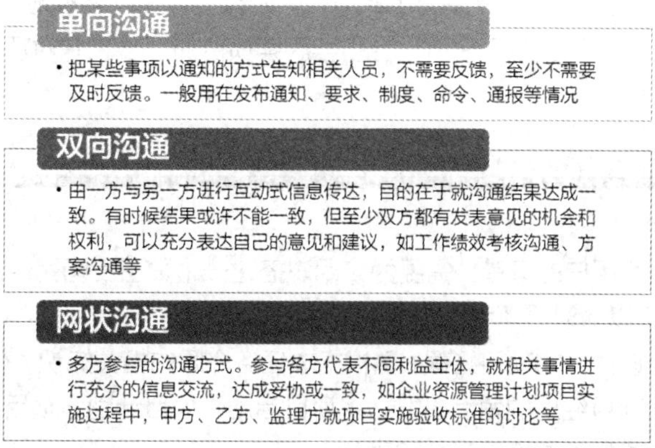

单向沟通
• 把某些事项以通知的方式告知相关人员，不需要反馈，至少不需要及时反馈。一般用在发布通知、要求、制度、命令、通报等情况
双向沟通
• 由一方与另一方进行互动式信息传达，目的在于就沟通结果达成一致。有时候结果或许不能一致，但至少双方都有发表意见的机会和权利，可以充分表达自己的意见和建议，如工作绩效考核沟通、方案沟通等
网状沟通
• 多方参与的沟通方式。参与各方代表不同利益主体，就相关事情进行充分的信息交流，达成妥协或一致，如企业资源管理计划项目实施过程中，甲方、乙方、监理方就项目实施验收标准的讨论等

图 2-13　沟通的类型

（四）项目监控

项目监控同样是项目管理的重要过程，其最终目的是全方位掌握项目的工作情况，以便随时进行资源调配和进度调整，确保项目按照计划内容执行。在项目监控过程，当项目管理者发现项目的实际进展情况与项目计划出现较大偏差时，需要及时做出反应，采取措施使项目重回正轨，避免制订好的项目计划在实施过程中落空。

总体来看，项目监控的对象主要是项目质量、项目进度、项目开支和人员表现。

- 项目质量监控。监控项目和各子项目的实际执行情况与计划情况，对执行结果与计划内容进行分析，若执行结果与项目计划的内容出现偏差，应立即采取措施加以解决，避免项目的发展轨迹远离计划目标。
- 项目进度监控。监控项目和各子项目的实际开始时间与实际结束时间、实际工作量及工作结果，并对这些结果进行分析，然后确认项目是否正常执行。对于进度延误的项目，项目管理者应与相关责任人及时沟通，找出延误原因，解决项目延误问题，并要求责任人加紧完成进度。
- 项目开支监控。监控项目和各子项目的实际开支是否控制在预算范围内，对比各项实际开支与计划开支，若超出预算范围，则需要及时找到原因并采取措施加以解决。
- 人员表现监控。监控每位项目成员在执行项目时的工作表现，对表现突出的人员加以表扬和肯定，对表现不好的人员应询问其是否遇到了困难，或是在工作中有什么想法，通过充分沟通解决这些人员的忧虑，让他们能够全身心投入项目中。

（五）项目收尾

项目收尾是结束项目管理和收获项目成果的过程，通过这一过程，项目团队可以及时总结经验教训，并释放各方面资源以便企业开展新的项目。项目收尾的内容主要涉及项目验收、项目总结、项目评估审计等。

- 项目验收。项目验收包括验收项目产品、相关的项目文件及其他已经完成的交付成果。
- 项目总结。项目总结一方面要检查项目团队成员及相关人员是否按规定履行了所有责任，另一方面还需要收集项目记录，分析项目成败，总结应该积累的经验和吸取的教训等，为下一次项目的启动提供更多有价值的信息。
- 项目评估审计。项目评估审计是为了将项目的所有工作加以客观地评价，从而对项目全体成员的成果形成绩效结论。好的项目评估审计会引导后续项目的开展，并对项目管理的改进起到很重要的作用。

任务实践

假设企业接到了一个用户的订单，需要为该用户搭建一个关于我国民俗民风的手机 App，以通过该 App 让手机用户可以随时了解我国悠久的文化历史。

现在企业指定你为该项目的项目经理，请根据本任务介绍的相关知识，在手机 App 项目开发中运用项目管理知识，从项目经理的角度出发，将项目启动、项目计划、项目执行、项目监控和项目收尾等过程应该重点完成的工作填入表 2-2 中。

表 2-2　创建并管理项目需做的主要工作

过程	主要工作
项目启动	
项目计划	
项目执行	
项目监控	
项目收尾	

任务三　项目管理软件的应用

任务描述

在信息时代，我们可以充分借助项目管理软件来进行项目管理工作，这类软件往往都内置了大量的项目管理工具。较常用的项目管理软件包括 Microsoft Project、Tower、Teambition、Worktile 等。本任务将以 Microsoft Project 为例介绍项目管理的具体操作，然后利用该软件进行项目管理实践。

相关知识

（一）项目工作分解

项目工作分解可以借助思维导图来操作，Microsoft Project 尚未整合思维导图这种工具，因此可以利用百度脑图、MindMaster 等专业的思维导图工具来分解项目，分解完后利用 Microsoft Project 来编制项目的进度计划。

以百度脑图为例，创建思维导图的相关操作如下。

（1）登录百度脑图，单击“新建脑图”按钮创建思维导图。

（2）在“思路”选项卡中可插入下级主题或同级主题，双击主题文本框可输入内容，如图 2-14 所示。

（3）在“外观”选项卡中可设置思维导图的布局方式、颜色，以及字体格式等，如图 2-15 所示。

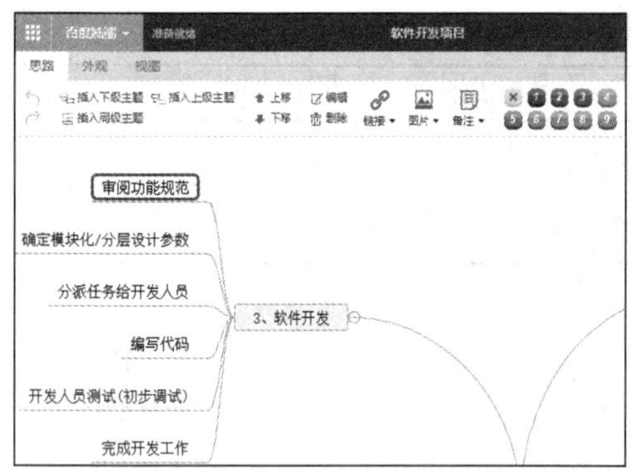

图 2-14　百度脑图的“思路”选项卡

图 2-15　百度脑图的“外观”选项卡

（二）进度计划编制

完成项目工作分解后，可以在 Microsoft Project 中新建项目，并依次输入项目的任务名称、工期、开始时间、完成时间等内容，编制项目的进度计划甘特图。

在 Microsoft Project 中编制进度计划的相关操作如下。

（1）选择任务后，在【任务】/【日程】组中单击“升级任务”按钮升级所选任务，或单击“降级任务”按钮降级所选任务。

（2）在【项目】/【属性】组中单击“更改工作时间”按钮，打开“更改工作时间”对话框，单击下方的“工作周”选项卡，然后单击右侧的“详细信息”按钮，在打开的对话框中设置每周的工作日和每个工作日的工作时间，如图 2-16 所示。

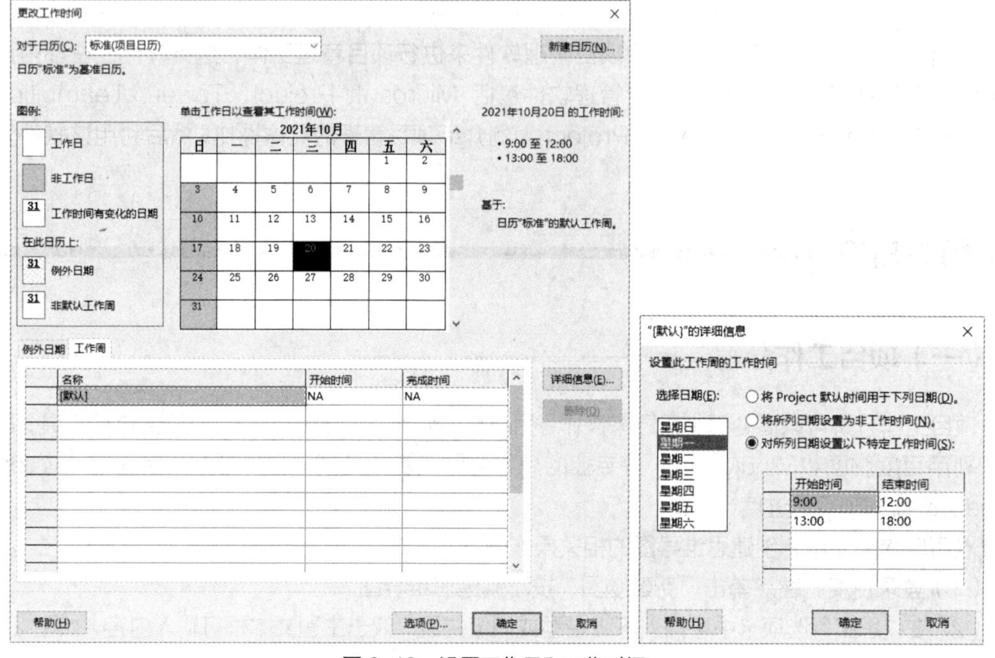

图 2-16　设置工作日和工作时间

（3）双击某项任务，打开“任务信息”对话框，单击“前置任务”选项卡，在其中可设置所选

任务的前置任务，如图 2-17 所示。如设置“制订交付期限”任务的前置任务为“6　根据反馈修改软件规范　完成-开始（FS）　0 个工作日”，表示只有“根据反馈修改软件规范”任务完成后，“制订交付期限”任务才能开始。

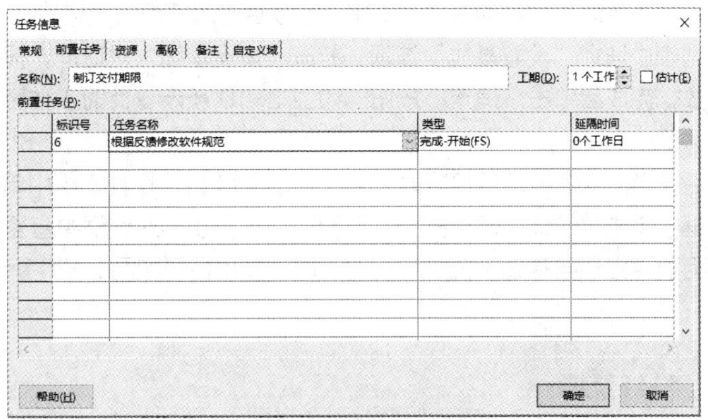

图 2-17　设置前置任务

（三）资源配置

创建项目任务后，还应当为任务赋予相应的项目资源，以便后期监督和控制项目资源的消耗情况。Microsoft Project 对项目资源有明确的分类，分别为工时资源、材料资源和成本资源。其中，工时资源是指在项目中按工时完成任务的人员和设备资源；材料资源是指在项目中可用来消耗或供应的材料；成本资源是指项目中的财务和债务。

在 Microsoft Project 的【资源】/【查看】组中单击“工作组规划器”按钮下方的下拉按钮，在弹出的下拉列表中选择“资源工作表”选项，进入资源工作表编辑界面，在其中可添加所需的各种资源，如图 2-18 所示。

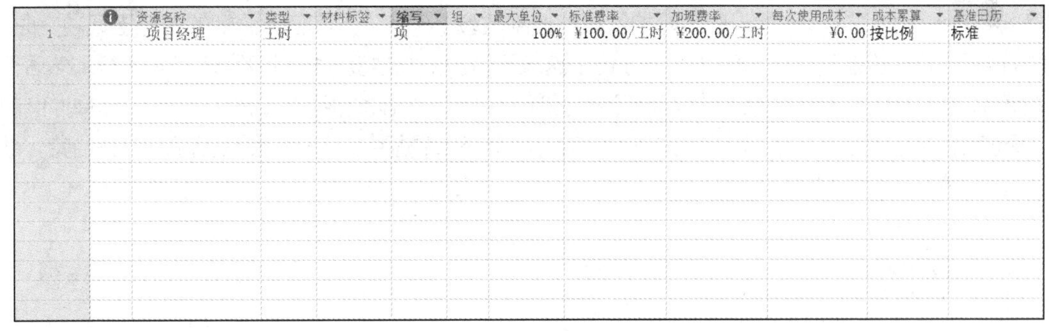

图 2-18　资源工作表

添加好资源后，就可以为项目的各个任务分配相应的资源，在 Microsoft Project 的【资源】/【查看】组中单击“工作组规划器”按钮下方的下拉按钮，在弹出的下拉列表中选择“甘特图”选项，进入甘特图编辑界面，在每个任务对应的“资源名称”栏下的单元格中分配资源。

（四）质量监控

项目经理应该通过跟踪、查看和管理项目进度来对项目进行质量监控。为了达到更好的监控效果，项目经理可以在 Microsoft Project 的项目中设置基线，这样可以对比项目中的各个任务与基线，对项目质量进行监控，主要监控项目的工期、成本、预算、工时等。

在 Microsoft Project 操作界面的工作区单击“添加新列”栏中的下拉按钮，在弹出的下拉列表中选择基线类型，完成后将添加对应的基线列。单击【项目】/【日程】组中的“设置基线”下拉按钮，在弹出的下拉列表中选择“设置基线”选项，打开“设置基线”对话框，根据需要在对话框中设置相应的基线参数，完成后单击“确定”按钮，如图 2-19 所示。此时工作区中的各个任务将显示对应的基线标准。

完成基线设置后，当需要监控项目情况时，可以在【项目】/【属性】组中单击“项目信息”按钮，在打开的对话框中单击“统计信息”按钮，此时可以在显示的对话框中查看项目情况，并与基线进行对比，以便当项目出现与基线不符的情况时及时调整项目，如图 2-20 所示。

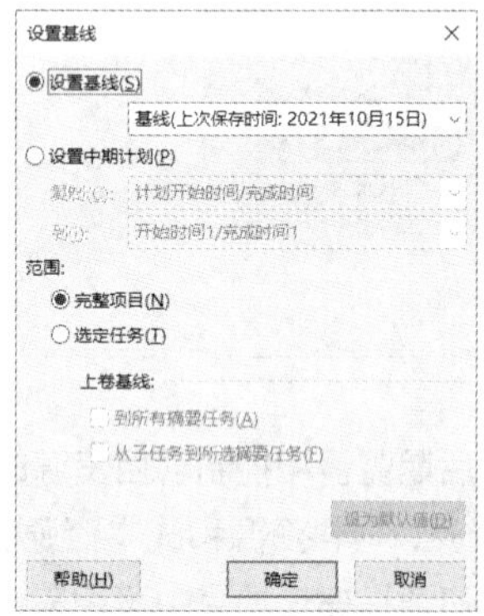

图 2-19　设置基线

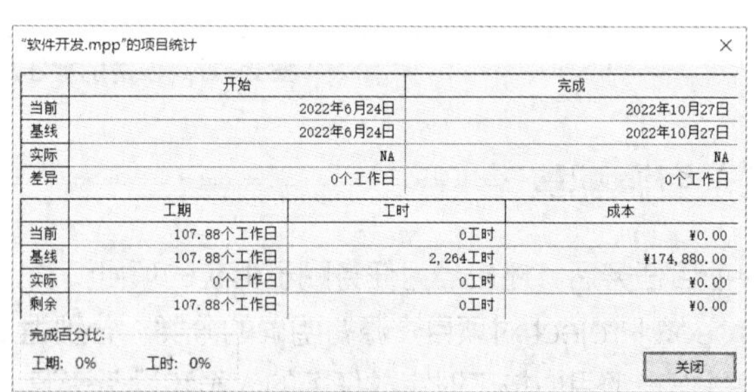

	开始	完成
当前	2022年6月24日	2022年10月27日
基线	2022年6月24日	2022年10月27日
实际	NA	NA
差异	0个工作日	0个工作日

	工期	工时	成本
当前	107.88个工作日	0工时	¥0.00
基线	107.88个工作日	2,264工时	¥174,880.00
实际	0个工作日	0工时	¥0.00
剩余	107.88个工作日	0工时	¥0.00

图 2-20　对比基线

（五）风险控制

项目在执行过程中会面临许多潜在的风险，除了通过质量监控来减小风险出现的概率外，还可以利用 Microsoft Project 的一些风险控制功能控制风险。例如，当某任务分配的资源出现冲突时，在甘特图编辑界面左侧会显示红色人像标记，这表示资源分配过度，此时只需选择该任务，然后在【资源】/【工作分配】组中单击“分配资源”按钮，打开“分配资源”对话框，在其中选择冲突的资源选项，单击“替换”按钮，在打开的“替换资源”对话框中重新分配其他资源以解决冲突，最后单击“确定”按钮即可，如图 2-21 所示。

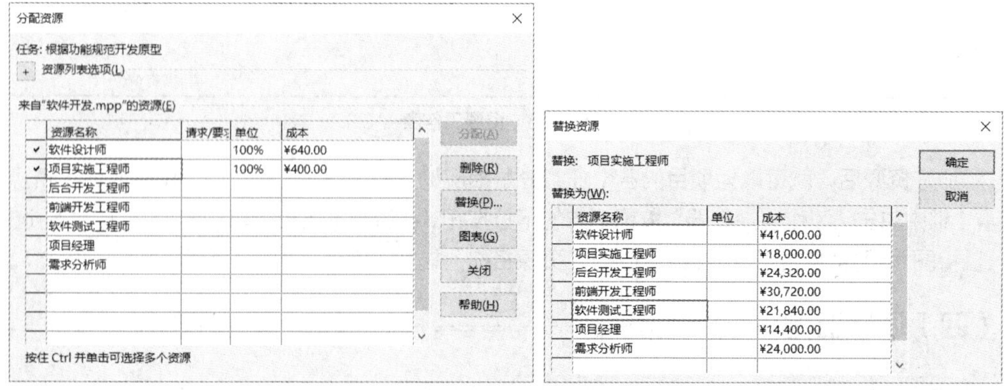

资源名称	请求/要求	单位	成本
✓ 软件设计师		100%	¥640.00
✓ 项目实施工程师		100%	¥400.00
后台开发工程师			
前端开发工程师			
软件测试工程师			
项目经理			
需求分析师			

资源名称	单位	成本
软件设计师		¥41,600.00
项目实施工程师		¥18,000.00
后台开发工程师		¥24,320.00
前端开发工程师		¥30,720.00
软件测试工程师		¥21,840.00
项目经理		¥14,400.00
需求分析师		¥24,000.00

图 2-21　调配资源

任务实践

本次任务实践将利用百度脑图和 Microsoft Project 来进行软件开发项目的管理工作。

1. 制作思维导图

微课 制作思维导图

使用百度脑图对软件开发项目的各项工作进行分解。操作步骤如下。

（1）注册一个百度账号，或利用已有的账号登录百度网站，通过百度搜索引擎搜索并访问百度脑图的官方网站。

（2）在打开的页面中单击“马上开启”按钮，进入百度脑图主页面，单击“新建脑图”按钮。

（3）双击页面中的文本框，输入“软件开发项目”文本后按【Enter】键，如图 2-22 所示。

（4）依次单击 1 次“插入下级主题”按钮和 3 次“插入同级主题”按钮，双击并修改插入的文本框中的内容，如图 2-23 所示。

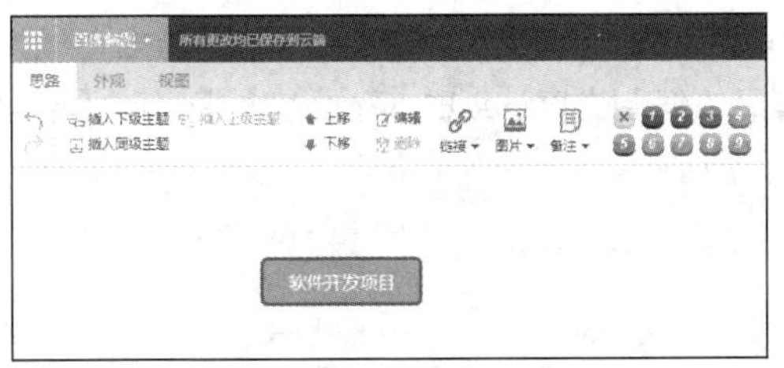

图 2-22　修改内容

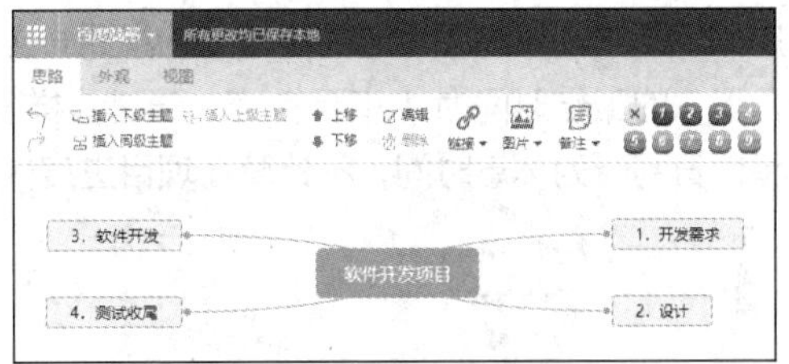

图 2-23　添加下级和同级主题

（5）按照相同的方法为 2 级主题添加相应的下级主题，并修改内容。拖动鼠标框选所有对象，在“外观”选项卡中将字体和字号分别设置为“宋体”和“16”，效果如图 2-24 所示。

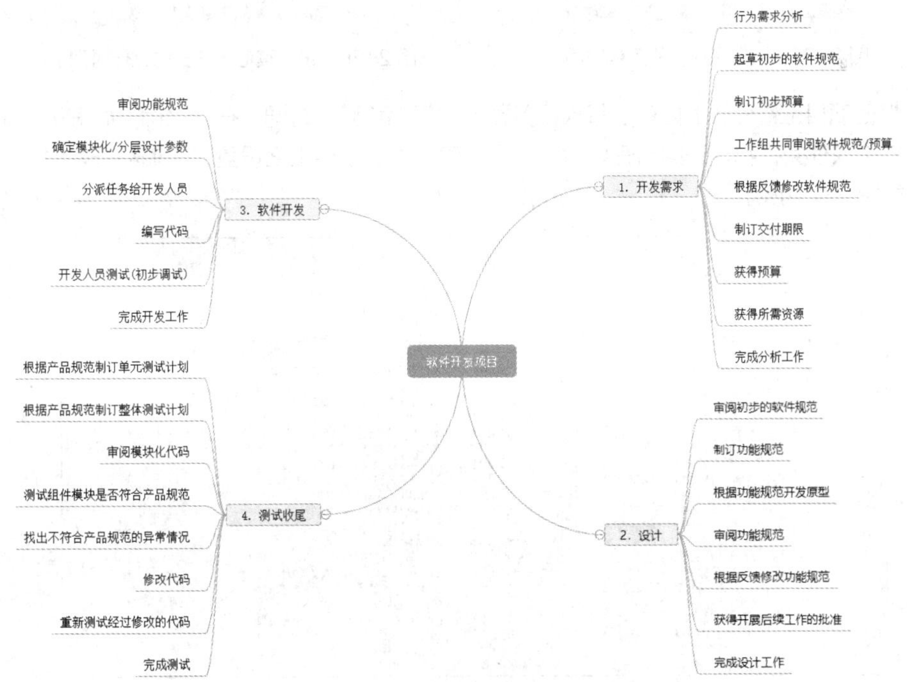

图 2-24　项目工作分解的思维导图

2. 配置资源项目

在 Microsoft Project 中编制软件开发项目的进度计划，包括设置工作日、录入工作任务、指定前置任务、添加工时类资源、将资源分配给项目，然后设置时间基线并查看各项目与基线的对比情况，最后通过重新分配资源来解决冲突，控制风险。操作步骤如下。

（1）启动 Microsoft Project，新建空白项目，执行【文件】/【保存】命令将其以“软件开发”为名保存到计算机中。

（2）在【项目】/【属性】组中单击“更改工作时间”按钮，打开“更改工作时间”对话框，单击下方的“工作周”选项卡，然后单击右侧的“详细信息”按钮。

（3）在“‘[默认]’的详细信息”对话框的“选择日期”列表框中选择“星期一”选项，选中“对所列日期设置以下特定工作时间”单选项，并在“开始时间”栏和“结束时间”栏中分别设置上午和下午的开始工作时间和结束工作时间，如图 2-25 所示。

（4）将星期二至星期六的工作时间设置为相同的内容，单击“确定”按钮，如图 2-26 所示。此操作表示本项目的工作时间为每周的星期一至星期六，每个工作日上午的工作时间为 9 点至 12 点，下午的工作时间为 1 点至 6 点。通过这样设置后，编制进度计划时 Microsoft Project 会自动将星期日判断为休息时间，不计算在项目进度内。

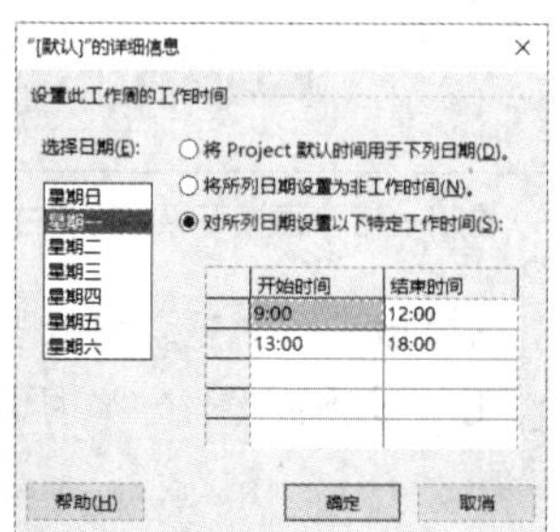

图 2-25　设置星期一的工作时间

图 2-26　设置其他工作日的工作时间

（5）根据项目工作分解的内容及每项任务预计的工期和开始时间，在 Microsoft Project 的工作区中逐行输入任务名称、工期与开始时间，完成时间将由软件根据设置的工期和开始时间自动计算统计，如图 2-27 所示。

	任务模式	任务名称	工期	开始时间	完成时间	前置任务	资源名称
1		开发需求	31 个工作日	2022年7月17日	2022年8月20日		
2		行为需求分析	4 个工作日	2022年6月24日	2022年6月28日		
3		起草初步的软件规范	6 个工作日	2022年6月28日	2022年7月5日		
4		制订初步预算	3 个工作日	2022年7月6日	2022年7月8日		
5		工作组共同审阅软件规范/预算	1 个工作日	2022年7月9日	2022年7月9日		
6		根据反馈修改软件规范	5 个工作日	2022年7月11日	2022年7月15日		
7		制订交付期限	1 个工作日	2022年7月16日	2022年7月16日		
8		获得预算	1 个工作日	2022年7月18日	2022年7月18日		
9		获得所需资源	7 个工作日	2022年7月19日	2022年7月26日		
10		完成分析工作	3 个工作日	2022年7月26日	2022年7月29日		
11		设计	1 个工作日	2022年7月30日	2022年7月30日		
12		审阅初步的软件规范	1 个工作日	2022年7月30日	2022年7月30日		
13		制订功能规范	1 个工作日	2022年7月30日	2022年7月30日		
14		根据功能规范开发原型	1 个工作日	2022年7月30日	2022年7月30日		
15		审阅功能规范	1 个工作日	2022年7月30日	2022年7月30日		
16		根据反馈修改功能规范	1 个工作日	2022年7月30日	2022年7月30日		
17		获得开展后续工作的批准	1 个工作日	2022年7月30日	2022年7月30日		
18		完成设计工作	1 个工作日	2022年7月30日	2022年7月30日		
19		软件开发	60 个工作日	2022年8月1日	2022年10月8日		
20		审阅功能规范	6 个工作日	2022年8月1日	2022年8月6日		
21		确定模块化/分层设计参数	10 个工作日	2022年8月8日	2022年8月18日		
22		分派任务给开发人员	1 个工作日	2022年8月19日	2022年8月19日		
23		编写代码	30 个工作日	2022年8月20日	2022年9月23日		
24		开发人员测试(初步调试)	10 个工作日	2022年9月24日	2022年10月5日		
25		完成开发工作	3 个工作日	2022年10月6日	2022年10月8日		
26		测试收尾	16 个工作日	2022年10月10日	2022年10月27日		

图 2-27　编制进度计划

（6）选择“开发需求”任务，单击【任务】/【日程】组中的“升级任务”按钮升级任务，按相同方法升级“设计”“软件开发”“测试收尾”任务，如图 2-28 所示。这样整个项目进度计划就分为 4 个阶段，每个阶段包含若干任务。

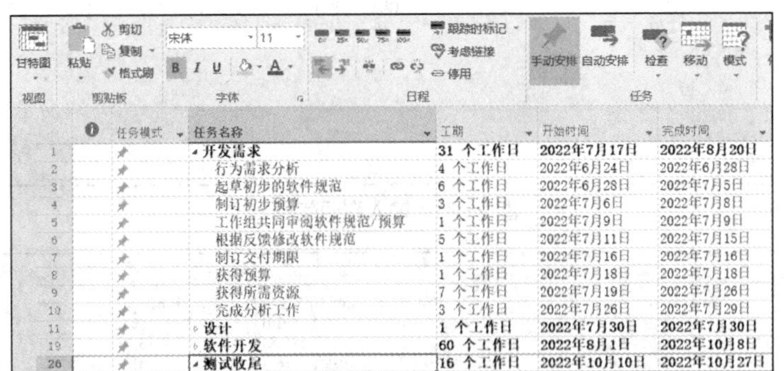

图 2-28　升级任务

（7）双击“完成分析工作”任务，打开“任务信息”对话框，单击“前置任务”选项卡，在“任务名称”栏的第一个下拉列表中选择“获得预算”选项，在第二个下拉列表中选择“获得所需资源”选项，其余参数保持默认，单击“确定”按钮，如图 2-29 所示。此时“完成分析工作”任务的前置任务为“获得预算”和“获得所需资源”两个任务，只有当这两个任务都完成后，“完成分析工作”任务才能开始执行，工作区中该任务右侧的“前置任务”栏会显示其前置任务对应的行号，如图 2-30 所示。

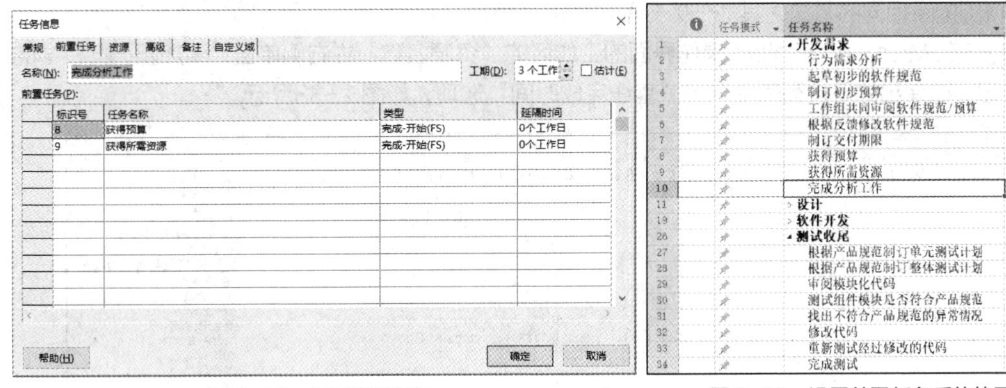

图 2-29　设置前置任务　　图 2-30　设置前置任务后的效果

（8）在 Microsoft Project 操作界面中单击【资源】/【查看】组中的“工作组规划器”按钮下方的下拉按钮，在弹出的下拉列表中选择“资源工作表”选项，进入资源工作表编辑界面。

（9）根据开发需求阶段确定的项目需求，在当前资源工作表中添加相应的资源，这里仅添加工时类资源。输入资源名称、设置资源类型、定义资源缩写、设置资源的标准费率和加班费率等，如图 2-31 所示。

（10）在 Microsoft Project 的【资源】/【查看】组中单击“工作组规划器”按钮下方的下拉按钮，在弹出的下拉列表中选择“甘特图”选项，进入甘特图编辑界面。单击需分配资源的任务对应的“资源名称”栏下单元格中的下拉按钮，在弹出的下拉列表中勾选资源对应的复选框，按【Enter】键完成资源分配操作，如图 2-32 所示。

	资源名称	类型	材料标签	缩写	组	最大单位	标准费率	加班费率	每次使用成本	成本累算	基准日历
1	项目经理	工时		项		100%	¥100.00/工时	¥200.00/工时	¥0.00	按比例	标准
2	需求分析师	工时		需		100%	¥100.00/工时	¥200.00/工时	¥0.00	按比例	标准
3	软件设计师	工时		软		100%	¥80.00/工时	¥160.00/工时	¥0.00	按比例	标准
4	后台开发工程师	工时		后		100%	¥80.00/工时	¥160.00/工时	¥0.00	按比例	标准
5	前端开发工程师	工时		前		100%	¥80.00/工时	¥160.00/工时	¥0.00	按比例	标准
6	软件测试工程师	工时		测		100%	¥70.00/工时	¥140.00/工时	¥0.00	按比例	标准
7	项目实施工程师	工时		实		100%	¥50.00/工时	¥100.00/工时	¥0.00	按比例	标准
8	程序员	工时		程		100%	¥40.00/工时	¥80.00/工时	¥0.00	按比例	标准

图 2-31　输入资源信息

	任务模式	任务名称	工期	开始时间	完成时间	前置任务	资源名称
1		开发需求	31 个工作日	2022年7月17日	2022年8月20日		
2		行为需求分析	4 个工作日	2022年6月24日	2022年6月28日		
3		起草初步的软件规范	6 个工作日	2022年6月28日	2022年7月5日		
4		制订初步预算	3 个工作日	2022年7月6日	2022年7月8日		
5		工作组共同审阅软件规范/预算	1 个工作日	2022年7月9日	2022年7月9日		
6		根据反馈修改软件规范	5 个工作日	2022年7月11日	2022年7月15日		
7		制订交付期限	1 个工作日	2022年7月16日	2022年7月16日		
8		获得预算	1 个工作日	2022年7月18日	2022年7月18日		
9		获得所需资源	7 个工作日	2022年7月19日	2022年7月26日		
10		完成分析工作	3 个工作日	2022年7月26日	2022年7月29日	8, 9	
11		设计	1 个工作日	2022年7月30日	2022年7月30日		
12		审阅初步的软件规范	1 个工作日	2022年7月30日	2022年7月30日		
13		制订功能规范	1 个工作日	2022年7月30日	2022年7月30日		
14		根据功能规范开发原型	1 个工作日	2022年7月30日	2022年7月30日		
15		审阅功能规范	1 个工作日	2022年7月30日	2022年7月30日		
16		根据反馈修改功能规范	1 个工作日	2022年7月30日	2022年7月30日		
17		获得开展后续工作的批准	1 个工作日	2022年7月30日	2022年7月30日		
18		完成设计工作	1 个工作日	2022年7月30日	2022年7月30日		

程序员
后台开发工程师
前端开发工程师
软件测试工程师
软件设计师
项目经理
项目实施工程师
需求分析师

图 2-32　分配资源

（11）按照相同的方法为其他任务分配所需的资源。

（12）在 Microsoft Project 操作界面的工作区的“资源名称”栏右侧单击“添加新列”栏中的下拉按钮，在弹出的下拉列表中选择“基线完成时间”选项，如图 2-33 所示。

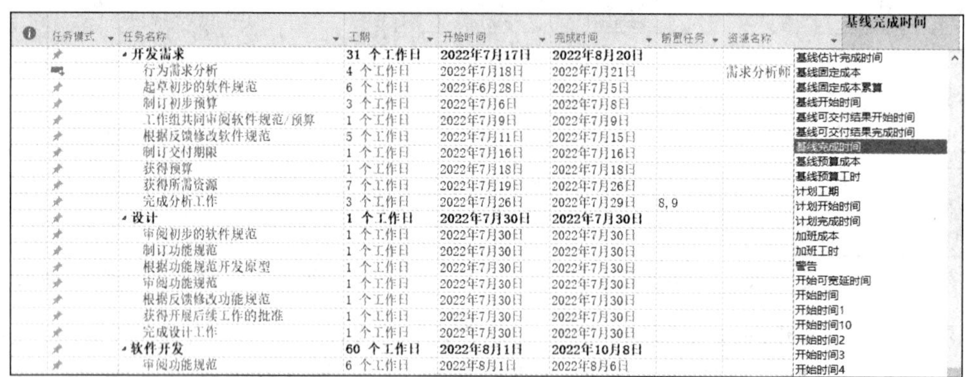

任务模式	任务名称	工期	开始时间	完成时间	前置任务	资源名称
	开发需求	31 个工作日	2022年7月17日	2022年8月20日		
	行为需求分析	4 个工作日	2022年7月18日	2022年7月21日		需求分析师
	起草初步的软件规范	6 个工作日	2022年6月28日	2022年7月5日		
	制订初步预算	3 个工作日	2022年7月6日	2022年7月8日		
	工作组共同审阅软件规范/预算	1 个工作日	2022年7月9日	2022年7月9日		
	根据反馈修改软件规范	5 个工作日	2022年7月11日	2022年7月15日		
	制订交付期限	1 个工作日	2022年7月16日	2022年7月16日		
	获得预算	1 个工作日	2022年7月18日	2022年7月18日		
	获得所需资源	7 个工作日	2022年7月19日	2022年7月26日		
	完成分析工作	3 个工作日	2022年7月26日	2022年7月29日	8, 9	
	设计	1 个工作日	2022年7月30日	2022年7月30日		
	审阅初步的软件规范	1 个工作日	2022年7月30日	2022年7月30日		
	制订功能规范	1 个工作日	2022年7月30日	2022年7月30日		
	根据功能规范开发原型	1 个工作日	2022年7月30日	2022年7月30日		
	审阅功能规范	1 个工作日	2022年7月30日	2022年7月30日		
	根据反馈修改功能规范	1 个工作日	2022年7月30日	2022年7月30日		
	获得开展后续工作的批准	1 个工作日	2022年7月30日	2022年7月30日		
	完成设计工作	1 个工作日	2022年7月30日	2022年7月30日		
	软件开发	60 个工作日	2022年8月1日	2022年10月8日		
	审阅功能规范	6 个工作日	2022年8月1日	2022年8月6日		

图 2-33　添加“基线完成时间”列

（13）单击【项目】/【日程】组中的“设置基线”下拉按钮，在弹出的下拉列表中选择“设置基线”选项，打开“设置基线”对话框，依次选中“设置基线”单选项和“完整项目”单选项，单击“确定”按钮，此时各任务显示对应的基线完成时间，如图 2-34 所示。

（14）在【项目】/【属性】组中单击“项目信息”按钮，打开“‘软件开发’的项目信息”对话框，单击下方的“统计信息”按钮。打开“‘软件开发.mpp’的项目统计”对话框，在其中可以查看该项目的实际工期、工时、成本等与基线的对比情况，如图 2-35 所示。

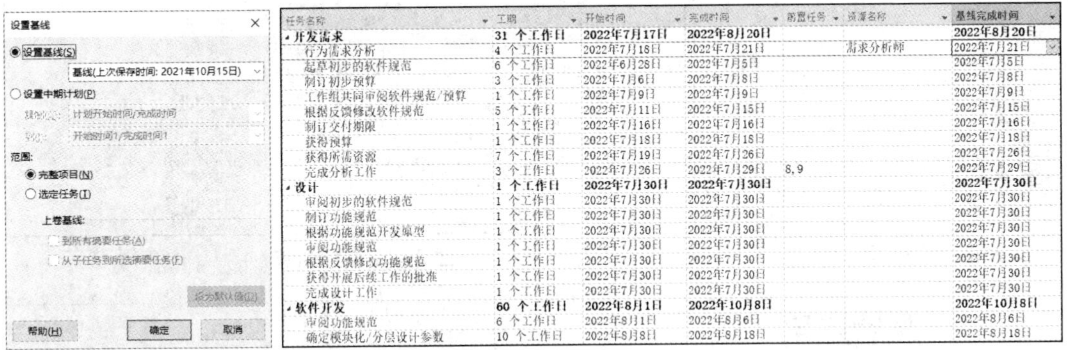

图 2-34　添加基线列

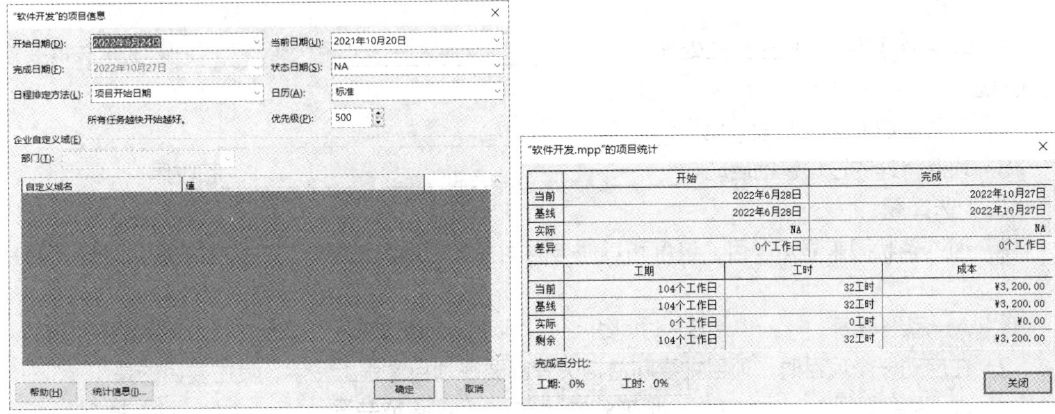

图 2-35　实际与基线的对比

（15）选择需要重新分配资源的任务，这里选择“审阅功能规范”任务，在【资源】/【工作分配】组中单击“分配资源”按钮，如图 2-36 所示，打开“分配资源”对话框。

（16）在列表框中选择“软件设计师”选项，单击“替换”按钮，如图 2-37 所示。

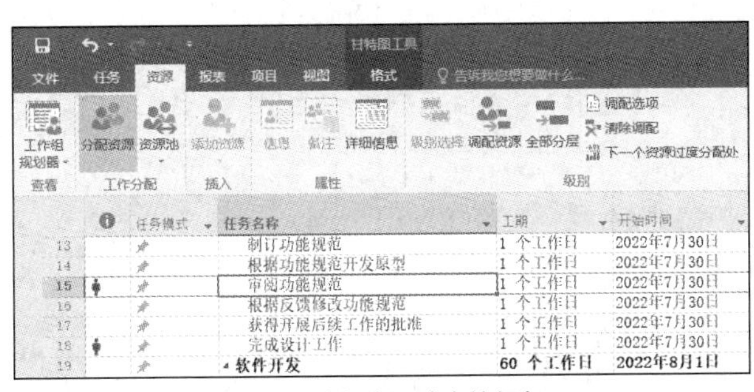

图 2-36　选择资源冲突的任务

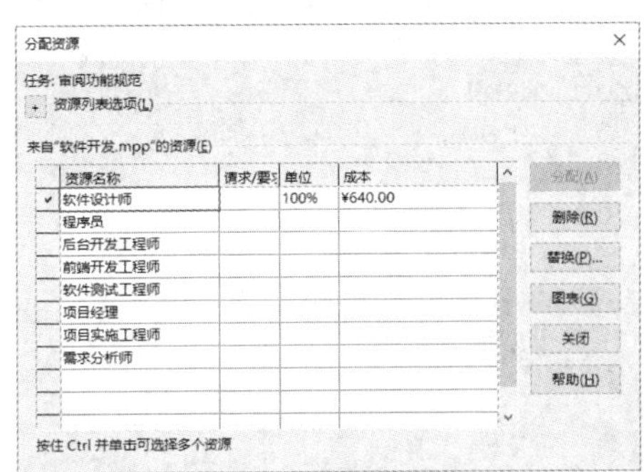

图 2-37　选择冲突的资源

（17）在“替换资源”对话框的“替换为”列表框中选择“项目经理”选项，单击“确定”按钮，如图 2-38 所示。

（18）此时资源冲突的任务左侧的红色人像标记自动消失，保存文件，如图 2-39 所示（配套资源：\效果文件\模块二\软件开发.mpp）。

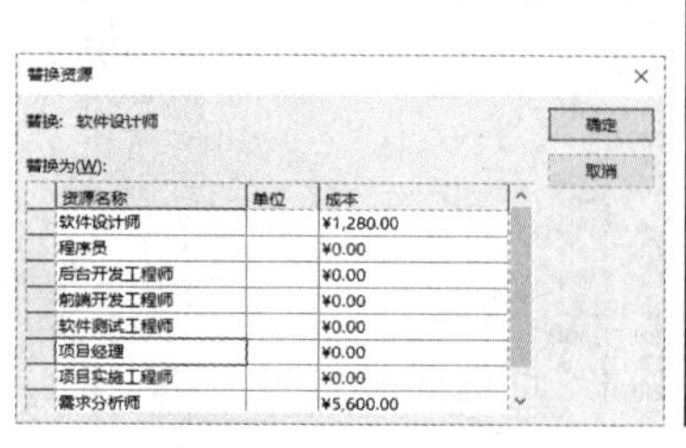

图 2-38　替换资源

图 2-39　解决冲突

课后练习

一、填空题

1. 项目经理的核心任务就是处理好__________、__________和__________这 3 个关键要素的关系。

2. 项目管理的 4 个阶段分别是__________、__________、__________、__________。

3. 项目管理的过程包括启动、__________、__________、__________和收尾。

二、选择题

1. 通过条状图来显示项目、进度和其他与时间相关的系统进展的内在关系的项目管理工具是（　　）。

A. 思维导图　　B. 时间线　　C. 状态表　　D. 甘特图

2. 在启动一个项目时，项目主要利益相关者都要在项目章程上签字，其主要目的是（　　）。

A. 落实责任　　B. 形成效力　　C. 达成共识　　D. 利益捆绑

3. 在 Microsoft Project 中监控项目质量的关键操作是（　　）。

A. 分解项目　　B. 编制计划　　C. 设置基线　　D. 替换资源

模块三 机器人流程自动化

人们在使用计算机进行工作时，经常会遇到一些重复且烦琐的任务，通过机器人流程自动化可以将这些任务分配给软件机器人来完成。软件机器人可以按照一定的规则单次或重复执行这些任务，且能比人类更快、更准确地完成。人们节省出来的时间可以用于处理更有价值的工作。

课堂学习目标

- 知识目标：了解机器人流程自动化的概念、发展历程、技术框架、部署模式等基础理论知识；了解常用的机器人流程自动化系统；能够使用 UiBot 开发简单的软件机器人。
- 素质目标：加深个人对自治化的理解，探索机器人流程自动化对个人、企业和社会发展的意义，提升个人的思考与探索能力。

任务一 认识机器人流程自动化

微课

认识机器人流程自动化

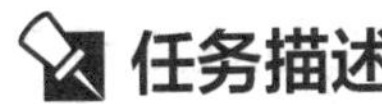

任务描述

机器人流程自动化可以让计算机自动执行重复性任务，有助于节省时间和成本，使员工能从事更有价值的工作。本任务将介绍机器人流程自动化的概念、发展历程、技术框架、部署模式等知识，读者先了解机器人流程自动化的基础理论，构建对机器人流程自动化的基本了解框架，再通过阅读并分析机器人流程自动化的案例来进行实践操作，加深对机器人流程自动化的理解。

相关知识

（一）机器人流程自动化的概念

机器人流程自动化（Robotic Process Automation，RPA）是以软件机器人和人工智能为基础的业务过程自动化技术。只要预先设计好使用规则，机器人流程自动化就可以模拟人工进行复制、粘贴、单击、输入等操作，协助人类完成大量“规则较为固定、重复性较高、附加值较低”的工作，让员工从枯燥的工作中解脱出来，提升工作效率。

（二）机器人流程自动化的发展历程

机器人流程自动化的诞生并不是一蹴而就的，而是通过各种技术的发展传承，逐步演变和发展起来的。早期的这些技术虽说并不能称为机器人流程自动化，但是它们启发了机器人流程自动化的发展思路。机器人流程自动化的发展历程可以分为以下 4 个阶段。

1. 第一阶段——批处理文件

在 DOS 和 Windows 操作系统中可以通过批处理文件（*.bat）执行定时开关系统、自动化运维、日志处理、文档的定时复制、文件的移动或删除等固定操作。批处理文件可以手动运行或通过计划任务自动重复运行，有日期、日历、周期等多种触发规则。严格说来，批处理文件并不属于典型的机器人流程自动化程序，只是其雏形。

批处理文件的缺陷是功能简单、不能处理较为复杂的任务、难以应对执行过程中的异常情况、不够灵活、针对性不强、开发门槛较高。

2. 第二阶段——VBA

VBA（Visual Basic for Applications）是基于微软的软件开发平台 Visual Basic 产生的一种宏语言，也是在 Windows 桌面应用程序中执行通用自动化任务的一类编程语言。VBA 主要用于扩展 Windows 应用程序功能，尤其是微软 Office 软件的功能，可以很方便地将重复性的动作自动化。

与批处理文件相比，VBA 的特点是应用了可视化图形编程界面和面向对象的程序开发思路，开发效率相比于批处理文件得到了大幅度提升，并且其与应用程序相结合，可以处理较复杂的任务。

VBA的缺点是需要专业程序员编写VBA脚本程序、需要应用程序支持VBA，同时，多应用程序操作也较为困难。

3. 第三阶段——机器人流程自动化正式投入应用

在这一阶段，机器人流程自动化正式投入应用，其可视化流程拖动设计，以及操作录制等技术，可以部分替代依赖编程来构建操作流程的传统方式，极大地降低了机器人流程自动化的使用门槛，让很多普通用户也能够根据自己的实际工作流程来制作软件机器人，拓展了机器人流程自动化应用范围。

此外，机器人流程自动化还发展出能够对多个软件机器人进行任务分配和调度的管理系统。从传统的单任务运行模式发展为大型多任务并发运行的模式，机器人流程自动化的可靠性得到了大幅度的提升，能够从事更多、更复杂的工作。例如，带有复杂控制调度系统的机器人流程自动化成功地在大型商业银行、保险公司，以及政府机构里得到了应用。

4. 第四阶段——机器人流程自动化的智能化发展

在这一阶段，机器人流程自动化与各类人工智能相结合，从而使软件机器人更加智能，使其能够从事更复杂、更有价值的工作，其中，计算机视觉技术和自然语言处理技术极为关键。

（1）计算机视觉技术。软件机器人在操纵软件界面时，需要认清并准确定位软件界面上的元素位置。例如，软件机器人如果想要模仿人类控制鼠标单击某个软件里的按钮，则往往需要借助按钮的视觉特征，如按钮的边框、区域、位置，以及按钮上的文字来定位要单击的按钮，这个过程就需要借助计算机视觉技术来识别。

（2）自然语言处理技术。自然语言处理技术能够让计算机读懂并理解人类文字的含义，从而能够对文档进行处理。例如，要审核某个财务报表里的数据是否完整和正确，机器人流程自动化系统就需要“看得懂”文档里的句子，并理解句子中提到的数据含义，进而根据财务知识来核算数据，并判断数据是否存在问题。

（三）机器人流程自动化的技术框架

典型的机器人流程自动化技术框架主要有开发工具、运行工具、控制中心 3 个部分。

1. 开发工具

通过开发工具，开发人员可以创建软件机器人，并为其指定一系列要执行的任务和决策逻辑。这需要开发人员具备一定的编程知识储备，如循环、变量赋值等。不过，大多数机器人流程自动化系统的代码相对简单，没有 IT 背景但训练有素的用户也能快速学习和使用。

开发工具一般包含以下功能。

（1）记录功能。记录功能也称为“录屏”，可以记录用户的每一次鼠标动作和键盘输入，软件机器人可以重复执行所记录的操作。

（2）插件和扩展功能。大多数软件机器人流程自动化系统都会提供许多插件和扩展功能，通过这些插件和扩展功能可以实现各种特殊的功能。

（3）可视化流程图。通过可视化流程图，开发人员可以通过拖动的方式，对软件机器人的运行流程进行增加、调整和删除等操作。

2. 运行工具

当软件机器人开发完成后，就可以使用运行工具来运行已有的软件机器人，并查看运行结果。

3. 控制中心

控制中心主要用于软件机器人的部署与管理，包括开始/停止软件机器人的运行，为软件机器人制作日程表、维护和发布代码，重新部署软件机器人的不同任务等。当需要在多台计算机中运行软件机器人时，也可以通过控制中心对这些软件机器人进行集中控制，如统一分发流程、统一设定启动条件等。

（四）机器人流程自动化的部署模式

机器人流程自动化的部署模式主要有开发型、模板型、云型 3 种。

1. 开发型

开发型机器人流程自动化系统可根据公司自身的环境、办公系统、业务流程等单独进行开发，因此，其工作流程可以与公司的业务流程完全匹配。但由于需要单独开发，所以需要投入更多的人力、财力，导入所需的时间也相对较长。

2. 模板型

模板型机器人流程自动化系统是基于特定的模板（如规则、宏、脚本等）来推进公司业务流程的。因此，使用模板型机器人流程自动化系统需要选择与公司业务流程相配合的模板，并构建与公司安全策略相匹配的环境。但模板型机器人流程自动化系统可能与公司的业务流程不完全匹配，因此，在某些情况下，公司可能需要更改业务流程。

3. 云型

云型机器人流程自动化系统是在云环境中部署软件机器人，并在网页浏览器上自动执行任务。由于它的自动化范围仅限于网页浏览器任务，因此很难执行云服务之外的其他任务。

（五）常用的机器人流程自动化系统

1. iS-RPA

iS-RPA 是上海艺赛旗软件有限公司开发的机器人流程自动化系统，其具有高度可视化的开发工具，通过简单的拖动即可完成流程和数据的操作。iS-RPA 具有强大的界面元素拾取能力，能够准确地拾取系统、浏览器以及各种应用软件中的界面元素。iS-RPA 内置 300 多个功能多样的组件以满足用户的各种需求，同时用户还可以自定义组件，并将其进行分享。iS-RPA 中的程序采用 Python 编写，并完美集成 Python 的特性，方便专业人员快速开发。

2．UiBot

UiBot 是来也科技有限公司开发的机器人流程自动化系统。UiBot 创建的软件机器人可模拟人在计算机上的操作，按照一定的规则自动执行任务，如处理邮件和文档、大批量生成文件和报告、进入客户关系管理（Customer Relationship Management，CRM）系统执行特定任务等。UiBot 团队还在 AI 方面具有深厚的技术积累，推出了一系列 RPA+AI 的解决方案，从流程自动化到认知自动化，进一步扩大了机器人流程自动化的适用范围。

3．云扩 RPA

云扩 RPA 是由上海云扩信息科技有限公司开发的机器人流程自动化系统。云扩 RPA 具有高效的图形化界面编辑器，通过简单拖动即可完成软件机器人的创建，无须额外编程。用户可以通过云扩 RPA 内置的数百个自动化和 AI 组件，以及组件/流程市场，将强大的自动化和 AI 功能直接嵌入流程。

任务实践

机器人流程自动化可以帮助企业在财务、税务、人力资源、信息技术、供应链、客服中心的业务流程上迅速实现自动化。阅读以下 3 个机器人流程自动化的应用案例，并回答问题。

1. 机器人流程自动化在银行中的应用

某银行内部经常需要在账户管理系统中同步录入各种信息，由于字段较多（用户个人基本信息、账户信息等），人工录入需要在不同系统之间切换，不仅费时费力，而且容易出错。引入机器人流程自动化后，软件机器人可以自动读取待填写的账户列表，获取账户信息并自动录入，高效、快速地完成多个系统间的数据迁移。其中的智能模块使软件机器人具备计算机视觉和语义处理能力，使其能够完成信息的识别、抽取和录入，表单和文档的生成等任务。

2. 机器人流程自动化在证券行业中的应用

某证券公司的财务人员每个工作日上午 9 点之前需要登录证券交易系统（包括集中交易、贵金属、融资融券、期权 4 个子系统），查询并打印全国约 290 个营业部的资金报表。引入机器人流程自动化系统后，软件机器人会自动查询、打印报表，并将结果通过电子邮件发送给指定人员。

3. 机器人流程自动化在上市公司中的应用

上市公司需定期按照证监会的要求披露公司业绩（季报、年报），这要求财务人员查阅大量 Excel 格式的财务报表，并将其中的各项数据进行整合，然后遵循一定的逻辑填入 Word 格式的报告中，最后还要进行数据校验。通过机器人流程自动化可以高效、快速、准确地完成多种格式文件中的数据迁移，在几分钟之内就能完成以前人工需要几周才能完成的工作。

思考：

机器人流程自动化能够给企业的业务流程带来哪些改变？

任务二 创建简单的软件机器人

任务描述

UiBot 作为国内领先的机器人流程自动化系统之一，在各行业中得到了广泛的应用。本任务先对 UiBot 进行一定的讲解，然后讲解使用 UiBot 创建简单的软件机器人的方法，包括通过 UiBot Creator 开发软件机器人、通过 UiBot Worker 执行软件机器人、通过 UiBot Commander 管理软件机器人等内容，最后通过创建一个与用户打招呼的软件机器人进行实践操作，提升读者创建简单的软件机器人的能力。

相关知识

（一）了解 UiBot

UiBot 主要包括 Creator、Worker、Commander、Mage 这 4 个模块。其中 Creator 模块为开发工具，用于开发软件机器人；Worker 模块为运行工具，用于运行搭建完成的软件机器人；Commander 模块为控制中心，用于部署与管理多个软件机器人；Mage 模块为 AI 能力平台，为软件机器人提供各种 AI 功能。

（二）通过 UiBot Creator 开发软件机器人

在 UiBot Creator 中新建或打开一个流程后，将首先打开“流程图”界面。界面左侧的组件框中包含了“辅助流程开始”“流程块”“判断”“子流程”“结束”5 种组件，通过拖动的方式就可以在流程图中添加各种组件，如图 3-1 所示。

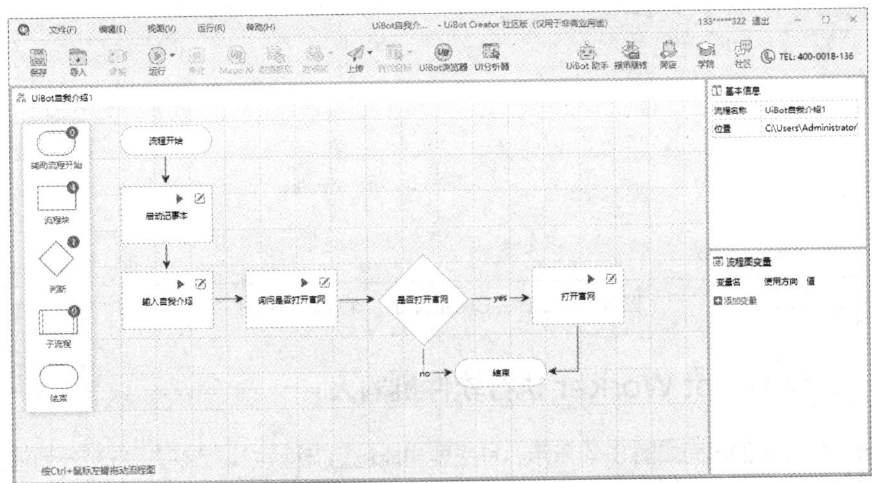

图 3-1 UiBot Creator 的“流程图”界面

单击流程图中的流程块右上角的“流程编辑”按钮，进入“流程编辑”界面，在其中有“可视化”和“源代码”两个视图。

“可视化”视图从左到右依次为“命令区”“编辑区”“属性/变量区”，如图 3-2 所示。

图 3-2　UiBot Creator 的“可视化”视图

“命令区”包含各种操作命令，选择某个命令并将其拖动到“编辑区”中，然后在“属性/变量区”设置该命令的属性和变量，即可为流程块增加相应的功能。

单击“源代码”按钮，将切换到“源代码”视图，在其中可以查看根据“可视化”视图中的内容自动生成的源代码，如图 3-3 所示。该源代码采用 UiBot 自创的 BotScript 语言，是一种类似于 VB 的脚本语言，用户可以对其进行编辑和修改。

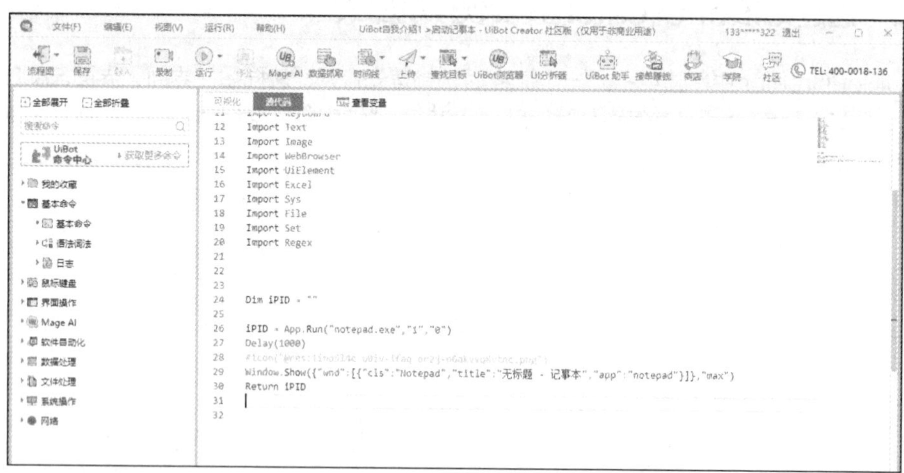

图 3-3　UiBot Creator 的“源代码”视图

（三）通过 UiBot Worker 执行软件机器人

UiBot Worker 的界面如图 3-4 所示，其主要功能包括流程导入、流程运行和计划任务、流程编组、查看运行记录等。

图 3-4 UiBot Worker 界面

1. **流程导入**

在使用 UiBot Worker 执行软件机器人前，需要先将流程从 UiBot Creator 中导出，然后将其导入 UiBot Worker 中。

- 在 UiBot Creator 中导出流程。在企业版 UiBot Creator 中打开一个流程，单击工具栏中的“发布”按钮，在打开的“发布流程”对话框中设置流程名称、使用说明、图标等内容，即可将流程发布为扩展名为.bot 的文件。
- 在 UiBot Worker 中导入流程。在 UiBot Worker 中单击“我的流程”选项卡，再单击“+本地流程”按钮，在打开的“选择要添加的流程”对话框中，选择需要导入的流程文件，即可将该流程加入 UiBot Worker 中。

2. **流程运行和计划任务**

将流程导入 UiBot Worker 后，单击“我的流程”选项卡，可以浏览所有流程；单击流程右侧的“开始运行”按钮，可立即运行相应流程。

除了可立即运行一个流程之外，UiBot Worker 还提供了“计划任务”功能，通过该功能可以选择单次、按日期、按周、按月 4 种计划任务方式，有计划地、有选择性地运行流程。

3. **流程编组**

通过流程编组可以将两个或多个有依赖关系的流程放置到一个编组中，编组中的流程将按顺序依次执行。这样，流程与流程之间既不会出现冲突，也不需要等待。同时，与普通流程一样，流程编组也可以直接执行，或通过计划任务安排自动运行。

4. **查看运行记录**

UiBot Worker 提供了查看运行记录的功能。单击 UiBot Worker 主界面的“运行记录”选项卡，进入运行记录界面。单击相应运行记录后面的“查看详情”超链接，可以查看本次流程运行过程中产生的日志。

（四）通过 UiBot Commander 管理软件机器人

UiBot Commander 是一个 Web 应用，它既可以部署在互联网上，也可以部署在企业内部的局域网中，通过它可以同时管理多台计算机中的软件机器人并控制它们的运行。UiBot Commander 主要具有以下 4 个功能。

- 用户和组织管理。通过用户和组织管理功能可以建立完善的组织结构，将不同的用户分配到不同的部门，并赋予其不同的权限。

- 资源管理。通过资源管理功能可以对所拥有的各种资源进行管理，在 UiBot Commander 中，拥有的资源包括流程资源（流程包、流程等）、数据资源、算力资源（UiBot Creator、UiBot Worker 等）。
- 任务管理。通过任务管理功能可以创建任务，并交由一个或多个 UiBot Worker 立即执行或按周期重复执行。
- 运行监测。通过运行监测功能可以对系统的运行状态进行实时监测，以便及时发现问题并解决问题。UiBot Commander 提供了多个维度的运行监测，使用户科学、详细、直观地了解系统的运行状态。

任务实践

下面使用 UiBot Creator 创建一个与用户打招呼的软件机器人，具体操作如下。

微课

创建与用户打招呼的软件机器人

（1）启动 UiBot Creator 并登录，单击“新建”按钮，打开“新建”对话框，在“名称”文本框中输入“打招呼”，单击“创建”按钮，如图 3-5 所示。

（2）从组件框中拖动一个“流程块”组件和一个“结束”组件到流程图中，如图 3-6 所示。

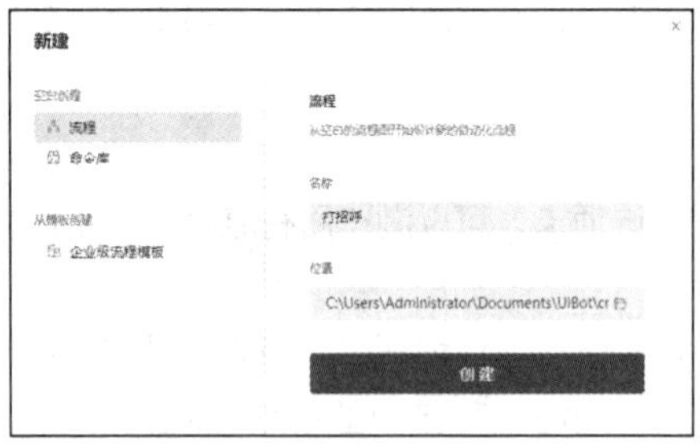

图 3-5 “新建”对话框

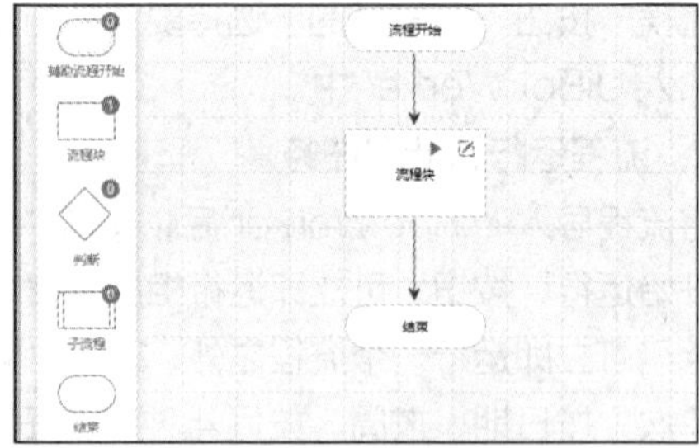

图 3-6 创建流程图

（3）单击“流程块”组件右上角的“流程编辑”按钮，打开“可视化”视图，在“命令区”中依次展开“系统操作”“对话框”命令，并拖动“输入对话框”命令到“编辑区”中，单击“属性”选项卡，单击“消息内容”右侧的☑按钮，在打开的“消息内容”对话框中输入“‘你好，我是 UiBot，请输入你的名字。’”，单击“确定”按钮，如图 3-7 所示。

图 3-7 添加“输入对话框”命令

（4）拖动“消息框”命令到“编辑区”中，单击“属性”选项卡，单击“消息内容”右侧的按钮，在打开的“消息内容”对话框中输入“sRet & ‘，你好，很高兴见到你。’”，单击“确定”按钮，如图 3-8 所示。

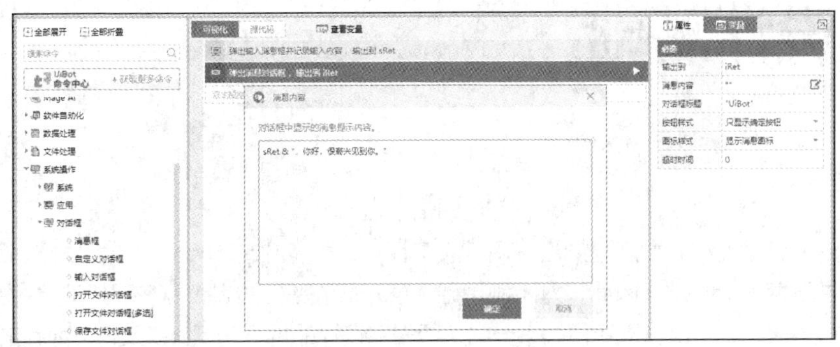

图 3-8　添加“消息框”命令

（5）单击“工具”栏中的“运行”按钮运行软件机器人，打开图 3-9 所示的对话框，在其中的文本框中输入自己的名字后，单击“确定”按钮。

（6）此时打开图 3-10 所示的对话框，显示相应的问候信息。单击“确定”按钮结束软件机器人的运行。

图 3-9　显示输入对话框

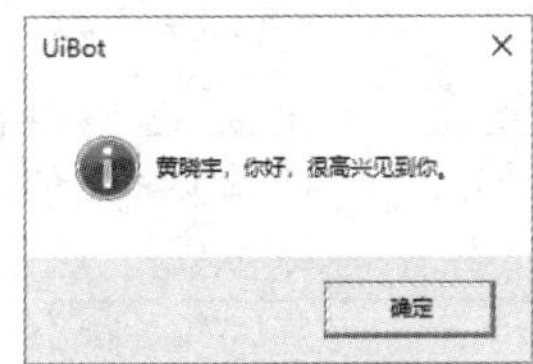

图 3-10　显示消息框

课后练习

一、填空题

1. 机器人流程自动化是以__________和__________为基础的业务过程自动化技术，能够代替或者协助人类在计算机、手机等数字化设备中完成__________的工作与任务。

2. 机器人流程自动化智能化发展的两个关键技术是__________和__________。

3. 机器人流程自动化的部署模式主要有__________、__________、__________3 种。

二、选择题

1. 下列不属于 UiBot 的模块的是（　　）。

　A. Creator　　B. Worker　　C. Commander　　D. AI

2. 下列关于 UiBot 的说法错误的是（　　）。

　A. UiBot Creator 中“源代码”视图中的源代码是用 VB 语言编写的

　B. 通过 UiBot Worker 可以将两个或多个有依赖关系的流程放置到一个编组中并依次执行

　C. UiBot Commander 既可以部署在互联网上，也可以部署在企业内部的局域网中

　D. 通过 UiBot Worker 既可以立即执行某个流程，也可以按计划周期性地执行某个流程

模块四 程序设计基础

04

随着计算机技术的飞速发展与广泛应用，人工智能、智能制造、大数据、物联网、云计算等众多领域都需要程序设计人才，因此，熟悉和掌握程序设计的基础知识，是在现代信息社会中生存和发展的基本技能之一。本模块将带领大家一同认识程序设计的相关知识，以及 Python 的基础知识，让大家对程序设计有基本的认识和了解。

课堂学习目标

- 知识目标：了解程序设计的概念、程序设计语言的发展历程和未来发展趋势等基础理论知识；了解程序设计的基本流程及主流的程序设计语言；掌握Python的安装与配置方法、Python 程序的运行方式、Python 的编写规范，以及 Python 的语法。
- 素质目标：熟悉程序设计在解决问题过程中的作用，培养个人的算法思想，以及通过设计简单的算法来解决问题。

任务一 认识程序设计

任务描述

要学习程序设计，首先需要了解程序设计的基本知识，为后面的实践操作打下基础。本任务将先介绍程序设计的概念、程序设计语言的发展历程和未来发展趋势、程序设计的基本流程，以及主流的程序设计语言等知识，再通过阅读并分析 4 个程序设计案例进行实践操作。

相关知识

（一）程序设计的概念

程序的概念非常普遍，一般来说，人们在完成一项复杂的任务时，需要进行一系列的具体工作，这些按一定的顺序安排的工作就是完成该任务的程序。但在计算机领域，“程序”一词特指计算机程序，即计算机为完成某任务所执行的一系列有序的指令集合。

程序设计是为解决特定问题而使用某种程序设计语言编写程序的过程，是软件构造活动中的重要组成部分。

（二）程序设计语言的发展历程和未来发展趋势

程序设计离不开程序设计语言，程序设计语言是人类用来和计算机沟通的工具。最早的程序设计语言是机器语言，用 0 和 1 两种符号组成的二进制代码表示，计算机只能直接执行机器语言编写的程序，但直接用机器语言编写程序非常困难，效率也非常低。为了解决这个问题，诞生了各种各样的程序设计语言，这些程序设计语言更加接近人类的语言和思维。

从程序设计语言的发展历程来看，程序设计语言可以分为以下 5 代。

1. 第一代程序设计语言——机器语言

机器语言（Machine Language）是计算机指令的集合，由 1 和 0 两种符号构成，是最早期的程序设计语言，也是计算机能够直接阅读与执行的基本语言，任何程序或语言在执行前都必须转换为机器语言。

机器语言是面向机器的语言，其中的每一条语句就是一段二进制指令代码，如“10111001 00000010”表示“将变量 A 的值设定为数值 2”，这对普通人来说宛如“天书”。用机器语言编程不仅工作量大，而且难学、难记、难修改，因此它只适合专业人员使用。而且不同品牌和型号的计算机的指令系统有差异，因此机器语言所编写的程序只能在相同的硬件环境下使用，可移植性差。但机器语言也有编写的程序代码不需要翻译、占用空间少、执行速度快等优点。

2. 第二代程序设计语言——汇编语言

汇编语言（Assembly Language）通过指令符号来编制程序。这种指令符号是计算机指令的英文缩写，因而较机器语言的二进制指令代码更容易学习和记忆。

汇编语言在一定程度上克服了机器语言难学、难记、难修改的缺点，同时保持了编程质量高、占用空间少、执行速度快的优点。在对实时性要求较高时，仍经常使用汇编语言。

但与机器语言一样，汇编语言也是面向机器的语言，使用汇编语言编写的程序的通用性和可读性都较差。

3. 第三代程序设计语言——高级语言

高级语言（High-level Language）是相当接近人类语言的程序设计语言，并且高级语言完全与计算机的硬件无关，程序员在编写程序时，无须了解计算机的指令系统。这样，程序员在编写程序时就不用考虑计算机硬件的差异，因而编程效率大大提高。由于高级语言与具体的计算机硬件无关，因此使用高级语言编写的程序通用性强、可移植性高、易学、易读、易修改，被广泛应用于商业、科学、教学、娱乐等众多领域。

4. 第四代程序设计语言——非过程化语言

非过程化语言（Non-procedural Language）的特点是程序员不必关心问题的解法和处理问题的具体过程，只需说明所要完成的目标和条件，就能得到想要的结果，而其他的工作都由系统来完成。

数据库的结构化查询语言（Structural Query Language，SQL）就是非过程化语言颇具代表性的例子。例如，“SELECT name,sex,age FROM student WHERE class=1”这一语句就可以直接从 student 表中查询出 class 为 1 的学生的 name、sex 和 age 信息。而读取数据、比较数据、显示数据等一系列具体操作都由系统自动完成。

相比于高级语言，非过程化语言使用起来更加方便，但是非过程化语言目前只适用于部分领域，其通用性和灵活性不如高级语言。

5．第五代程序设计语言——人工智能语言

人工智能语言目前刚刚起步，也是未来程序设计语言的发展方向。人工智能语言是一类适应于人工智能和知识工程领域的、具有符号处理和逻辑推理能力的程序设计语言。使用人工智能语言可以处理非数值计算、知识处理、推理、规划、决策等各种复杂问题。

（三）程序设计的基本流程

程序设计的基本流程主要包括：分析问题，设计程序，程序代码的编辑、编译和连接，测试程序、编写程序文档。其中，前两个步骤非常重要，做好了可以为后面的步骤节省很多时间和精力。

1．分析问题

分析问题也就是分析编写该程序的目的、要解决的实际问题，并将这个实际问题抽象为一个计算机可以处理的模型。分析问题主要需要明确以下 5 点。

（1）要解决的问题是什么？

（2）问题的输入是什么？已知什么？还要添加什么？使用什么格式？

（3）期望的输出是什么？需要什么类型的报告、图表或信息？

（4）数据具体的处理过程和要求是什么？

（5）要建立什么样的计算模型？

2．设计程序

在这一阶段需要使用伪代码（用与自然语言十分接近的语句写出的一种算法描述语言）。在描述整个模型的实现过程时，每一句伪代码即对应一个简单的程序操作。对于简单的程序来说，可以直接按顺序列出程序需要执行的操作，从而产生伪代码。但对于复杂一些的程序来说，则需要先将整个模型分割成几个大的模块，必要时还需要将这些模块分割为多个子模块，然后用伪代码来描述每个模块的实现过程。

3．程序代码的编辑、编译和连接

现在的程序设计语言一般都有一个集成开发环境，并自带编辑器，在其中可以输入程序代码，并可对输入的程序代码进行复制、删除、移动等编辑操作。编辑完成后，可以将程序代码以源程序的形式保存。

保存的源程序并不能被计算机直接运行，必须通过编译程序将源程序翻译为目标程序。在编译的过程中，编译程序会检查源程序的语法和逻辑结构。检查无误后，将生成目标程序。

生成的目标程序还不能执行，还需要通过连接程序，将目标程序与程序中所需的系统中固有的目标程序模块（如调用的标准函数，执行的输入、输出操作的模块）连接，生成可执行文件。

4．测试程序

程序是由人设计的，其中难免会有各种错误和漏洞，因此，为了验证程序的正确性，还需要对程序进行测试。

测试程序的目的是找出程序中的错误，具体操作是在没有语法和连接上的错误的基础上，让程序试运行多组数据，查看程序是否能达到预期的结果。这些测试数据应是以“任何程序都是有错误的”假设为前提精心设计出来的。

5. 编写程序文档

程序文档相当于产品说明书，对今后程序的使用、维护、更新都有很重要的作用，主要包括程序使用说明书和程序技术说明书。

- 程序使用说明书。程序使用说明书是为了让用户清楚该程序的使用方法而编写的，其内容包括程序运行需要的软件和硬件环境，程序的安装和启动的方法，程序的功能，需要输入的数据类型、格式和取值范围，涉及文件的数量、名称、内容，以及存放的路径等。
- 程序技术说明书。程序技术说明书是为了便于程序员今后对程序进行维护而编写的，其内容包括程序各模块的描述，程序使用硬件的有关信息，主要算法的解释和描述，各变量的名称、作用，程序代码清单等。

（四）主流的程序设计语言

自 20 世纪 60 年代以来，世界上公布的程序设计语言已有上千种之多，但是只有很小一部分得到了广泛的应用。目前主流的程序设计语言主要包括以下 6 种。

1. C 语言

C 语言是一种面向过程的、抽象化的通用程序设计语言，广泛应用于底层开发。C 语言能以简易的方式编译、处理低级存储器，是仅产生少量的机器语言，并且不需要任何运行环境支持便能运行的高效率程序设计语言。用 C 语言描述问题比汇编语言迅速，且工作量小、可读性好，易于调试、修改和移植，代码质量与汇编语言相当。C 语言主要用于开发系统软件、应用软件、设备驱动程序、嵌入式软件。

2. C++

C++是 C 语言的继承，它既可以进行 C 语言的过程化程序设计，又可以进行以抽象数据类型为特点的基于对象的程序设计，还可以进行以继承和多态为特点的面向对象的程序设计。C++的应用领域与 C 语言的应用领域基本相同。

3. C#

C#是微软公司发布的一种面向对象的、运行于.NET Framework 之上的高级程序设计语言。C#是微软公司用来替代 Java 而开发的一种语言，并借鉴了 Java、C 语言和 C++的一些特点。如今 C#已经成为非常受微软应用商店和开发人员欢迎的开发语言。

4. Java

Java 是一种面向对象的程序设计语言，不仅吸收了 C++的各种优点，还摒弃了 C++中难以理解的多继承、指针等概念。因此 Java 具有功能强大和简单易用两个优势，同时还具有简单性、面向对象、分布式、健壮性、安全性、平台独立与可移植性、多线程、动态性等特点。用 Java 可以编写桌面应用程序、Web 应用程序、分布式系统和嵌入式系统应用程序等。

5. JavaScript

JavaScript 主要用于 Web 应用程序，其主要目的是解决服务器端语言遗留的速度问题，为客户提供更流畅的浏览效果。JavaScript 可以用于制作动态网页，以及为用户界面提供增强功能。

6. Python

Python 是一种面向对象的解释型计算机程序设计语言，自 20 世纪 90 年代初诞生至今，Python

已被逐渐应用于系统管理任务的处理和 Web 编程。Python 的语法简洁清晰，具有丰富且强大的库，能够把用其他语言制作的各种模块很轻松地联结在一起，因此常被称为“胶水语言”。

任务实践

通过程序设计可以开发应用于各种行业的应用软件，帮助人们解决工作中的各种问题。阅读以下 4 个程序设计案例，并回答问题。

1. 校讯通平台

校讯通是一个在老师、家长和学生之间建立沟通的平台。通过该平台，学生可以与家长取得联系、给老师留言等。通过该平台，家长可以随时掌握学生到校及离校的准确时间、了解学生的作业完成情况及在校的表现、查询当天的作业信息、发送信息给学生，以及给老师留言等。通过该平台，老师可以及时向家长反映学生在校的学习情况，给家长发布通知信息，如家长会信息等。系统还会对学生的学习情况、出勤情况、作业完成情况、学习成绩等进行评估，以供老师和家长参考。

2. 出租车管理系统

某市的出租车管理办公室有内部员工 300 多人，该市现有大型出租车公司 5 家，小型出租车公司 30 多家，出租车在 3 万台左右，其中黑车也有近万台。

为了有效打击黑车违规运营，切实维护合法出租车运营者的利益，提升出租车管理部门的形象，出租车管理办公室建立了一套完备的车辆信息查询系统。执法人员通过该系统可以随时随地查询每一辆车的车主、车牌、车型、颜色等信息。出租车车主可以通过该系统浏览最新出台的车辆管理政策、法规，避免不必要的损失。

3. 邮政企业绩效管理系统

邮政企业业务信息繁杂，因此出现了工作效率低下、员工的绩效考核数据统计困难等问题。为了解决这些问题，邮政企业开发了邮政企业绩效管理系统。

该系统充分考虑到邮政单位的实际情况，采用了高效的服务器、功能强大的数据库系统来满足业务处理的要求，以提高工作效率。系统各操作界面全部使用图形化交互式人机界面，使系统的安装、维护更加简单，操作更方便。系统提供的每个功能、服务都有着极为健全的权限限制，通过授权/认证、数字签名、执行及存取控制和口令保护等方式，可以使数据始终处于安全控制之中。同时该系统提供高强度的加密手段，充分保护用户信息数据的安全。

4. 医院远程会诊系统

医院远程会诊系统通过现代化通信技术、计算机网络技术、多媒体通信技术等手段将病人的资料进行远距离传输交流。专家通过提供的资料对病人的病情进行分析和讨论，并确定治疗方案。医院远程会诊系统实现了医学资源、专家资源、技术设备资源和医学科技成果信息等资源的共享，大大节省了医疗开支，对提高医疗水平，尤其是提高边远地区的医疗水平，降低病人医疗费用起到了至关重要的作用。

思考：

（1）程序设计可以应用在哪些行业？

（2）程序设计能给人们的工作、生活和学习带来哪些便利？

任务二 程序设计实践

任务描述

在进行程序设计之前，需要先学习一门程序设计语言。Python 以其简单、易用等特点成为初学者的首选。本任务将讲解使用 Python 进行程序设计的相关知识，包括 Python 的安装与配置、Python 程序的运行方式、Python 编写规范、Python 语法等内容，然后通过开发猜数字游戏进行实践操作。

相关知识

（一）Python 的安装与配置

“工欲善其事，必先利其器”，搭建开发环境被誉为编程或者开发的开始。一个稳定、易上手的开发环境对开发者而言是非常重要的，它能够帮助初学者更好地学习，加快开发速度。

目前，Python 的最新版是 3.10.0，可直接在 Python 官网下载 Python 安装程序然后进行安装。安装 Python 3.10.0 的具体操作如下。

（1）双击下载好的安装程序，打开安装向导。保持“Install launcher for all users（recommended）”复选框的勾选状态不变，勾选“Add Python 3.10 to PATH”复选框，如图 4-1 所示。

（2）单击“Install Now”按钮，即可将 Python 安装到系统提供的默认安装路径中，如图 4-2 所示。

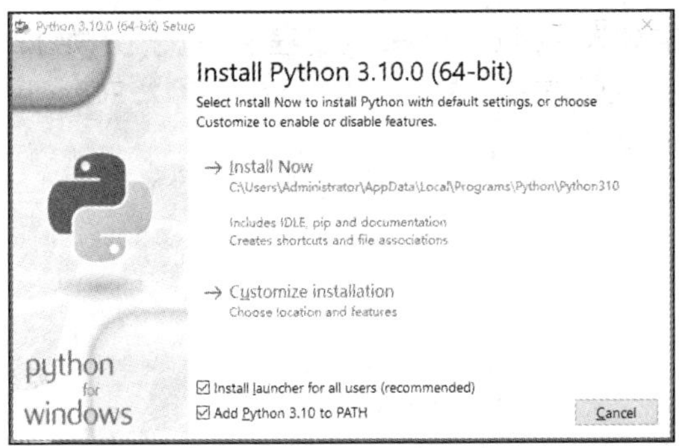

图 4-1 安装向导

Setup Progress
Installing:
Python 3.10.0 Core Interpreter (64-bit)
Cancel

图 4-2 安装 Python

（3）安装完成后，将提示“Setup was successful”，表示安装成功，单击“Close”按钮退出安装，如图 4-3 所示。

（4）安装成功后，还需要查看安装的程序是否能正常运行（这里以 Windows 10 操作系统为例）。按【Win+R】组合键打开“运行”对话框，在其中输入“cmd”，单击“确定”按钮，如图 4-4 所示。

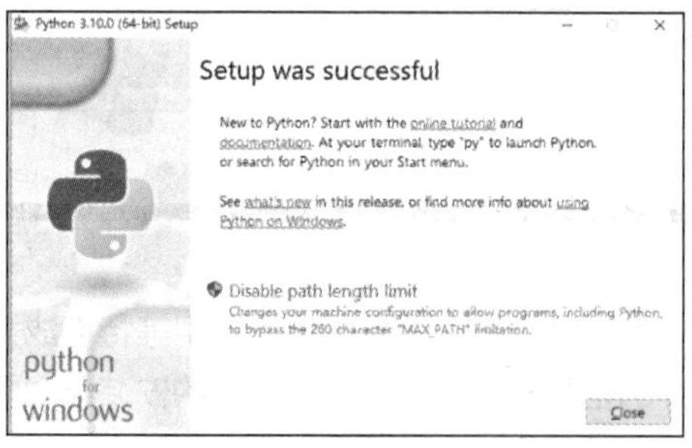

图 4-3　安装成功

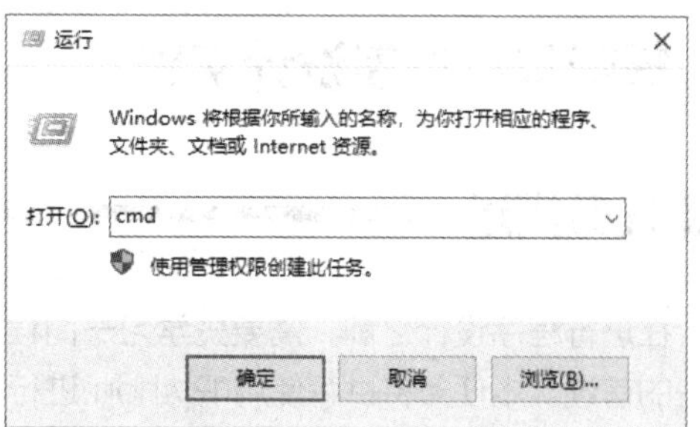

图 4-4　“运行”对话框

（5）在打开的“命令提示符”窗口中输入“python”并按【Enter】键。此时显示 Python 的版本信息并进入 Python 命令行（3 个大于符号“>>>”），这说明 Python 的开发环境已经安装成功了，如图 4-5 所示。

（6）此时可以直接输入 Python 指令，如输入 print 指令可以输出指定字符串，如图 4-6 所示。

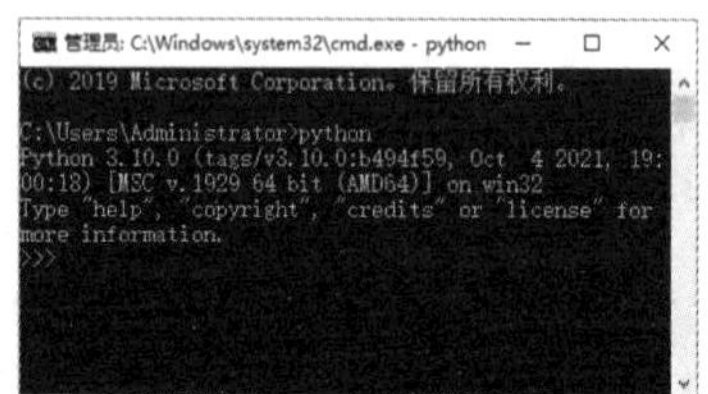

图 4-5　进入 Python 命令行

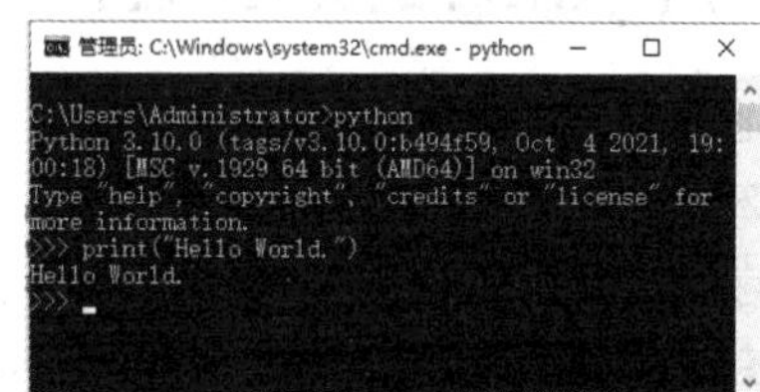

图 4-6　输入 print 指令

（二）Python 程序的运行方式

Python 程序的运行方式有交互式和文件式两种。

1. 交互式

交互式是在 Python 的集成开发环境 IDLE 中直接输入 Python 代码来运行程序。执行【开始】/【Python 3.10】/【IDLE】命令，打开“IDLE Shell 3.10.0”窗口。在提示符“>>>”后输入 Python 代码，然后按【Enter】键，即可得到运行结果，如图 4-7 所示。

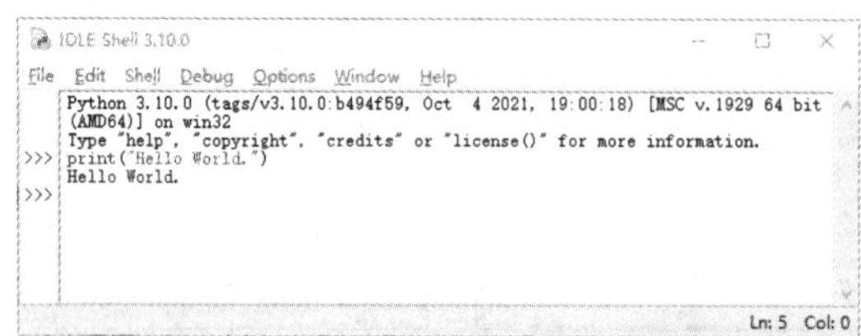

图 4-7　“IDLE Shell 3.10.0”窗口

2. 文件式

文件式是首先编写 Python 程序文件，然后运行程序的方式。具体操作如下。

（1）打开“IDLE Shell 3.10.0”窗口，执行【File】/【New File】命令，打开程序编辑窗口，在其中输入代码“print("我的第一个 Python 程序")”，如图 4-8 所示。

（2）执行【File】/【Save】命令，在打开的“另存为”对话框中，将程序保存为“first.py”，如图 4-9 所示。

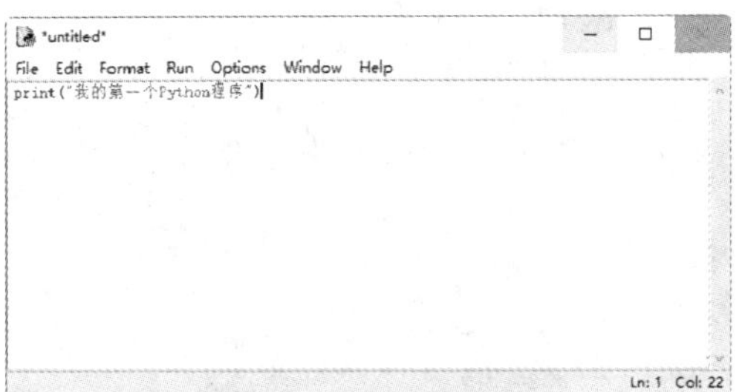

图 4-8 输入程序代码

图 4-9 保存程序

（3）返回“first.py”窗口，执行【Run】/【Run Module】命令运行程序，在“IDLE Shell 3.10.0”窗口中将显示运行结果，如图 4-10 所示。

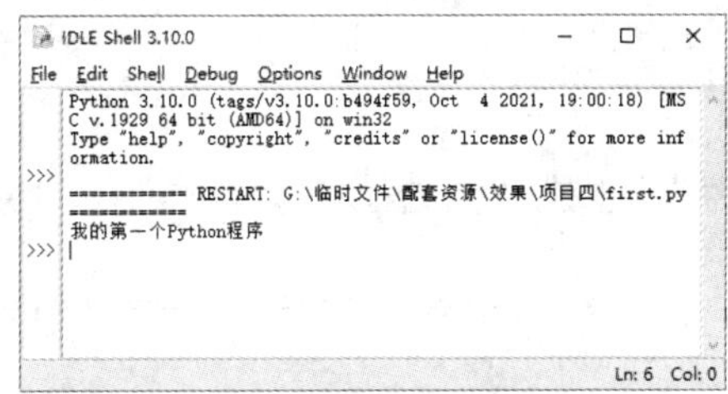

图 4-10 运行结果

（三）Python 编写规范

为了提高程序代码的可读性和可维护性，在编写 Python 程序时需要遵循一定的规范。

1. 标识符命名规则

标识符是程序员自己规定的具有特定含义的词，在 Python 中，类、对象、变量、方法、函数等名称，都需要使用标识符来表示。

Python 中的标识符的命名必须遵循以下规则。

- 标识符可以由数字、字母、下画线（_）组成。
- 数字不能作为标识符的首字母。
- 标识符中不可以包含空格、@、%、$等特殊字符。
- 标识符不能使用 Python 的关键字命名。
- 标识符的长度没有限制。
- Python 中的标识符对字母的大小写敏感，如 name、Name、NAME 是不同的标识符。

2. 代码缩进

Python 使用代码缩进来体现代码之间的逻辑关系，通常以 4 个空格为基本缩进单位。同一个语句块或者程序段的缩进量应相同。

3. 注释

注释是程序代码中的说明性文字，一般用于对代码进行说明，因此不会被执行。适当的注释可以增强程序的可读性。Python 中的注释有单行注释和多行注释两种。

- 单行注释。使用“#”号表示注释的开始。例如：

```
#这是第 1 个单行注释
print("Hello,world!") #这是第 2 个单行注释
```

- 多行注释。Python 中使用 3 个双引号(""")或者 3 个单引号(''')来进行多行注释。例如：

```
'''
这是多行注释的第 1 行
这是多行注释的第 2 行
这是多行注释的第 3 行
'''
```

4. 代码折行处理

Python 中代码是逐行编写的，并且每行代码的长度不受限制，但过长的代码不利于阅读，因此可以使用反斜杠（\）将单行代码分割成多行。例如：

```
#代码折行处理
print("慈母手中线，游子身上衣。\
临行密密缝，意恐迟迟归。\
谁言寸草心，报得三春晖。")
```

运行结果如下：

```
慈母手中线，游子身上衣。临行密密缝，意恐迟迟归。谁言寸草心，报得三春晖。
```

（四）Python 语法

程序设计语言是人们和计算机沟通的桥梁，每种程序设计语言都有其独特的语法。要使用 Python 进行程序设计，首先就要学习 Python 的语法。

1. 关键字

Python 把一些具有特殊用途的单词作为关键字。这些关键字中有的表示数据类型，有的表示程序结构，但都不能用作标识符。Python 一共有 33 个关键字，如表 4-1 所示。

表 4-1　Python 的关键字

and	as	assert	break	class
continue	def	del	elif	else
except	finally	for	from	False
global	if	import	in	is
lambda	nonlocal	not	None	or
pass	raise	return	try	True
while	with	yield		

2. Python 的数据类型

Python 中的数据类型可以分为基本数据类型和复合数据类型两大类。

（1）基本数据类型。

Python 中的基本数据类型有整型（int）、浮点型（float）、布尔型（bool）和字符串型（str）4 种。

- 整数。整数数据类型用来存储不含小数点的数据，与数学上的整数含义相同，如-100、-2、-1、0、1、2、100 等。

- 浮点数。浮点数数据类型是指带有小数点的数字，也就是数学上所指的实数。除了用一般小数点表示，也能使用科学计数法表示，如 6e-2，表示 $6\times10^{(-2)}$。
- 布尔值。布尔值是一种表示逻辑的数据类型，只有 True（真）与 False（假）两个值。布尔数据类型通常用于流程控制和逻辑判断，可以使用数值 1 或 0 来表示 True 或 False。
- 字符串。字符串数据类型一般用于存储一连串的文本字符，在使用时需要用单引号或双引号引起来。如"梦想成真"和'我的第一本 Python 入门书' 等。

（2）复合数据类型。

Python 中的复合数据类型有列表（list）、元组（tuple）、字典（dict）和集合（set）4 种。

- 列表。列表是一个数据的集合，用中括号[]表示，如 list1 = []、score = [98, 85, 76, 64,100]等。列表中的数据有顺序性，可以通过序号（从 0 开始）获取某个元素的值，如 score[0]的值为 98。同时，列表是可变的，可以修改列表的长度和其中元素的值。
- 元组。元组与列表一样都是数据的集合，用小括号()表示，如 tupledata = ('733249', 'Michael', 185)等。也可以通过序号获取元组中元素的值。与列表不同的是，元组是不可变的，一旦建立，就不能任意更改其中元素的个数与元素值，所以元组也被称为不能更改的序列。
- 字典。字典中的元素放置于大括号{}内，以“键值对”的形式呈现，如 dic = {'length':4, 'width':8, 'height':12}，其中每一个键值对就是一个元素，冒号前面的字符串是元素的关键字，冒号后面为元素的值。字典中的数据不具有顺序性，因此不能使用序号进行访问，只能使用元素的关键字进行访问，如 dic.length 的值为 4。
- 集合。集合与字典一样都是将元素放在大括号{}内，不过集合没有键，只有值，类似于数学里的集合，如 animal = {"tiger", "sheep", "elephant"}。集合可以进行并集（|）、交集（&）、差集（-）和对称差集（^）等运算。另外，集合里的元素没有顺序之分，而且相同元素不可重复出现。

3. 变量

变量是指程序在执行过程中其值可以发生改变的量，在 Python 程序中，每个变量在使用前都必须赋值，赋值后的变量才会被创建。为变量赋值的语法结构如下。

```
变量名=值
```

在 Python 中，变量没有具体的数据类型，但可以根据保存的值的数据类型随意切换。

例如：

```
x = "年龄" # 给变量 x 赋字符串型的数值
print(x) # 打印变量 x 的值
print(type(x)) # 打印变量 x 的数据类型
x = 28 # 给变量 x 赋整型的数值
print(x) # 打印变量 x 的值
print(type(x)) # 打印变量 x 的数据类型
```

运行程序，输出结果如下。

```
年龄
<class 'str'>
28
<class 'int'>
```

这里的变量 x 首先赋值为“年龄”，由于“年龄”为字符串型数值，因此变量 x 为字符串型；然后赋值为 28，由于 28 为整型数值，因此变量 x 就变为整型了。

4. 输入/输出指令

任何程序都有输入与输出操作，程序可通过输入操作接收用户的数据，再通过输出操作将运算后的结果返回给用户。Python 中的输入与输出操作主要通过输入指令 input 和输出指令 print 来实现。

（1）输入指令——input。

input 指令将用户由键盘输入的数据传送给指定的变量，其语法结构如下。

```
变量 = input(提示字符串)
```

（2）输出指令——print。

print 指令是 Python 用来输出指定字符串或数值的指令，默认情况下是指输出到屏幕。

print 的语法结构如下。

```
print(项目 1[,项目 2,…,sep=分隔字符,end=结束字符])
```

- 项目 1，项目 2，…：print 指令可以输出多个项目，每个项目之间必须以逗号（,）隔开。
- sep：分隔字符，使用 print 指令输出多个项目时，每个项目之间必须以分隔符隔开，默认的分隔符为空格（" "）。
- end：结束字符，当所有项目都输出完毕后自动加入的字符，默认为换行符（"\n"）。

print 语句还可以配合 format 指令对输出的内容进行格式化操作，其语法结构如下。

```
print(字符串.format(参数 1,参数 2,...))
```

例如：

```
print("{0}身高{1}米。".format("张三",1.84))
```

输出结果：

```
张三身高 1.84 米。
```

其中{0}表示使用参数 1，{1}表示使用参数 2，以此类推。如果{}内省略数字编号，就会按照顺序依次填入。

在{}内也可以使用参数名称，例如：

```
print("{name}{month}月工资为{wages}元。".format(name="李四",month=3,wages=5000))
```

输出结果：

```
李四 3 月工资为 5000 元。
```

5. 表达式与运算符

计算机程序中的表达式与数学公式一样，由运算符与操作数组成。例如，A=(B+C*2) / (D+30) * 7 是一个表达式，其中=、+、*和/符号称为运算符，变量 A、B、C、D 及常数 2、30、7 都属于操作数。Python 中的运算符主要有算术运算符、赋值运算符、关系运算符、逻辑运算符四大类，下面分别进行介绍。

（1）算术运算符和赋值运算符。

算术运算符是程序语言中使用率非常高的运算符，常用于四则运算。Python 中的算术运算符如表 4-2 所示。

表 4-2　算术运算符

算术运算符	说明	实例
+	加法	a+b
-	减法	a-b
*	乘法	a*b
**	乘幂（次方）	a**b

续表

算术运算符	说明	实例
/	除法	a/b
//	整数除法	a//b
%	取余数	a%b

赋值运算符即“=”符号，该运算符会将其右侧的常数、变量或表达式的值赋给左侧的变量。例如：

```
n=10 # 执行后 n 的值为 10
n=n+3 # 执行后 n 的值为 13
```

其中第一条语句是将常数 10 的值赋给变量 n，此时 n 的值为 10。第二条语句是将表达式 n+3 的值赋给 n，此时 n 的值为 10，n+3 的值为 13，执行后 n 的值变为 13。

赋值运算符可以搭配某个运算符，从而形成“复合赋值运算符”，例如：

```
a+=1 # 相当于 a=a+1
a -=1 # 相当于 a=a -1
```

Python 中的复合赋值运算符如表 4-3 所示（n 的初始值为 2）。

表 4-3　复合赋值运算符

复合赋值运算符	说明	运算	实例	结果
+=	加	n=n+1	n+=1	3
-=	减	n=n-1	n-=1	1
*=	乘	n=n*2	n*=2	4
/=	除	n=n/2	n/=2	1.0
**=	次方	n=n**3	n**=3	8
//=	整除	n=n//3	n//=3	0
%=	取余数	n=n%3	n%=3	2

（2）关系运算符和逻辑运算符。

关系运算符用于比较两个数值的大小关系，并产生布尔型的比较结果，通常用于条件控制语句。如果比较结果成立，则表达式的值为 True（真），用所有非 0 的数值表示。如果不成立，则表达式的值为 False（假），用数值 0 表示。

关系运算符共有 6 种，如表 4-4 所示。

表 4-4　关系运算符

关系运算符	功能说明	用法	A=10、B=4
>	大于	A>B	10>4，结果为 True（1）
<	小于	A<B	10<4，结果为 False（0）
>=	大于等于	A>=B	10>=4，结果为 True（1）
<=	小于等于	A<=B	10<=4，结果为 False（0）
==	等于	A==B	10==4，结果为 False（0）
!=	不等于	A!=B	10!=4，结果为 True（1）

逻辑运算符用于在两个表达式之间进行逻辑运算，运算结果只有 True（真）与 False（假）两种，经常与关系运算符连用，用于控制程序流程。逻辑运算符如表 4-5 所示。

表 4-5　逻辑运算符

逻辑运算符	说明	实例
and（与）	左、右两边的值都为 True 时，结果为 True，否则为 False	a and b
or（或）	只要左、右两边有一边的值为 True，结果就为 True，否则为 False	a or b
not（非）	True 变成 False，False 变成 True	not a

（3）运算符优先级。

一个表达式中往往包含了多种不同的运算符，运算符的优先级会决定程序执行的顺序，这对执行结果有很大的影响。

在一个表达式中，程序会按照运算符优先级从高到低依次执行，相同优先级的运算符按从左到右的顺序执行，如果要改变默认的执行顺序，可以使用括号“()”将需要优先执行的部分括起来。Python 中各种运算符的优先级如表 4-6 所示。

表 4-6　Python 运算符优先级

优先级	运算符	描述
1	**	幂运算
2	~、+、-	按位取反、正号、负号
3	*、/、%、//	乘、除、取余数、整数除法
4	+、-	加法、减法
5	>>、<<	右移、左移
6	&	按位与
7	^、|	按位异或、按位或
8	<=、<、>、>=	小于等于、小于、大于、大于等于
9	==、!=	等于、不等于
10	=、%=、/=、//=、-=、+=、*=、**=	赋值运算符
11	not、and、or	逻辑运算符

6. 条件语句（if、if...else、if...elif...else）

使用条件语句可以通过判断一个条件表达式的真（True）假（False），来分别执行不同的代码。

（1）单 if 语句。

单 if 语句的语法结构如下。

```
if 条件表达式:
    缩排代码块
```

当条件表达式的值为 True 时，执行缩排代码块中的语句；当条件表达式的值为 False 时，跳过缩排代码块，直接执行后面的语句。例如：

```
score=float(input("请输入你的分数："))
if score>=60:
    print("及格。")
```

运行结果如下。

```
请输入你的分数：60
及格。
```

当输入的分数大于等于 60 时，输出“及格。”文本，否则不会显示任何内容。

（2）if...else 语句。

使用单 if 语句，只会在条件为 True 时执行相应代码，而在条件为 False 时不执行任何语句。但我们有时需要在条件为 True 和为 False 时执行不同的代码，此时可使用 if...else 语句，其语法结构如下。

```
if 条件表达式:
    缩排代码块 1
else:
    缩排代码块 2
```

当条件表达式的值为 True 时，执行缩排代码块 1 中的代码；当条件表达式的值为 False 时，执行缩排代码块 2 中的代码。例如：

```
score=float(input("请输入你的分数："))
if score>=60:
    print("及格。")
else:
    print("不及格。")
```

运行结果如下：

```
请输入你的分数：30
不及格。
```

当输入的分数大于等于 60 时，输出“及格。”文本，否则输出“不及格。”文本。

（3）if...elif...else 语句。

使用 if...else 语句只能通过判断一个条件的真假来执行两种不同的代码，但在实际编程中可能会遇到更多的情况需要处理，此时可使用 if...elif...else 来添加更多的条件，以区分更多的情况。if...elif...else 的语法结构如下。

```
if 条件表达式 1:
    缩排代码块 1
elif 条件表达式 2:
    缩排代码块 2
else:
    缩排代码块 3
```

如果还有更多的条件，则可以继续使用 elif 语句添加条件表达式。例如：

```
score=float(input("请输入你的分数："))
if score>=90:
    print("优秀。")
elif score>=80:
    print("良好。")
elif score>=60:
    print("及格。")
else:
    print("不及格。")
```

运行结果如下。

```
请输入你的分数：80
```

```
良好。
```

当输入的分数大于等于 90 时，输出“优秀。”文本；大于等于 80、小于 90 时，输出“良好。”文本；大于等于 60、小于 80 时，输出“及格。”文本；小于 60 时，则输出“不及格。”文本。

7．循环语句（for 循环、while 循环）

在实际编程中，经常会遇到需要重复执行某一操作的情况，如在屏幕上显示 100 个 A，这并不需要写 100 次 print 语句，这时只需要利用循环语句重复运行 100 次 print 语句。Python 提供了 for 和 while 两种循环语句。

（1）for 循环。

for 循环是程序设计中较常使用的一种循环语句，其循环次数是固定的，常用于程序设计上需要执行的循环次数固定的情况。

Python 的 for 循环主要通过访问某个序列项目来实现，其语法结构如下。

```
for 元素变量 in 序列项目:
  循环体
```

序列项目由多个数据类型相同的数据组成，序列中的数据称为元素或项目。for 循环语句在执行时，会依次访问序列项目中的每一个元素，每访问一次，就将该元素的值赋给元素变量并执行一遍循环体中的代码。例如：

```
week=["星期一","星期二","星期三","星期四","星期五","星期六","星期日"]
for day in week:
  print(day,end=" ")
```

运行结果如下。

```
星期一 星期二 星期三 星期四 星期五 星期六 星期日
```

为了更加方便和灵活地使用 for 循环，可以使用 range()函数搭配 for 循环语句来构建循环。range()函数的功能是生成一个整数序列，其语法结构如下。

```
range（[起始值,]终止值[,间隔值]）
```

- 起始值：必须为整数，默认值为 0，可以省略。
- 终止值：必须为整数，不可省略。
- 间隔值：计数器的增减值，必须为整数，默认值为 1，不能为 0。

range()函数的使用方式如表 4-7 所示。

表 4-7　range()函数的使用方式

参数数量	说明	实例	结果
1 个参数	生成 0 到终止值（不包含）的整数序列，每次增加 1	range(4)	[0,1,2,3]
2 个参数	生成起始值到终止值（不包含）的整数序列，每次增加 1	range(2,5)	[2,3,4]
3 个参数	生成起始值到终止值（不包含）的整数序列，每次增加间隔值	range(2,6,2)	[2,4]

例如：

```
print("计算 n!")
n=input("请输入 n 的值：")
total=1
print(n+"!=",end="")
for x in range(2,int(n)+1):
  total*=x
print(total)
```

运行结果如下。

```
计算 n!
请输入 n 的值：5
5!=120
```

其中 range(2,int(n)+1)将生成 2～n 的整数序列，整个 for 循环将执行 n-1 次，变量 total 的值为 1×2×3×⋯×n。

在 for 循环语句中还可以嵌套 for 循环语句，从而形成多层次的 for 循环结构。在 for 循环结构中，外层循环每执行一次，内层循环就会全部循环一次。例如：

```
for x in range(1, 10):
  for y in range(1, x+1):
    print("{0}×{1}={2:^3}".format(y, x, x * y), end=" ")
  print()
```

运行结果如下。

```
1×1= 1
1×2= 2   2×2= 4
1×3= 3   2×3= 6   3×3= 9
1×4= 4   2×4= 8   3×4=12   4×4=16
1×5= 5   2×5=10   3×5=15   4×5=20   5×5=25
1×6= 6   2×6=12   3×6=18   4×6=24   5×6=30   6×6=36
1×7= 7   2×7=14   3×7=21   4×7=28   5×7=35   6×7=42   7×7=49
1×8= 8   2×8=16   3×8=24   4×8=32   5×8=40   6×8=48   7×8=56   8×8=64
1×9= 9   2×9=18   3×9=27   4×9=36   5×9=45   6×9=54   7×9=63   8×9=72   9×9=81
```

其中外层循环一共执行了 9 次，内层循环一共执行了 45（1+2+3+⋯+8+9=45）次。

（2）while 循环。

while 循环主要通过一个条件表达式来判断是否需要进行循环，其语法结构如下。

```
while 条件表达式：
  循环体
```

当程序遇到 while 循环时，会先判断条件表达式的值，如果为 True，则执行一次循环体中的代码，完成后程序会再次判断条件表达式的值，如果仍然为 True，则继续执行循环体，以此类推，直到条件表达式的值为 False 时退出循环。例如：

```
n=int(input("请输入一个大于 0 的整数："))
print("反向输出的结果：",end="")
while n!=0:
  print(n%10,end="")
  n//=10
```

运行结果如下。

```
请输入一个大于 0 的整数：12345
反向输出的结果：54321
```

该程序中的 while 循环每执行一次，将输出 n 除以 10 的余数，再将 n 整除 10，当只剩 1 位数时，再整除 10，n 的值将变为 0，此时将退出循环。

8. 函数

Python 中的函数有内置函数、库函数和自定义函数 3 种，下面先介绍这 3 种函数，然后介绍函数参数的传递。

（1）内置函数。

内置函数是 Python 提供的函数，可以直接在程序中调用这些函数。Python 中较为常用且实用的内置函数包括数值函数、字符串函数及与序列相关的函数等，如表 4-8 所示。

表 4-8　常见的 Python 内置函数

名称	说明
int(x)	将数值 x 转换为整数型
bin(x)	将数值 x 转换为二进制，以字符串返回
hex(x)	将数值 x 转换为十六进制，以字符串返回
oct(x)	将数值 x 转换为八进制，以字符串返回
float(x)	将数值 x 转换为浮点数型
abs(x)	取绝对值，x 可以是整数、浮点数或复数
round(x)	将 x 四舍五入取整
chr(x)	取得 x 的字符
ord(x)	返回字符 x 的 Unicode 编码
str(x)	将数值 x 转换为字符串
sorted(list)	将列表 list 由小到大排序
max(参数列)	取最大值
min(参数列)	取最小值
len(x)	返回元素的个数
find(sub[, start[, end]])	寻找字符串中的特定字符
index(sub[, start[, end]])	返回指定字符的索引值
count(sub[, start[, end]])	以切片方法找出子字符串出现的次数
replace(old, new[, count])	以 new 子字符串代替 old 子字符串
startswith(x)	判断字符串的开头是否与设定值相符
endswitch(x)	判断字符串的结尾是否与设定值相符
split()	依据设定字符来分隔字符串
join(iterable)	将 iterable 对象所有元素的值串接为一个字符串
strip()、lstrip()、rstrip()	移除字符串头尾的特定字符
capitalize()	只有第一个单词的首字符大写，其余字符皆小写
lower()	全部大写
upper()	全部小写
title()	每个单词的首字符大写，其余皆小写
islower()	判断字符串所有字符是否皆为小写
isupper()	判断字符串所有字符是否皆为大写
istitle()	判断字符串是否首字符为大写，其余皆小写

（2）库函数。

库函数有 Python 的标准库函数和第三方开发的模块库函数。库函数提供了许多非常实用的函数，在使用这类函数之前，必须先使用 import 语句引入相应函数模块。例如，要使用随机函数，就要使用 import random 引入随机库函数。

（3）自定义函数。

自定义函数是由程序员自行编写的函数，首先需定义函数，然后才能调用。

在 Python 中定义函数要使用关键词 def，其语法结构如下。

```
def 函数名称(参数 1，参数 2, ...):
  程序代码块
  return 返回值 1，返回值 2, ...
```

函数的命名必须遵守 Python 标识符命名的规则。自定义函数可以没有参数，也可以有 1 到多个参数；程序代码块中的语句必须缩排；最后通过 return 语句将返回值传给调用函数的主程序，返回值也可以有多个，如果没有返回值，则可以省略 return 语句。

函数定义完成后，需要在程序中调用。调用自定义函数的语法结构如下。

```
函数名称（参数 1，参数 2, ...）
```

例如：

```
score1=float(input("输入语文分数："))
score2=float(input("输入数学分数："))
score3=float(input("输入英语分数："))
def getTotalAndAverage (x,y,z):
    total=x+y+z
    average=total/3
    return total,average
total,average=getTotalAndAverage (score1, score2, score3)
print("总分为{}，平均分为{}".format(total,average))
```

运行结果如下。

```
输入语文分数：96
输入数学分数：93
输入英语分数：91.5
总分为 280.5，平均分为 93.5
```

从上面的例子可以看出，自定义函数 getTotalAndAverage()可用于计算并返回 3 个数的和及平均数。

（4）函数参数的传递。

程序中的变量存储在系统内存的某个地址上，当程序修改某个变量的值时，不会改变它存储的地址。而函数在传递参数时，会将主程序中变量（实参）的值传递给函数中的变量（形参），然后进行相应的处理。

大部分程序设计语言以传值和传址两种方式进行参数传递。

- 传值：将实参的值赋给函数的形参，这样在函数内部修改形参的值，不会影响实参的值。
- 传址：将实参的内存地址传递给形参，这样在函数内部修改形参的值，会影响原来的实参值。

Python 中的函数是根据变量的类型来判断是传值还是传址的，当实参是不可变对象（如数值、字符串）时，Python 使用传值的方式传递参数。当实参是可变对象（如列表、字典）时，Python 使用传址的方式传递参数。

9. 异常处理

程序在运行的过程中难免会出现各种错误，这种错误被称作异常，此时程序会终止运行。为了避免出现这种情况，程序员需要捕捉异常的错误类型，并撰写异常处理程序，这样，当程序运行出现异常时，会执行异常处理程序，程序仍可继续执行。

程序在运行时，如果产生了异常，Python 解释器就终止运行程序，并显示异常信息。如进行除法运算时，如果除数为 0，就产生一个 ZeroDivisionError 异常。例如：

```
a=int(input("请输入被除数："))
b=int(input("请输入除数："))
print(a/b)
```

正常的运行结果：

```
请输入被除数：10
请输入除数：5
2.0
```

发生异常时的执行结果：

```
请输入被除数：5
请输入除数：0
Traceback (most recent call last):
  File "E:/.../fileName.py", line 3, in <module>
    print(a/b)
ZeroDivisionError: division by zero
```

在 Python 中要捕捉异常及对异常进行处理，需要使用 try...except...finally 语句，其语法结构如下。

```
try:
  可能会产生异常的代码
except 异常类型 1:
  针对异常类型 1 的处理代码
except (异常类型 2,异常类型 3, ...):
  针对所列出的异常类型的处理代码
except 异常类型 as 名称:
  为异常类型定义一个名称，通过该名称可以访问异常的具体信息
except :
  针对所有异常类型的处理代码
else :
  未发生异常时的处理代码，可以省略
finally :
  无论是否发生异常，都会执行的代码，可以省略
```

例如：

```
try:
    a=int(input("请输入被除数："))
    b=int(input("请输入除数："))
    print(a/b)
except :
    print("程序发生异常。")
```

```
else:
    print("程序未发生异常。")
finally:
    print("程序运行完毕。")
```

正常运行时的执行结果：

```
请输入被除数：55
请输入除数：5
11.0
程序未发生异常。
程序运行完毕。
```

发生异常时的执行结果：

```
请输入被除数：55
请输入除数：0
程序发生异常。
程序运行完毕。
```

从运行结果可以看出，程序正常运行时执行了 else 和 finally 下的语句，发生异常时执行了 except 和 finally 下的语句。

任务实践

本任务实践将使用 Python 开发一个猜数字游戏，首先使用随机函数产生一个 1～100 的随机整数，然后接收用户输入的数据，并将其与随机整数比较。如果不相等，则输出相应的信息，并继续接收用户输入的数据；如果相等，则输出“你猜对了！”的信息。此外，如果用户输入的数据不符合要求，就给出相应的提示信息。

程序代码如下。

```
import random
num1=random.randint(1,100)
num2=0
count=0
while num1!=num2:
    try:
        count+=1
        num2=int(input("请输入一个 1 到 100 的整数："))
    except:
        print("必须输入整数。")
    else:
        if 1<= num2 <=100:
            if num2>num1:
                print("你输入的数大了。")
            elif num2<num1:
                print("你输入的数小了。")
            else:
                print("你猜对了。")
                print("你一共用了",count,"次")
        else:
```

```
                print("必须输入 1 到 100 的整数。")
```

运行结果如下。

```
请输入一个 1 到 100 的整数：55.5
必须输入整数。
请输入一个 1 到 100 的整数：-5
必须输入 1 到 100 的整数。
请输入一个 1 到 100 的整数：50
你输入的数大了。
请输入一个 1 到 100 的整数：25
你输入的数小了。
请输入一个 1 到 100 的整数：35
你输入的数小了。
请输入一个 1 到 100 的整数：45
你输入的数小了。
请输入一个 1 到 100 的整数：46
你猜对了。
你一共用了 7 次
```

课后练习

一、填空题

1. 程序设计是为解决特定问题而使用某种__________编写程序的过程，是__________活动中的重要组成部分。

2. 在计算机领域，“程序”一词特指计算机程序，即计算机为完成某一个任务所执行的一系列有序的__________。

3. 从程序设计语言的发展历程来看，程序设计语言可以分为__________、__________、__________、__________、__________5 代。

4. 程序设计的一般流程主要包括：__________、__________、__________、__________、__________。

二、选择题

1. Python 定义函数时使用的关键词是（　　）。

   A. main　　B. def　　C. fun　　D. function

2. 以下符合 Python 标识符命名规则的是（　　）。

   A. continue　　B. name　　C. name@1　　D. 25age

模块五

大数据

05

现代社会是一个高速发展的社会，科技发达、信息流通，人们之间的交流越来越密切，生活也越来越方便。在这个时代中，出现了各种以信息技术为基础的新兴先进技术，大数据便是其中的一种。它是高科技时代的必然产物，无论是对政府、企业，还是个人，大数据都带来了极大的便利。如政府可以利用大数据对各个领域的数据进行统筹分析，让整个社会更好地发展；企业可以利用大数据更好地监控采购、生产、销售等各个环节，提高企业的经营效率；个人也可以根据自己的需要利用大数据获得以往无法得到的各种实用信息。本模块将带领大家一同认识大数据的相关知识，包括大数据的基础理论知识、大数据技术、大数据工具、大数据安全等，让大家对大数据有更加全面和深入的了解。

课堂学习目标

- 知识目标：了解大数据的概念和特征、结构类型、时代背景、应用场景、发展趋势；熟悉大数据的采集、预处理、存储与管理、分析与挖掘、可视化；能够区分大数据工具与传统数据库工具在应用上的不同；熟悉大数据的安全防护方法。
- 素质目标：提高大数据安全防护的意识；自觉遵守和维护与大数据应用相关的法律法规。

任务一 认识大数据

任务描述

我们身处飞速发展的社会之中，整个社会每时每刻都在产生并使用海量的数据，大到工程施工、环保监测，小到外卖点餐、网络购物等，在大数据技术的帮助下，产生的这些数据都能够被我们高效地利用起来。本任务将对大数据的基本知识进行介绍，让大家对大数据有更深入的体会，再通过体验大数据带来的便利进行实践操作。

相关知识

（一）大数据的概念和特征

不同机构和组织对大数据的定义并不完全相同，但总体来说，大数据可以这样定义：在合理时间内无法用传统数据库软件工具或传统流程对其内容进行抓取、管理、处理和分析，能有效支持决策制订的复杂数据集合。

要想更透彻地理解这个定义，我们还需要知道大数据的独有特征。2001 年，一些机构就开始着手描述大数据的特征，当时对于大数据的特征认可度较高的是 3V 特性，即数据的规模性（Volume）、高速性（Velocity）和数据结构多样性（Variety）。随着大数据技术的不断发展，以及大数据应用的不断普及和深入，人们对大数据的特征有了全新的认识。人们将大数据的 3V 特性扩展为 4V 特性，即数据规模大（Volume）、数据要求处理速度快（Velocity）、数据种类多（Variety）和数据价值密度低（Value），后来又进一步将 4V 特性扩展为 5V 特性，而这也是目前对大数据特征最为全面的描述，如图 5-1 所示。

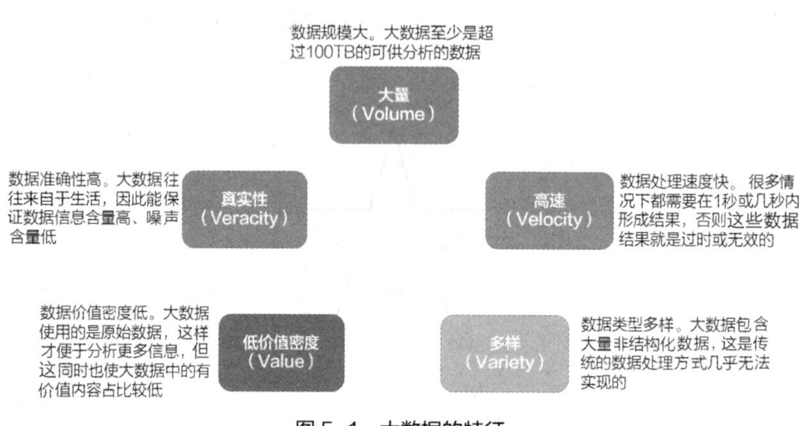

图 5-1　大数据的特征

（二）大数据的结构类型

大数据的结构类型多种多样，主要可以归纳为结构化、半结构化、准结构化和非结构化 4 种。

- 结构化数据。结构化数据是指预定义数据类型、格式和结构的数据，可以简单地理解为数据库中的数据。
- 半结构化数据。半结构化数据是指具有可识别的模式并可以解析的文本数据，如自描述和具有定义模式的 XML（可扩展标记语言）数据等。
- 准结构化数据。准结构化数据是指具有不规则数据格式的文本数据，可使用工具将其格式化处理，如包含不一致的数据值和格式的网站点击数据等。
- 非结构化数据。非结构化数据是指没有固定结构的数据，通常保存为不同类型的文件，如文本文档、PDF 文档、图像和视频文件等。

提示　**虽然大数据有多种不同的、相分离的数据类型，但在某些情况下，这些数据类型可以混合使用。例如，当需要挖掘某个关系数据库中保存的软件支持呼叫中心的通话日志时，就涉及日期、机器类型、问题类型、操作系统等典型的结构化数据，同时也可能存在包含问题的电子邮件，或包含技术问题和解决方案的语音日志等非结构化或半结构化的数据等。**

（三）大数据的时代背景

随着信息技术的飞速发展，互联网、移动互联网、云计算、物联网等技术相继出现并应用到我们的生活、学习和工作中，各种新型的信息交流不断涌现，全球数据信息量呈指数级增长。仅 2011 年，全球数据总量就达到了 1.8 ZB（1 ZB 相当于 1 万亿 GB）。而现在，全球数据总量已经超过了 40 ZB，数据已经发展成为全社会的资源，各个行业既是数据的创造者，也是数据的消费者。

在这样的背景下，如何处理这样庞大的数据，如何在这些数据中快速找到实用的信息，如何将这些有价值的数据信息服务于社会，就是我们迫切需要解决的问题。因此，大数据应运而生，它对数据的抓取、管理、处理和分析，完美地解决了上述一系列问题。

未来，各个行业和领域将继续开发和应用大数据技术，发挥大数据的社会价值和经济价值，为拉动信息消费，形成以大数据服务产业为核心的高黏性信息服务产业生态继续努力。

（四）大数据的应用场景

大数据的应用场景包括各行各业对大数据的处理和分析，下面简单介绍大数据在 6 个行业中的应用情况，而实际上大数据的应用远不限于这些行业。

- 零售业。零售业的大数据应用有两个方面：一是零售业可以通过大数据更加全面和快捷地了解用户的消费喜好和趋势，从而进行商品的精准营销，降低营销成本；二是依据用户购买的产品数据，为用户提供其他关联产品，扩大销售范围。
- 金融业。金融业拥有丰富的数据，并且数据维度和数据质量都很好，因此大数据在该行业应用较为广泛，典型的应用场景包括银行数据应用、保险数据应用、证券数据应用等。其中，银行数据应用基本集中在用户经营、风险控制、产品设计和决策支持等方面；保险数据应用主要围绕产品和用户进行，如利用用户行为数据来制订保险价格和了解用户需求，向目标用户推荐产品等；证券数据应用主要是利用大数据建立业务场景，筛选目标用户，为用户提供合适的产品，帮助用户更好地理财。
- 医疗业。医疗业拥有大量的病理报告、治愈方案、药物报告等数据，通过大数据技术对这些数据进行整理和分析，将会极大地辅助医生提出更为有效的治疗方案，帮助病人早日康复。
- 教育业。教育业在教学、考试、师生互动、校园安全、家校关系等各个环节都会产生大量数据，通过大数据技术对这些数据进行分析，可以优化教育机制，从而提高教学质量。
- 农业。农业可以借助大数据提供的消费能力和趋势报告，合理引导农业生产，一方面可以提高农产品生产质量，另一方面也能避免产能过剩造成不必要的资源浪费。
- 交通业。交通业可以利用大数据来了解车辆通行密度，合理进行道路规划；可以利用大数据来实现即时信号灯调度，提高已有线路运行能力，如图 5-2 所示。

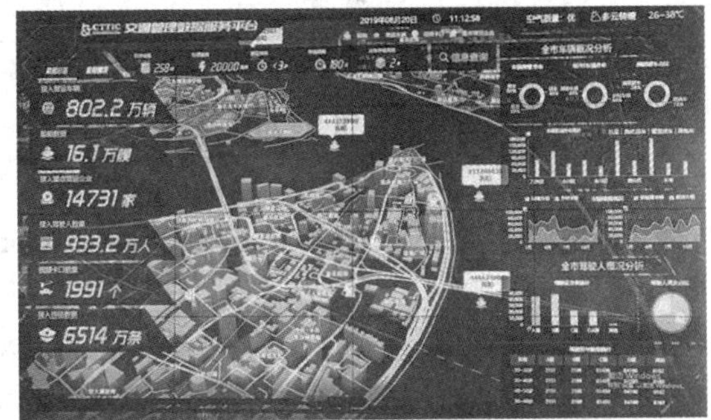

图 5-2　大数据下的交通业管理

（五）大数据的发展趋势

大数据是信息社会中不可缺少的组成部分，就我国而言，其发展趋势主要体现在以下 6 点。

- 与大数据相关的配套政策和实施细则，以及管理机制都将逐步完善，这些措施将促进大数据加快落地，为大数据实现政用、商用、民用提供帮助和指导。

- 人工智能将成为大数据生态中的重要组成部分，相关方面将得到广泛应用，包括医疗、电商、交通、金融、教育等领域都将取得突破性发展。
- 工业大数据在自身基础设施建设及同其他产业平台的融合方面将更加完善，将探索出制造业网络化、数字化和智能化发展的新模式。
- 大数据安全法律体系建设将进一步完善，安全技术、产品和服务等方面的创新应用将不断增多。
- 伴随市场对数据交易需求的增大，以及相关机制的完善，未来有望出现立体化的数据市场交易格局。
- 大数据学科自身的理论体系将得以建立，并有望在丰富完善过程中对学科理论基础的探索发挥更大作用。

任务实践

在实际生活中，你感受或体验过大数据带来的便利吗？请将具体内容填写到表 5-1 中。

表 5-1　体验大数据带来的便利

事项	便利之处
网络购物	通过大数据向自己推送喜爱的商品品牌和类型，节省了购物时间

任务二　了解大数据技术

任务描述

大数据技术是指人们在使用大数据时，为了实现对数据进行采集、处理、存储、分析、可视化等操作而用到的各种技术。本任务将对这些技术进行介绍，然后通过采集招聘数据、处理并分析数据进行实践操作。

相关知识

（一）大数据采集

采集数据是大数据技术的第一步。相比于传统数据来源单一、数据量小、结构单一的情况，大数据采集的是来源广泛、数据量巨大且类型丰富的数据对象，主要包括应用日志、电子文档、机器、语音、社交媒体等内容数据，页面数据、交互数据、表单数据、会话数据等公开的网络数据，以及其他企业或组织机构的内部数据。针对不同的数据，采集的方法也有所不同。

- 采集内容数据。采集这类数据可以使用 Hadoop、Spark、Cloudera 等专门的海量数据采集工具，这些工具采用分布式架构，能满足每秒数百 MB 的数据采集和传输需求。
- 采集网络数据。采集这类数据可以通过网络爬虫或网站公开的应用程序接口等方式从网站获取数据信息。这些采集方式可以将非结构化数据从网页中提取出来，并以结构化的方式将其存储为统一的本地数据文件，无论是对数字、文本，还是图片、音频、视频等文件，都可以实现采集操作。
- 采集其他企业或组织机构的内部数据。对于某些企业的生产经营数据或研究机构的学科研究数据等保密性要求较高的数据，可以通过与该企业或研究机构开展合作，使用特定系统接口等相关方式进行采集。

在大数据采集技术中，有一种数据仓库技术（Extract-Transform-Load，ETL）可以将业务系统的数据经过抽取、转换后加载到数据仓库中。数据仓库技术是企业较常选择的一种采集技术，可以轻松采集企业内部的大量数据，其作用是将企业中分散、零乱、标准不统一的数据整合到一起，为企业的决策提供分析依据。采集过程如图 5-3 所示。

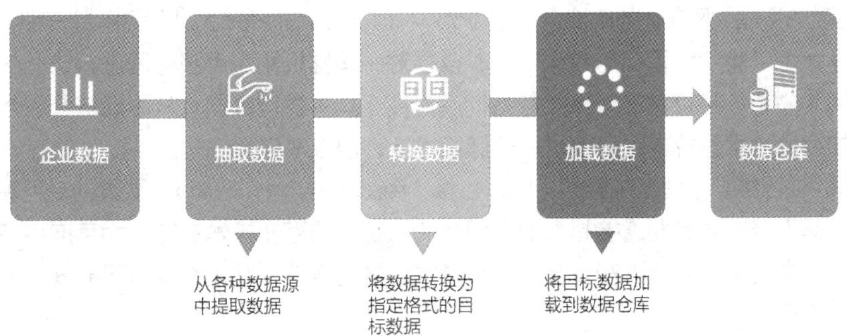

图 5-3　数据仓库技术的采集过程

（二）大数据预处理

大数据的多样性决定了经过多种渠道获取的数据的种类和结构都会非常复杂，这为数据分析和挖掘带来了极大的困难。通过大数据预处理可以将结构复杂的数据转换为单一的或便于处理的数据，同时可以清除数据中的干扰项，保证数据的质量和可靠性，最终为数据分析打下基础。

大数据预处理的环节如图 5-4 所示。

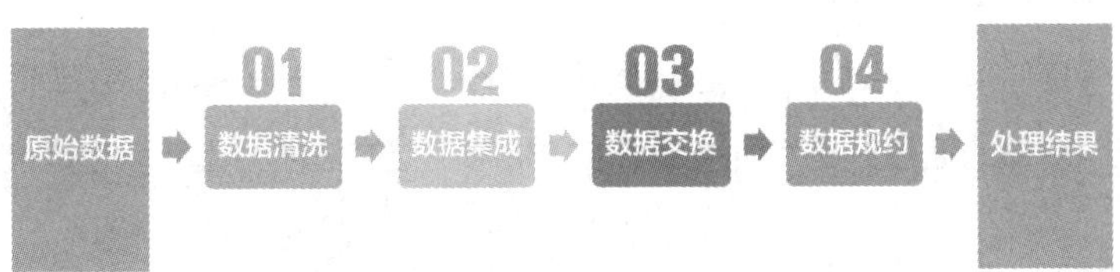

图 5-4　大数据预处理的环节

- 数据清洗。这一环节主要是更正、修复一些错误数据，同时对数据进行归纳整理，并将其存储到新的存储介质中。

- 数据集成。这一环节主要是将数据源中的数据集成到一个统一的数据集合中，为结构化、半结构化、准结构化和非结构化的数据建立共同的信息联系。
- 数据交换。这一环节主要是采用线性或非线性的数学变换方法，将多维数据压缩成较少维数的数据，消除它们在时间、空间、属性及精度等方面的差异。
- 数据规约。这一环节主要是从数据库或数据仓库中选取并建立使用者感兴趣的数据集合，然后从数据集合中滤掉一些无关的、有偏差的或重复的数据。

（三）大数据存储与管理

在大数据场景下，数据量呈爆发式增长，而数据存储能力的增长远远赶不上数据的增长，因此选择合适的大数据存储与管理技术十分重要。目前主流的大数据存储与管理技术包括直接附加存储、网络附加存储、存储区域网络、iSCSI 网络存储 4 种。

- 直接附加存储。直接附加存储（Direct Attached Storage，DAS）技术与普通计算机的存储架构一样，外部存储设备直接连接在服务器内部总线上，数据存储设备是整个服务器结构的一部分。这种存储技术成本较低、配置简单，适合拥有小型网络的企业或组织，尤其适用于企业总体网络规模较大，但在地理分布上很分散的情况。
- 网络附加存储。网络附加存储（Network Attached Storage，NAS）是一种将分布、独立的数据整合为大型、集中化管理的数据中心，以便对不同主机和应用服务器进行访问的技术。该存储技术以数据为中心，将存储设备与服务器彻底分离，集中管理数据，从而能够释放带宽，提高性能。网络附加存储技术的成本比直接附加存储技术低，但效率更高。
- 存储区域网络。存储区域网络（Storage Area Network，SAN）是通过专用高速网将一个或多个网络存储设备与服务器连接起来的专用存储系统。该存储技术被定义为互连存储设备和服务器的专用光纤通道网络，它在这些设备之间提供端到端的通信，并允许多台服务器以独立的方式访问同一个存储设备。
- iSCSI 网络存储。iSCSI（Internet SCSI）网络存储可以用以太网来构建 IP 存储局域网。通过这种方法，iSCSI 网络存储技术克服了直接连接存储设备的局限性，使用户可以跨越不同服务器共享存储资源，并可以在不停机状态下扩充存储容量。

> **提示** **iSCSI 是一种基于 TCP/IP 的协议，用来建立和管理 IP 存储设备、主机和客户机等之间的相互连接，并创建存储区域网络。iSCSI 的结构基于客户/服务器模式，其主要功能是在 TCP/IP 网络上的主机系统和存储设备之间进行大量数据的封装和可靠传输。**

（四）大数据分析与挖掘

大数据分析与挖掘是大数据技术中最重要的一个环节，因为只有通过分析与挖掘，才能从海量的数据中获得具有价值的信息。因此，大数据的分析与挖掘方法尤为重要，它是大数据中的核心技术之一。

1. 大数据分析

大数据分析是指利用正确的分析方法和分析工具对经过预处理的大数据进行分析，从中提取出具有价值的信息，为大数据可视化环节提供关键的数据结果。常用的大数据分析方法有多维聚类分析、因子分析、相关分析、对应分析、回归分析、方差分析等。

- 多维聚类分析。该方法可以把一组对象划分成若干类，使每一类对象之间的相似度较高，而不同类对象之间的相似度较低。多维聚类分析方法也有很多种，如划分的方法、层次的方法、基于密度的方法、基于网格的方法、基于模型的方法等，具体如表 5-2 所示。

表 5-2 常用的多维聚类分析方法

方法	用法
划分的方法	根据用户输入值（如 *M*）把给定对象分成 *M* 组（每组不能为空，且一个对象只从属于一个组），每组都是一个聚类，然后利用循环再定位技术变换聚类中的对象，直到客观划分标准最优
层次的方法	对给定的对象集合进行层次分解。其中，可以通过自底向上的凝聚方法，将每个对象作为一个单独的簇，然后根据一定标准进行合并，直到所有对象合并为一个簇或达到终止条件为止；也可以通过自顶向下的分裂方法，将所有对象放到一个簇中，然后进行分裂，直到所有对象都成为单独的一个簇或达到终止条件为止
基于密度的方法	不断增长从而获得聚类，直到邻近对象密度超过一定的阈值（如一个聚类中的对象数或一个给定半径内必须包含的至少的对象数）为止
基于网格的方法	将对象空间划分为有限数目的单元，以形成网格结构，所有聚类操作都在这一网格结构上进行
基于模型的方法	为每个聚类假设一个模型，然后按照模型去发现符合的对象。这种方法基于"数据是根据潜在的概率分布生成的"这种假设，主要有统计学方法和神经网络方法这两种分类

- 因子分析。该方法是一种从变量群中提取共性因子的统计技术。因子分析的主要目的是描述隐藏在一组测量到的变量中的一些更基本的，但又无法直接测量到的隐性变量。
- 相关分析。该方法是研究现象之间是否存在某种依存关系，并探讨有依存关系的现象之间的相关方向，以及相关程度的分析技术。
- 对应分析。该方法也称关联分析、R-Q 型因子分析，主要通过分析由定性变量构成的交互汇总表来揭示变量间的联系。它可以揭示同一变量的各个类别之间的差异，以及不同变量的各个类别之间的对应关系。
- 回归分析。该方法是研究一个随机变量对另一个变量或一组变量的影响程度。这种分析方法运用十分广泛，可以根据自变量的多少分为一元回归分析和多元回归分析；也可以根据自变量和因变量之间的关系类型分为线性回归分析和非线性回归分析。
- 方差分析。该方法又称变异数分析或 F 检验，主要用于两个及两个以上样本均数差别的显著性检验。

2. 大数据挖掘

大数据挖掘是一个发现数据特征和模式的过程，一般来说，大数据挖掘的过程包含 6 个环节，分别是问题识别、数据理解、数据准备、数据建模、模型评价和部署应用，如图 5-5 所示。

图 5-5 大数据挖掘的过程

- 问题识别。数据挖掘的目标是发现能解决问题的数据，因此确定问题才能为数据挖掘找准方向。在此环节，我们需要明确问题的整体性、策略性和系统性，重点把握问题的本质和边界，进而才能制订出有效的数据挖掘方案。

- 数据理解。数据理解主要包含对数据价值和数据质量的理解两个方面。在此环节，我们应关注获取的数据是否能帮助解决问题。
- 数据准备。数据准备是指将数据汇总到一起形成数据挖掘库。在此环节，我们需要利用各种技术对数据进行处理，然后将数据汇总后产生的各种“杂质”处理掉。
- 数据建模。数据建模是数据挖掘过程的核心环节。在此环节，我们需要利用机器算法或统计方法对大量的数据进行建模分析，从而获得对系统来说最合适的模型。这个环节既依赖于数据库技术与计算技术，也依赖于数据挖掘人员的业务知识和经验。
- 模型评价。模型评价主要包括功能性评价和服务性评价。其中，功能性评价是指从技术上评估所建立模型完成任务的质量；服务性评价则主要考察模型实施后，用户对该产品的体验和认可情况。
- 部署应用。部署应用主要是在数据挖掘的模型建立并经过验证之后，将其应用到不同的数据集上，或用于开发实际的应用系统。在实际应用时，我们需要考虑模型的有效时间范围和框架适用范围，这直接影响部署应用的效果。

另外，大数据挖掘常用的方法主要有神经网络算法、遗传算法、决策树方法、粗糙集方法、覆盖正例排斥反例方法、统计分析方法、模糊集方法等。

- 神经网络算法。神经网络由于本身良好的自组织、自适应性，同时具有并行处理、分布存储和高度容错等特性，非常适合解决数据挖掘的问题。典型的神经网络模型主要分为三大类，分别是用于分类、预测和模式识别的前馈式神经网络模型；用于联想记忆和优化计算的反馈式神经网络模型；用于聚类的自组织映射神经网络模型。
- 遗传算法。遗传算法是一种基于生物自然选择与遗传机理的随机搜索算法，是一种仿生全局优化方法。这种算法具有隐含并行性，可以很好地与其他模型相结合，使得它在数据挖掘中被加以应用。
- 决策树方法。决策树是一种常用的预测模型的算法，它将大量数据进行有针对性的分类，从中找到一些有价值的、潜在的信息。其优点主要是描述简单、分类速度快，适合大规模的数据处理。
- 粗糙集方法。粗糙集是一种研究不精确、不确定知识的数学工具，它处理的对象是类似二维关系表的信息表。粗糙集方法只使用数据提供的信息，而不依赖于其他模型假设，“让数据自己说话”是粗糙集方法最贴切的一种比喻，且该方法的算法简单又易于操作。
- 覆盖正例排斥反例方法。覆盖正例排斥反例方法利用覆盖所有正例、排斥所有反例的思想来寻找规则。使用该方法时，首先在正例集合中任选一个种子，然后到反例集合中逐个比较，通过循环操作来得到所有正例的规则。
- 统计分析方法。统计分析方法注重利用函数关系和相关关系对数据关系进行统计，包括常用统计方法（求最大值、最小值等）、回归分析方法、相关分析方法、差异分析方法等。
- 模糊集方法。模糊集方法利用模糊集合理论对实际问题进行模糊评判、模糊决策、模糊模式识别和模糊聚类分析。通常，系统的复杂性越高，模糊性越强。

（五）大数据可视化

大数据可视化可以将大数据分析和挖掘出的信息以图形化等充满视觉元素的方式展示出来，让数据变得更加直观、可信并具有美感。需要注意的是，数据可视化与大数据可视化是有区别的。数据可视化是关于数据的视觉表现形式的技术，大数据可视化则可以理解为数据量更加庞大、结构更加复杂的数据可视化。因此，大数据可视化的呈现形式也比一般的数据可视化的呈现形式更加多样，具体有以下 3 种。

- 数据可视化。该呈现形式采用合适的可视化元素来展示结果，如常见的使用 Excel 等可视化工具，以柱形图、折线图、饼图等各种图表将数据结果呈现出来，如图 5-6 所示。
- 指标可视化。该呈现形式采用各种形象生动的可视化元素将大数据分析结果中出现的各种指标呈现出来。图 5-7 所示为将重要的销售指标进行可视化处理后的展示效果。

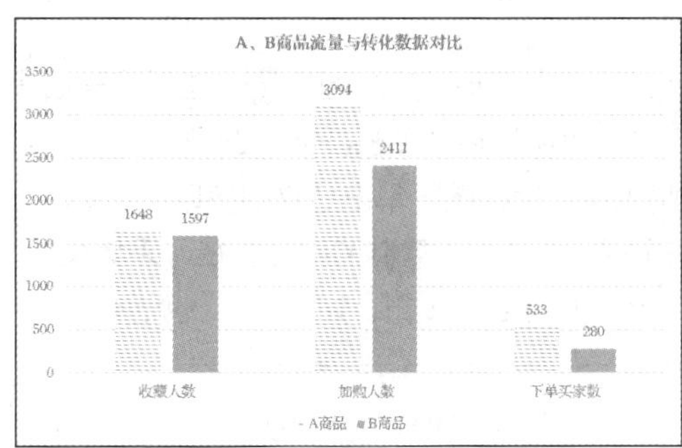

图 5-6 Excel 的数据可视化效果

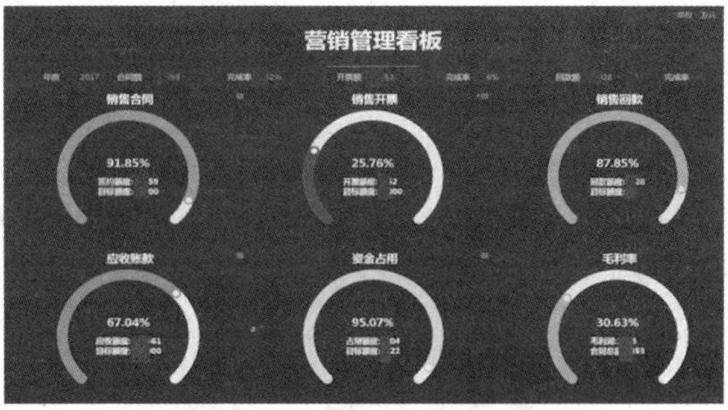

图 5-7 销售指标的可视化效果

- 数据关系可视化。该呈现形式通过聚类的方法在数据之间建立可视化的联系，清晰反映出各数据关系的紧密程度等，如图 5-8 所示。

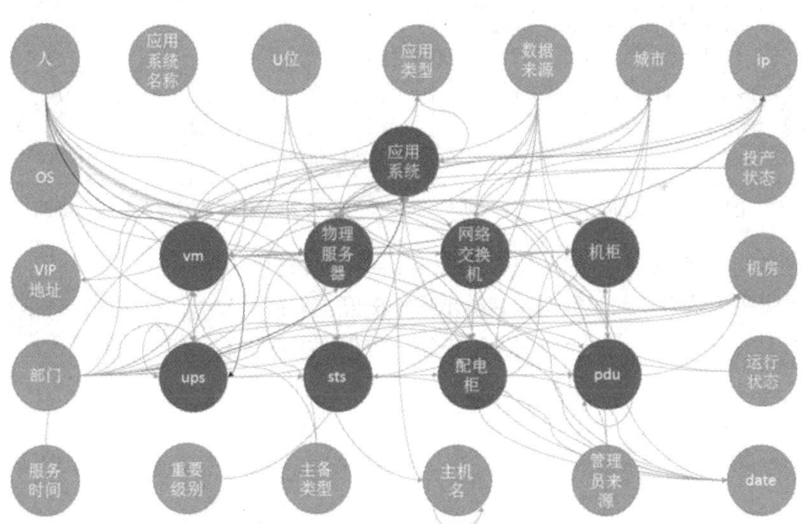

图 5-8 数据关系的可视化效果

任务实践

本次任务实践将利用八爪鱼采集器采集 58 同城网站中成都地区招聘程序员的数据，然后在 Excel 中对数据进行预处理、分析和可视化操作，挖掘出该地区在招聘程序员时对学历要求的情况。

（一）采集招聘数据

八爪鱼采集器是一款热门的网络数据采集软件，它具备模板采集、自定义采集、云采集等多种功能。下面利用该软件的模板采集功能完成数据的采集任务。操作步骤如下。

（1）通过浏览器进入 58 同城官方网站，将城市切换到“成都”，单击“招聘”超链接，在“请选择职位类别”下拉列表中选择“计算机/互联网/通信”类别下的“程序员”选项，单击“找工作”按钮，进入招聘信息页面，如图 5-9 所示。复制该页面的网址。

（2）下载并安装八爪鱼采集器，双击计算机桌面上的八爪鱼采集器启动图标，注册账号后登录该软件，单击左侧的“新建”下拉按钮，在弹出的下拉列表中选择“模板任务”选项。

（3）在显示界面中依次单击“58 同城/58 同城招聘职位”缩略图，单击“立即使用”按钮。

（4）在显示界面中的“招聘页面网址”文本框中粘贴步骤（1）中复制的网址，在“采集页数”文本框中输入需要采集的页数，这里输入“1”，单击“保存并启动”按钮，如图 5-10 所示。

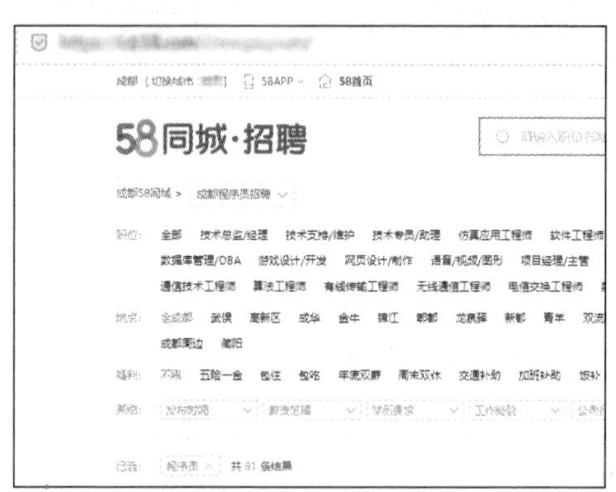

图 5-9　访问网站

图 5-10　设置采集参数

（5）在打开的“启动任务”对话框中单击“启动本地采集”按钮。

（6）八爪鱼采集器开始采集数据，并显示采集进度。采集完成后，将自动打开提示对话框提示采集完成。也可以在采集时单击“停止采集”按钮主动停止数据采集工作，此时会弹出提示对话框，单击其中的“是”按钮确认停止采集，如图 5-11 所示。

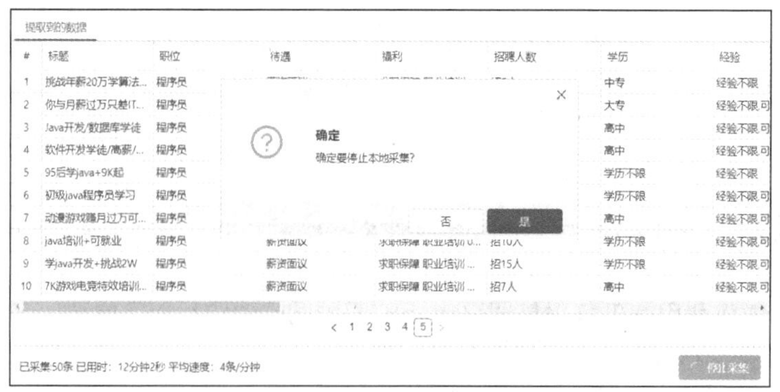

图 5-11　停止采集数据

（7）在打开的提示对话框中单击“导出数据”按钮，如图 5-12 所示。

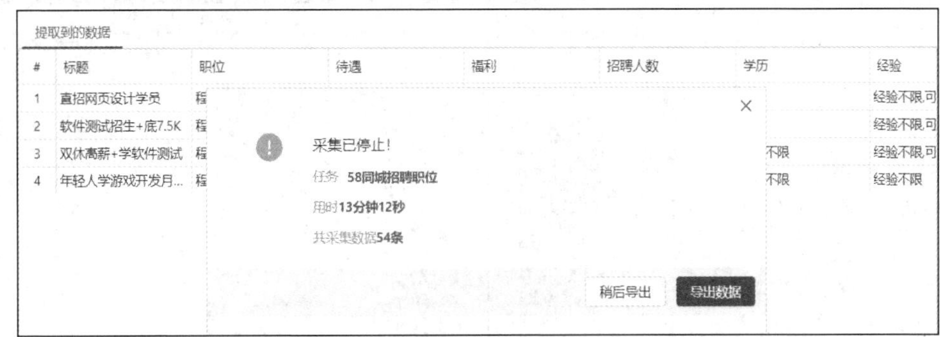

图 5-12　导出数据

（8）在“导出本地数据”对话框中设置数据的导出方式，这里选中“Excel(xlsx)”单选项，单击“确定”按钮，如图 5-13 所示。

（9）在打开的“另存为”对话框中设置导出数据保存的位置和文件名称，单击“保存”按钮完成采集操作，如图 5-14 所示。

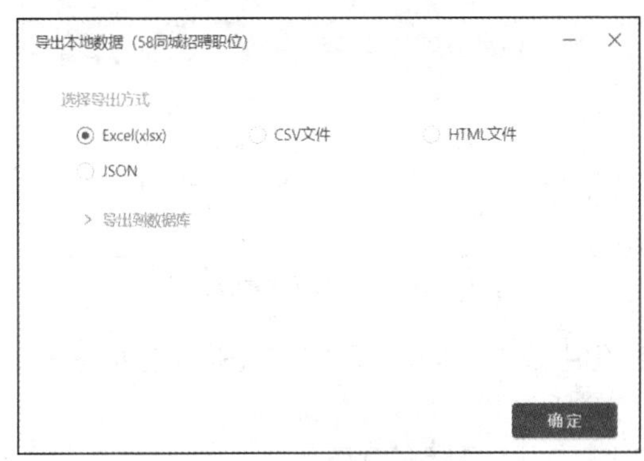

图 5-13　设置导出方式

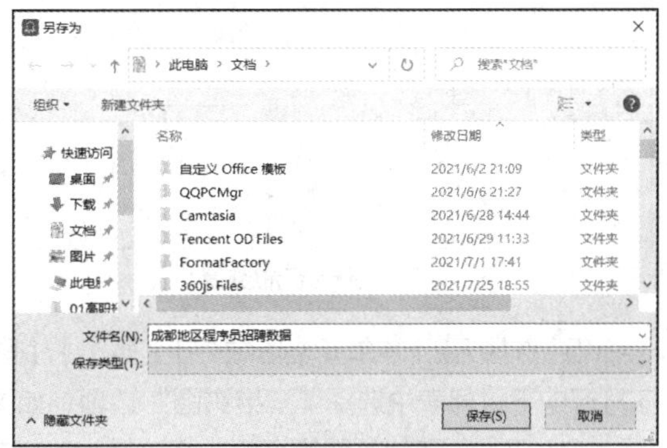

图 5-14　设置保存位置和名称

（二）处理并分析数据

下面打开采集到的 Excel 数据，然后通过删除多余数据、统计不同学历的数量，以及创建饼图等操作来实现数据的处理与分析。具体操作步骤如下。

（1）打开保存的“成都地区程序员招聘数据.xlsx”工作簿，在按住【Ctrl】键的同时按住鼠标左键，在列标上拖动鼠标选择 C 列至 E 列，以及 G 列及其后面的列。松开鼠标左键和【Ctrl】键，在所选列上单击鼠标右键，在弹出的快捷菜单中执行“删除”命令，将多余的数据删除，如图 5-15 所示。

（2）选择 A 列至 C 列，双击任意列标之间的分隔线以快速调整各列的列宽，在 E2:E6 单元格区域中输入图 5-16 所示的文本内容。

（3）选择 F2 单元格，在上方的编辑栏中输入“=COUNTIF(C2:C55,"大专")”，按【Enter】键统计出 C2:C55 单元格区域中内容为“大专”的单元格数量，如图 5-17 所示。

（4）用相同方法依次利用 COUNTIF()函数统计 C2:C55 单元格区域中其他学历要求的单元格数量，如图 5-18 所示。

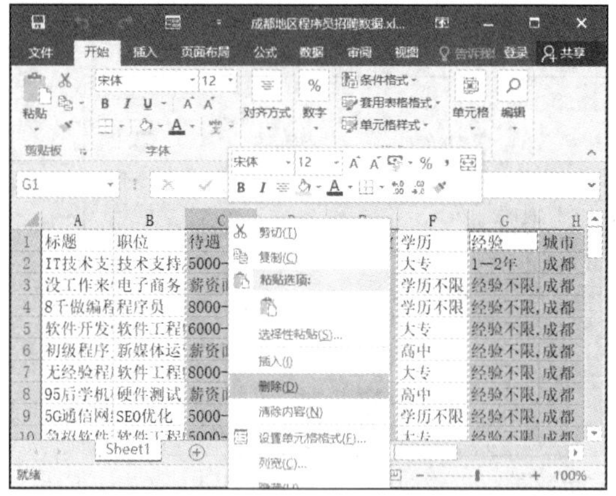
图 5-15　删除多余数据

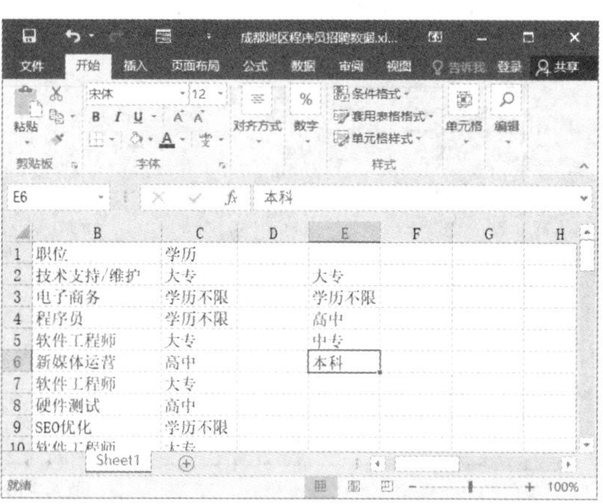
图 5-16　调整列宽并输入文本

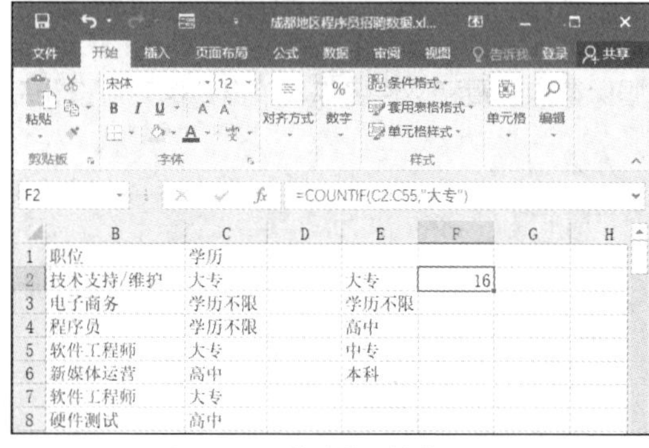
图 5-17　统计单元格数量 1

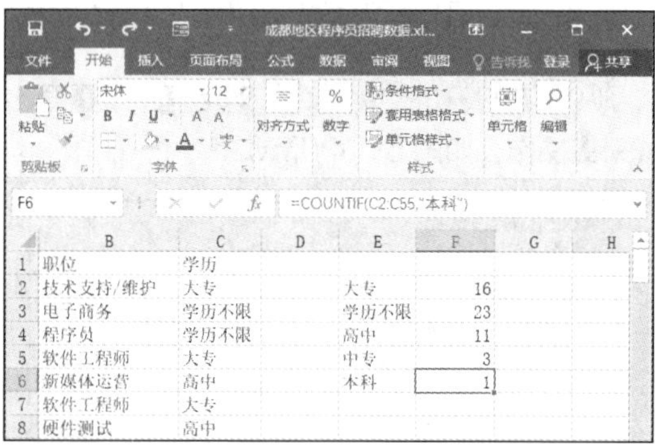
图 5-18　统计单元格数量 2

（5）选择 E2:F6 单元格区域，在【插入】/【图表】组中单击“插入饼图或圆环图”下拉按钮，在打开的下拉列表中选择“三维饼图”选项，如图 5-19 所示。

（6）双击创建的饼图的标题，修改其中的文本内容，效果如图 5-20 所示。

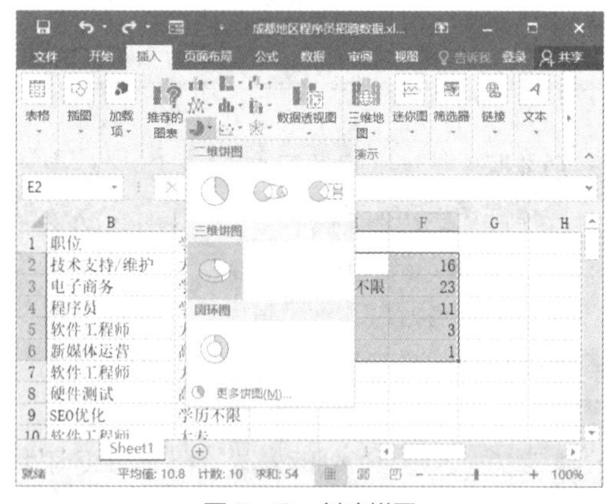
图 5-19　创建饼图

图 5-20　修改饼图标题

（7）在【图表工具 设计】/【图表布局】组中单击“快速布局”下拉按钮，在弹出的下拉列表中选择“布局 1”选项。单击【图表样式】组的“快速样式”下拉按钮，在下拉列表中选择第 8 个样式，如图 5-21 所示。

（8）单击图表边框以选择整个图表，在【开始】/【字体】组的“字体”下拉列表框中为图表应用 “方正兰亭中黑简体”字体，拖动图表边框上的控制点，调整图表大小，如图 5-22 所示（配套资源：\效果文件\模块五\成都地区程序员招聘数据.xlsx）。由图 5-22 可知，高中、大专和学历不限这 3 种要求所占比例高达 93%，这说明了成都地区对程序员职位的学历要求较低（仅就当前采集的这部分数据而言）。

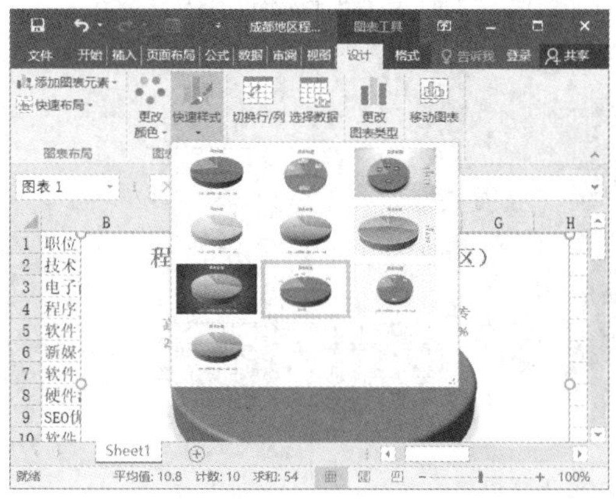

图 5-21 设置图表布局和样式

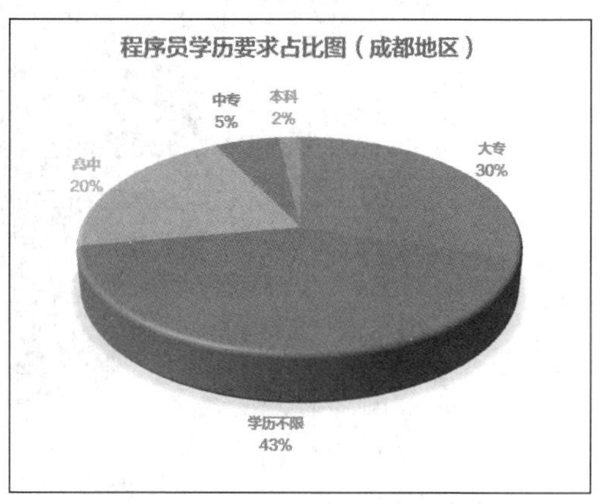

图 5-22 设置图表字体和大小

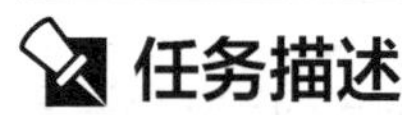

任务三 了解大数据工具

任务描述

2020 年 4 月 9 日发布的《关于构建更加完善的要素市场化配置体制机制的意见》将数据与土地、劳动力、资本、技术并称为 5 种要素，数据对社会生活方式和国家治理能力产生的重要影响可见一斑。对大数据工具而言，从海量的数据背后挖掘到隐含的价值便是其使命所在。本任务将介绍 Hadoop 和 Spark 这两种常用的大数据工具，然后通过搜索大数据工具相关的问题进行实践操作。

相关知识

（一）Hadoop

Hadoop 是基于 Java 开发的大数据工具，它具有很好的跨平台特性，其核心是 HDFS（Hadoop Distributed File System，分布式文件系统）和 MapReduce（分布式并行计算编程模型）。

HDFS 的设计思想是将数据文件分割成指定大小的数据块，然后以块序列的形式存储文件，这样文件的所有块可以不用存储在同一个磁盘上，并能够提高数据的容错能力和可用性，而且这些功能对用户都是透明的。

MapReduce 的主要思想是“Map（映射）”和“Reduce（归约）”，当启动一个 MapReduce 任务时，Map 端会读取 HDFS 上的数据，将数据映射成所需的键值对（也称属性值对）类型并传到 Reduce 端。Reduce 端接收到 Map 端传来的键值对类型的数据后，将根据不同键值对进行分组，对每一组键值对相同的数据进行处理，然后将得到的新的键值对重新输出到 HDFS。

Hadoop 作为分布式计算平台，不仅能够处理海量数据，还具备其他一些优势，具体如图 5-23 所示。

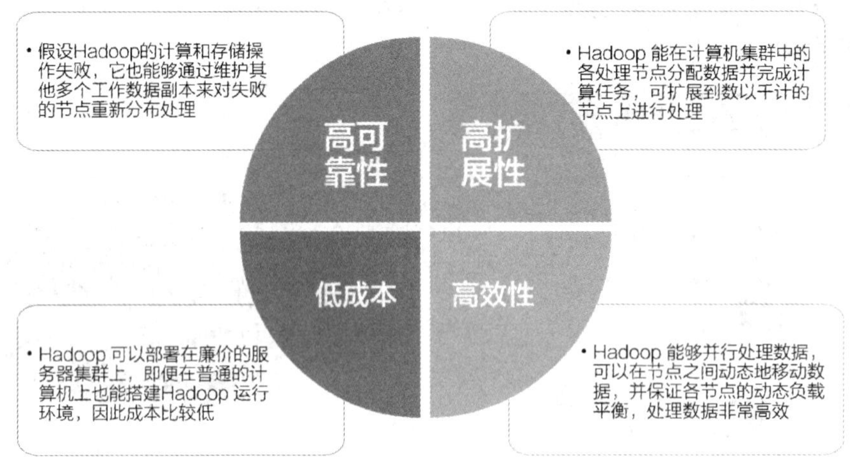

图 5-23　Hadoop 的优势

假设搭建一个简单的 Hadoop 平台，其中硬件设备需要两台计算机，然后通过虚拟机设置，在两台计算机上创建 1 个主节点和 10 个从节点，以及一个备份节点用于故障恢复，在搭建此平台后，我们需要完成以下数据处理的主要工作。

（1）将原始数据按用户 ID 进行匹配，去除无效数据及噪声数据。

（2）将处理后的数据按用户 ID 进行分时统计，按每天 24 小时分别统计各个时段内的最高通话频次和基站，并在用户 ID 下建立与时段相关联的频次及基站代码字段。

（3）匹配基站代码字段及用户 ID。

（4）将 24 小时分时统计的数据进行二次统计，以周一至周五 8:00—18:00 为工作时段，其余时段为非工作时段，统计这两个时段内的最高通话频次和基站，并将基站 ID 与用户 ID 和时段相关联。

（5）在第（2）步和第（3）步的基础上，以每周一至周五为工作日，周六、周日为非工作日，输出与用户 ID 关联的分时通话频次最高的基站 ID 及频次。

以上工作的基本实现原理如下。

（1）定义基站结构体，保存基站名称和该基站每小时的通话频次。

（2）定义用户结构体，存储该用户的用户 ID 和去过的基站结构体。

（3）分别新建存储工作日通话数据和周末通话数据的用户空间，循环读取数据，并判断数据的有效性。

（4）合并基站的两段基站数据以获得基站代码，通过时间判断是工作日还是周末，以确定存储位置。

（5）获得用户 ID 后，在已记录的数据中查找当前用户 ID 是否已经被记录。如果该用户已经被记录，则在该用户的基站链表中查找当前基站是否被记录；如果该基站已经被记录，则直接将该基站该小时的通话量加 1；如果没有被记录，则新增该基站，初始化基站的每小时通话量，并将该基站数据加入用户的链表中。如果该用户未被记录，则用户数量加 1，新增该用户，在该用户的基站链表中新增相应基站，初始化基站的每小时通话量，对该小时的通话量加 1。重复以上操作，直到数据被读取完成。

（6）对每个用户进行循环查找，首先输出用户 ID，然后循环查找每个用户 24 小时所通话的所有基站，将其中每小时最高的通话基站进行输出，即可得到结果。

（二）Spark

基于开源技术的 Hadoop 虽然在行业中应用广泛，但由于 MapReduce 的计算模型延迟过高，因此有时会无法胜任实时、快速的计算需求。而 Spark 既继承了 MapReduce 分布式计算的优点，又弥补了 MapReduce 的上述缺陷。

Spark 源于美国加州大学伯克利分校 AMPLab 的集群计算平台，于 2010 年开放源码，在 2013 年进入 Apache 孵化器项目，并于 2014 年成为 Apache 三个顶级项目之一。Spark 被称为下一代计算平台，它立足于内存计算，从多迭代批量处理出发，兼容数据仓库、流处理和图计算等多种计算方式，其设计目标是让数据分析更加快速，提供比 Hadoop 更上层的应用程序接口，支持交互查询和迭代计算。

腾讯公司的大数据精准推荐功能便借助了 Spark 的快速迭代优势，围绕“数据+算法+系统”这套技术方案，实现了数据实时采集、算法实时训练、系统实时预测的全流程实时并行高维算法。

在迭代计算与挖掘分析方面，Spark 的大数据精准推荐功能将小时和天级别的模型训练转变为分钟级别的训练，同时充分利用 Spark 简洁的编程接口，使得算法实现在时间成本和代码量上比 MapReduce 提高了不少。最终 Spark 成功应用于腾讯广点通投放系统上，能够支持每天上百亿的请求量。

目前，大数据在互联网公司的主要应用集中在广告、报表、推荐系统等业务上。其中，广告业务方面尤其需要利用大数据做应用分析、效果分析、定向优化等工作，这些应用场景的普遍特点是计算量大、效率要求高，而 Spark 则可以满足这些要求，Spark 一经推出便受到开源社区的广泛关注和好评，成为大数据处理领域非常受欢迎的开源项目。

任务实践

根据表 5-3 中的搜索关键词搜索相关内容，了解与大数据工具相关的知识，并回答问题。

表 5-3　了解大数据工具

搜索关键词			
Hadoop	MapReduce	Spark	大数据工具
问题			
① Hadoop 大数据工具在未来还会流行吗？为什么？			
② MapReduce 到底有什么缺陷？该搜索引擎技术会过时吗？			

续表

问题
③ 与 Hadoop 相比，Spark 强大在哪些地方？
④ 通过互联网了解了大数据工具后，你还知道哪些目前较为热门的大数据工具，它们的优势各是什么？

任务四　熟悉大数据安全

任务描述

目前，我国正处于建立健全与大数据采集、分析等环节相关的监管制度中，在没有标准和相应监管措施的情况下，大数据泄露事件多有发生，这已经暴露出大数据时代用户隐私安全的尖锐问题。人们在高效利用大数据技术的同时，也需要增强安全隐私意识，加强全方位的安全隐私防护，明确数据归属及访问权限，让大数据更好地为人们的生活和工作服务。本任务将介绍大数据相关的安全问题和安全防护方法，然后通过案例分析进行实践操作。

相关知识

（一）大数据应用面临的安全问题

大数据应用面临的最严重的安全问题就是隐私泄露问题，而造成这种现象的原因是多种多样的，总结起来主要有以下 4 点。

- 滥用和非法使用大数据。大数据在方便用户的同时，也给了黑客等不法分子可乘之机，他们利用大数据中的用户信息完成各种审查要求，冒充正常用户，然后向其他目标发起各种各样的攻击。
- 恶意的内部人员。大数据身处互联网世界，其中存在着数不胜数的各类企业，一旦企业内部人员产生了各种恶意的想法，如追求不合理的物质利益、发泄不满等，便可能利用访问特权非法使用大数据。
- 不安全的应用编程接口。应用编程接口可以更好地为大数据工具和技术实现管理数据、拓展功能等操作提供帮助，但如果这些接口出现设计上或代码上的安全漏洞，就有可能被人非法利用。
- 资源隔离问题。资源虚拟化可以将不同用户的虚拟资源部署在相同的物理资源上，但这也方便了攻击者借助共享资源实施边信道攻击。一旦通过大数据获取到关键信息，攻击者就可以攻击其他用户的应用和操作，或者获取未被授权访问的数据。

提示 除上述安全问题外，大数据仍然面临传统 IT 领域中存在的安全技术与管理风险，如流量攻击、病毒、木马、口令破解、身份仿冒等，这些攻击行为对大数据同样有效。同时，系统漏洞、配置脆弱性、管理脆弱性等问题在大数据环境中也仍然存在。

（二）大数据的安全防护方法

大数据在应用过程中面临的安全问题是多种多样的，其安全防护归纳起来主要体现在以下 3 个方面。

1. 大数据存储安全防护

目前广泛采用的大数据存储架构大都应用了虚拟化海量存储技术、NoSQL 技术、数据库集群技术等，这就可能造成数据传输、数据备份和恢复等方面的安全问题。因此，我们可以在大数据存储安全方面采取以下防护措施。

- 通过加密手段保护数据安全，如采用专用的程序对存储数据进行加密，同时将加密数据和密钥分开存储和管理。
- 通过加密手段实现数据通信安全，如通过加密通信来保证数据节点和应用程序之间通信数据的安全性。
- 通过数据灾难备份机制确保大数据的恢复能力。

2. 大数据应用安全防护

大数据应用往往具有海量用户和跨平台特性，因此在使用大数据时，特别是在大数据分析方面，应加强授权控制。

- 对大数据核心业务系统和数据进行集中管理，保持数据口径一致，通过严格的授权访问控制来实现在规定范围内使用大数据资源，防止越权使用。
- 针对部分敏感字段进行过滤处理，对敏感字段进行屏蔽，防止重要数据外泄。
- 通过统一身份认证与权限控制技术，对用户进行严格的访问控制。

3. 大数据管理安全防护

大数据管理安全防护也是实现大数据安全的核心工作，我们可以采取的安全防护措施如下。

- 从数据层面建立较为完整的大数据模型，建立统一的数据管理机制，实现大数据管理的集中化、标准化、安全化。
- 依据数据的价值与应用的性质将数据分为在线数据、近线数据、历史数据、归档数据、销毁数据等，分别制订相应的安全管理策略，有针对性地使用和保护不同阶段的数据，解决大数据管理策略单一所带来的安全防护措施不匹配、性能瓶颈等问题。
- 汇总、收集数据访问操作日志和基础数据库数据，手工维护操作日志，实现对大数据使用安全记录的监控和查询统计，建立数据使用安全审计规则库，实现数据使用安全的自动审计和人工审计。
- 对大数据平台的运行状态数据进行监控与检测，保证系统正常运行。

任务实践

2020 年 6 月，郑州某学校近两万名学生的个人信息遭到泄露，多名学生反映接到骚扰电话，学校已报备公安机关，由公安部门处理。根据这个案例，回答表 5-4 中的问题。

表 5-4　关于大数据的相关问题

问题	回答
你认为造成该泄密事件的原因可能是什么？	
你认为大数据泄露会对你自己产生什么影响吗？	
你对大数据面临的安全问题有什么看法？	
你觉得应该采取什么措施才能有效保证大数据安全？	

课后练习

一、填空题

1. 大数据的五 V 特性分别是数据规模大、________、________、________、________。
2. Hadoop 中的 MapReduce 的主要思想是________和________。
3. 有效防护大数据安全问题，可以从________、________、________等方面入手。

二、选择题

1. 下列选项中，不是大数据预处理环节的是（　　）。
   A. 数据清洗　　B. 数据匹配　　C. 数据交换　　D. 数据规约
2. 下列选项中，不是大数据可视化呈现方式的是（　　）。
   A. 数据可视化　　B. 指标可视化　　C. 数据条件可视化　　D. 数据关系可视化

模块六 人工智能

06

人工智能（Artificial Intelligence，AI）也叫作机器智能，其主要目标在于研究用机器来模仿和执行人脑的某些智力功能。随着科学技术的不断发展，曾经被认为是异想天开的人工智能、机器人等科幻电影中的虚构事物逐渐在生活中成为现实。近年来，人工智能已成为世界各国尤其重视的尖端技术领域，我国的人工智能研究与应用也取得了不小的进展。在这样的背景下，我们更应该跟上时代发展的步伐，了解人工智能的相关知识。

课堂学习目标

- 知识目标：了解人工智能的概念和特征、社会价值、发展历程、典型应用、发展趋势、常用开发平台及框架；了解人工智能核心技术。
- 素质目标：体验人工智能在工作和生活中的应用，更好地利用人工智能，使工作和生活更加便捷。

任务一 认识人工智能

任务描述

人工智能技术已经渗透到人们日常生活的各个方面和各行各业，如游戏、新闻、媒体、金融等，并被运用于各种领先的研究领域，如量子科学。人工智能并不是触不可及的，Windows 10 操作系统的 Cortana、小米的小爱、苹果的 Siri 等智能助手和智能聊天类应用，都属于人工智能的范畴，甚至一些简单的、带有固定模式的资讯类新闻，也由人工智能来完成。本任务将介绍人工智能的相关基础知识，包括人工智能的概念和特征，社会价值，发展历程，典型应用，发展趋势，常用开发平台、框架，最后要求读者搜索互联网上的人工智能相关资料，了解人工智能在各行业的典型应用场景和代表性企业，同时进入百度 AI 开放平台，了解其功能、行业应用和客户案例。

相关知识

（一）人工智能的概念和特征

“人工智能”一词最早出现在 1956 年的达特茅斯会议上，科学家运用数理逻辑和计算机的成果，提供关于形式化计算和处理的理论，模拟人类某些智能行为的基本方法和技术，构造出具有一定智能的人工系统，让计算机去完成需要人的智力才能胜任的工作。同时，图灵奖获得者约翰·麦卡锡（John McCarthy）提议用“人工智能”作为学科的名称，定义为制造智能机器的科学与工程，从而标志着人工智能学科的诞生。“人工智能”这一概念出现后，不同领域的研究者对人工智能给出了不同的定义。同时，人工智能也表现出了一定的特征。

1. 人工智能的定义

美国斯坦福大学人工智能研究中心的尼尔斯·尼尔森（Nils J.Nilsson）教授将人工智能定义为“关于知识的科学，即怎样表示知识、获取知识和使用知识的科学”。

美国麻省理工学院的温斯顿教授认为“人工智能就是研究如何使计算机去做过去只有人才能做的智能工作”。

中国《人工智能标准化白皮书（2018 版）》认为：人工智能是利用数字计算机或者数字计算机控制的机器模拟、延伸和扩展人的智能，感知环境、获取知识并使用知识获得最佳结果的理论、方法、技术及应用系统。

2. 人工智能的特征

人工智能发展至今，表现出了以下三大特征。

（1）以人为本。

人工智能是人类设计的，按照人类设定的算法、依托于人类发明的芯片等硬件载体来运行。人工智能的本质是计算，以数据为基础，通过采集、加工、处理、分析数据，模拟出人类期望的智能行为，从而更好地为人类服务，而不是伤害人类。

（2）能感知环境并做出反应，并且与人类交互、互补。

人工智能可以借助传感器等设备对外界环境进行感知，从而实现像人一般通过感官（如听觉、视觉、嗅觉、触觉等）接收外界刺激，从而产生文字、语音、表情、动作等必要的反应，甚至影响环境或人类。同时，人类与人工智能也可以借助屏幕、手势、表情等方式进行交互，在这个过程中，人工智能可以越来越“了解”人类，进而更好地与人类配合，完成各项工作。同时，人工智能可以完成一些重复性、机械性、枯燥的工作，让人类有机会去完成更具创造性、想象力和情感的工作，实现人类与人工智能的互补。

（3）具备自适应、自学习能力，可以演化迭代。

在理想情况下，人工智能具备一定的自适应、自学习能力，可以根据环境、数据或任务的变化自行调节参数或更新优化模型。此外，人工智能还能够广泛、深入地与云、人、物连接，使机器客体实现演化迭代，从而使系统具备更强的适应性、拓展性、灵活性，以应对变化莫测的社会环境，最终使人工智能应用到更多行业和场景中。

（二）人工智能的社会价值

人工智能是 21 世纪的尖端科技，属于科研前沿领域，拥有着巨大的社会价值，具体表现在生物医学、环保、国家和社会管理、经济生产、日常生活等各个方面。

1. 人工智能对于生物医学的价值

人工智能可以提升人类的医疗水平。例如，IBM 公司研发的沃森医疗机器人已经能够对疾病做出较准确的诊断；手术机器人可以明显提升外科手术的精准度；可穿戴的医疗 AI 产品有助于对人类健康水平的监测。此外，人工智能也有助于推动新药物靶点的发现及新药物的设计，使临床药物实验数据的分析更快、更精准，从而推动制药业的发展。

2. 人工智能对于环保的价值

人工智能的应用将有助于建立有效的环境污染监控装置，而基于人工智能的电动汽车的普及将有助于解决大气污染问题。另外，使用人工智能还可以建立能源消耗的模型，能及时发现造成能源浪费的原因，同时也有助于研发绿色节能的仪器和设备。

3. 人工智能对于国家和社会管理的价值

人工智能对于国家和社会管理有着多方面的价值。首先，在交通管理方面，使用人工智能可以建立交通状况的模型，研发出减少交通拥堵、交通事故的仪器和设备，从而发现减少拥堵的最优方法。例如，阿里巴巴公司研发的"城市大脑"项目可以在分析交通数据的基础上找出交通状况模式，提升城市交通的运行速度。

其次，在国家安全方面，人工智能将能有效提升国家安全保障实力。例如，海关可以使用人工智能图像识别技术和语音识别技术对出入境人员进行监测，提升监测准确度和速度。

此外，人工智能将加强人类预测和应对地震等重大自然灾害的能力，提升天气预报的精准度。

4. 人工智能对于经济生产的价值

人工智能机器人可以 24 小时工作，帮助人类完成枯燥的、重复的工作，还可以在危险、有毒、极冷或极热等极端环境中工作，降低人工成本，提高生产的安全性，有效提升生产效率。此外，人工智能也能帮助企业实现智能升级，预测设备故障，获得更优的设计方案。

5. 人工智能对于日常生活的价值

人工智能能大大提升人类日常生活的便利性和舒适度。首先，家庭机器人或智能家电能在一定程度上代替人类管理家居生活，将人类从日常家务中解脱出来。例如，近年来已经有一定普及度的扫地机器人就可以代替人类完成地面清理工作。又如，智能音箱不仅可以查询天气、回答问题，还支持控制家用电器、订外卖、闹钟提醒、查询菜谱等多方面功能。

（三）人工智能的发展历程

人工智能的发展并不是一帆风顺的，在其发展历程中出现了数次低谷期，但很快又再次复兴，这表明人工智能具有强大的生命力和发展潜力。

1. 萌芽期（1956 年以前）

从 20 世纪 40 年代开始，科学家和工程师就在探索用机器模拟人的智能行为的可能性。1950 年，英国著名数学家和逻辑学家、人工智能之父阿兰·图灵（Alan Turing）提出"图灵测试"，对人工智能的发展产生了划时代的影响。

提示  **阿兰·图灵在自己的论文《计算机与智能》中提出了一个假想：如果一台机器能够通过电传设备与人类展开对话而不被识别出其机器身份，那么就可以称这台机器具有智能。这就是"图灵测试"。**

1951 年，世界上第一台神经网络计算机（Stochastic Neural Analog Reinforcement Calculator，SNARC）诞生，该计算机由美国普林斯顿大学数学系的马文·明斯基（Marvin Lee Minsky）与邓恩·埃德蒙建造，首次成功地在只有 40 个神经元的小网络里模拟了神经信号的传递，因而被视为人工智能的起点。

2. 黄金期（1956—1974 年）

1956 年，美国达特茅斯学院首次举办了人工智能研讨会，会上首先提出了"人工智能"概念，这被认为是人工智能诞生的标志。

此后，人工智能进入了发展的黄金期，研发成果非常丰富。例如，麻省理工学院的约瑟夫·维森鲍姆（Joseph Weizenbaum）于 1966 年发布的世界上首个聊天机器人 Eliza，其能通过脚本理解简单的自然语言，并产生与人类类似的互动。1966—1972 年期间，斯坦福国际研究所研制出世界上首台采用人工智能的移动机器人 Shakey。

3. 瓶颈期（1974—1980 年）

20 世纪 70 年代初，人工智能陷入了瓶颈。当时人工智能研发面临的问题很多，包括计算机内存和处理速度无法满足需求，视觉和自然语言理解中存在巨大可变性与模糊性，以及数据量严重缺失以致人工智能找不到足够大的数据库来支撑程序进行深度学习。在这样的背景下，英国政府、美国国防部高级研究计划局和美国国家科学委员会等机构纷纷停止了对人工智能的资助，这使得人工智能陷入了更深的困境。

4. 繁荣期（1980—1987 年）

在短暂的低谷期后，由于一系列新技术的研发，20 世纪 80 年代，人工智能的发展开始复兴，并进入了真正的繁荣期。

1980 年，卡内基梅隆大学设计了专家系统 XCON，该专家系统是一个计算机智能系统，具有完整的专业知识和经验，这有力地推动了人工智能的发展。

1981 年，日本经济产业省为第五代计算机（当时称作人工智能计算机）的研发拨款 8.5 亿美元。此后，英国、美国也纷纷开始在信息技术领域投入大量研发资金。

在这一时期，人工神经网络的研发也逐渐取得成果。1982 年，霍普菲尔德（J.Hopfield）提出了一种全互联型人工神经网络。1986 年，大卫·鲁梅尔哈特（David Everett Rumelhart）等人成功研制出反向传播神经网络，并被广泛应用。

此外，1984 年，在美国人道格拉斯·莱纳特（Douglas B. Lenat）的带领下，大百科全书（Cyc）项目正式启动，该项目旨在推动人工智能实现以类似人类推理的方式工作。

5. 寒冬期（1987—1993 年）

20 世纪 80 年代后期，产业界对专家系统过高的投入和期望带来了负面效应，人们逐渐发现专家系统的适用范围有限，人工智能也并未达到预期的商业价值。因此，对人工智能的投入再次大幅度削减，人工智能的发展再度步入深渊。

6. 平稳发展期（1993 年至今）

20 世纪 90 年代后，随着计算机硬件水平的提升及大数据技术的发展，人工智能再次崛起，进入了平稳发展时期。

1997 年 5 月 11 日，IBM 公司研发的计算机深蓝（Deep Blue）战胜国际象棋世界冠军加里·卡斯帕罗夫（Garry Kasparov）。

2011 年，IBM 公司开发的人工智能程序——Watson（沃森）参加美国智力问答节目，使用自然语言回答问题并打败了两位人类冠军，获得 100 万美元的奖金。后来，这一人工智能程序被广泛应用于医疗诊断领域。

2012 年，加拿大神经学家团队创造了一个名为“Spaun”的虚拟大脑，其拥有 250 万个模拟“神经元”，不仅具备简单认知能力，还通过了基本的智商测试。

2013 年，Facebook、Google、百度等公司纷纷开始探索深度学习算法，并将其应用到产品开发中。

2015 年，Google 公司开源了第二代机器学习平台 TensorFlow，其中的数据可供相关人员训练计算机。

2017 年，Google 公司开发的人工智能围棋程序——AlphaGo 战胜了围棋世界冠军——柯洁。由此，人工智能引发广泛关注，社会各界对人工智能的讨论热度骤增。

此后，随着移动互联网和物联网的发展，各大平台每天都会产生海量用户数据，这为人工智能深度学习提供了条件，再加上智能设备的普及，人工智能的商业化应用前景被业内看好，这些都推动了人工智能的发展。

（四）人工智能的典型应用

近年来，人工智能快速发展，已经在不同行业中得到了广泛应用，也为这些行业带来了新的发展机遇。

1. 人工智能客服

随着自然语言识别技术、自然语言理解和知识检索、自主学习技术的发展，人工智能客服技术逐渐成熟，很多行业的客服中心慢慢引入了人工智能客服，以解决一些碎片化的、简单的、重复的客户需求，图 6-1 所示为菜鸟开发的人工智能客服回答相关问题的场景。人工智能客服是一种基于自然语言处理的拟人式服务，其能通过文字、语音与客户进行多轮交流，在获取必要信息后给出相应的解决方案。所以，人工智能客服应具备出色的对话处理能力，以及将消费者的具体要求与产品信息进行快速匹配的能力。

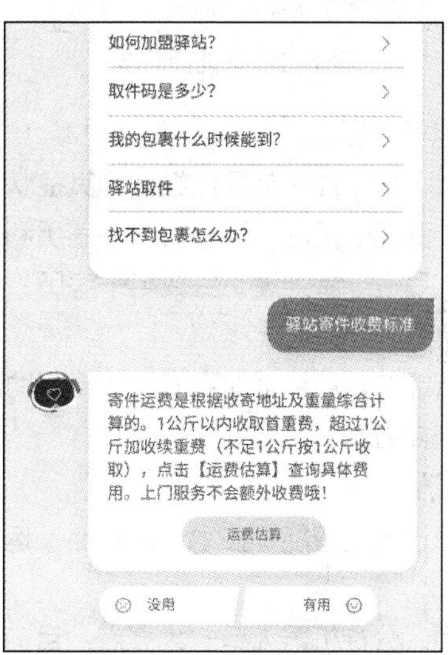

图 6-1　菜鸟人工智能客服

2. 智慧医疗

智慧医疗是医疗信息化的产物，也是人工智能、云计算、大数据等技术与医疗行业进行深度融合的结果。从医院、医生角度来看，智慧医疗可以减少医生的重复性工作，辅助医生做出诊断，并有助于优化医疗资源的分配；从病患角度来看，智慧医疗可以对个人的健康状态进行监测，并缓解看病难的问题。具体来说，人工智能在医疗领域的应用主要体现在以下方面。

（1）智能预问诊。

利用人工智能等技术，智能预问诊系统会从预约挂号环节开始，通过模拟医生来进行预问诊，并详细记录患者的相关信息，以帮助医生在正式诊断前提前了解患者情况，如图 6-2 所示。

（2）智能推荐开方。

利用人工智能技术开发出的应用中的数据分析功能能对医生的诊断提供有力的支持，并根据患者档案、病情描述、病情诊断和症状信息等智能推荐处方，如图 6-3 所示；同时根据医生处方，自动生成用药指导并推送给患者。这样不仅能提升诊断的准确性和医生开方效率，还可以减轻医生工作压力。

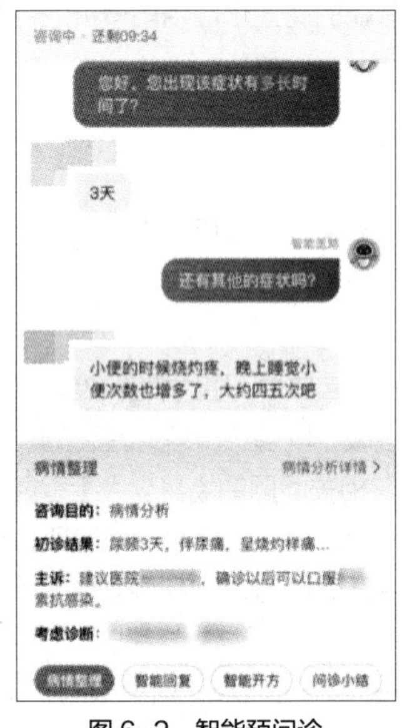

图 6-2　智能预问诊

图 6-3　智能推荐开方

（3）语音电子病历。

患者就诊时，医生往往需要详细询问其症状、病史等情况，并将其记录在病历中，但这个工作容易出现错记、漏记的情况。而语音电子病历利用人工智能等技术，可以对医患之间的谈话内容进行现场录音，然后进一步处理，生成电子病历，大大提高医生的诊断效率。

（4）精准外科手术。

基于人工智能的计算机辅助手术技术将帮助医生规划手术路径、提高手术效率、减小手术创口、缩短患者手术恢复时间。

3．智慧物流

物流行业通过人工智能等技术，对仓储、运输、配送等流程上加以自动化改造，部分实现了无人操作。

在仓储方面，分拣机器人是一大亮点。目前，分拣机器人可以在分拣、搬运、堆垛等方面代替人工，大幅度减少分拣环节中的人工成本，提升分拣工作的效率、准确性及自动化程度。例如，菜鸟无锡未来园区就大量采用了分拣机器人，如图 6-4 所示。这些分拣机器人配备了图像识别系统，通过机器视觉识别等技术，可以实现自动行驶、拣货等操作。

在运输方面，无人驾驶卡车的研发已取得不小的成果，例如，京东就发布了自主研发的无人重型卡车，其在提升驾驶安全性、降低人力和燃料成本等方面相对传统卡车具有不小的优势。该无人卡车的自动驾驶达到了 L4 级别，除了某些特殊情况外，无须人类的参与即可自动完成高速行驶、自动转弯、自动避障绕行、紧急制动等大多数驾驶功能。

在配送方面，无人车配送已经在部分地区得以应用。无人车可以进行 360 度无死角环境监测，自动避让路障和行人，在遇到红绿灯时也能及时做出反应，同时可以自主停靠配送点，然后将取货信息发给用户，用户可以选择人脸识别、输入取货码等方式完成取货。图 6-5 所示为京东无人车配送场景。此外，无人机配送也发挥了重要作用，其可以解决医疗冷链、偏远物流、特色生鲜等特殊场景下的末端配送问题，目前主要为交通不便的广大偏远地区提供时效性较强的物流配送服务。

图 6-4　分拣机器人

图 6-5　京东无人车配送

4. 无人零售

无人零售采用人工智能、生物识别、智能算法等技术，颠覆了传统零售业的服务模式，用更加信息化、智能化的方式提升了用户的消费体验，降低了人力成本，提高了运营效率和经营决策水平。例如，用户通过刷脸可进入天猫无人超市进行自助购物，如图 6-6 所示；付款时，用户可通过人脸识别的方式进行支付。在此过程中，无人超市还使用人工智能等技术进行客流统计，从用户的性别、年龄、表情、滞留时长等方面切入，建立到店用户画像，为制订运营策略提供数据支持，这有助于提升用户转化率。

图 6-6　天猫无人超市

5. 人工智能+教育

随着信息技术的发展，“人工智能+教育”已成为当前国内教育领域的热门话题，越来越多的学校和企业开始合作推动人工智能教育的普及。人工智能可以代替教师从事日常工作中的重复性工作，如批改试卷等，减轻教师的工作压力，使教师能为学生提供更加个性化、精准的支持。图 6-7 所示为网易有道开发的智能学习终端，该终端可以智能识别与分析内容，采集学生学习数据，智能批阅学生作业，并向学生实时反馈错题信息。

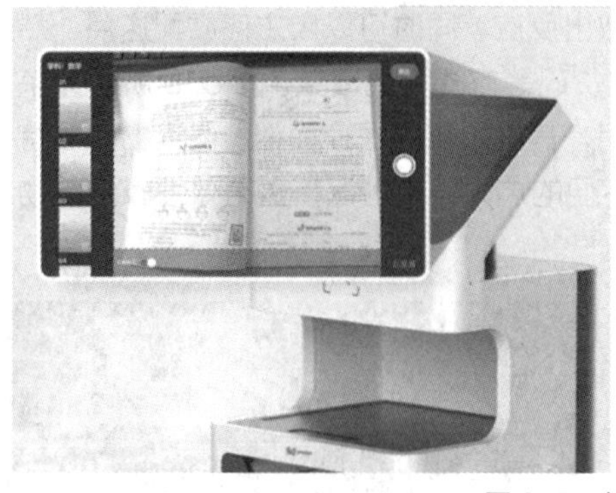
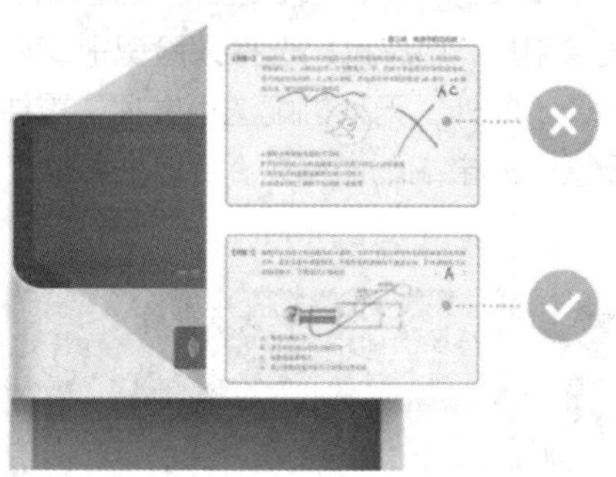

图 6-7　智能学习终端

此外，人工智能还可以对学生学习过程中的知识掌握水平、身心状态进行判断，包括智能评估学生的问题解决能力、学生的心理健康与体质，辅助完成学生的成长与发展规划等。此外，基于人工智能技术开发的各种学习支持工具（如智能机器人学伴与玩具、特殊教育智能助手等），还可以对学生学习过程中的各类场景提供智能化支持，如识图答题、人机交互答疑等。

6. 智能家居

智能家居以家庭住宅为平台，覆盖了智能家电（如智能电视、智能空调等）、智能设备（如智能音箱、智能手表、智能台灯等）、智能安防（智能门锁、智能摄像头等）等诸多方面。智能家居利用人工智能、物联网等技术，实现家居设备等的远程控制、互连互通、自我学习等，并通过收集、分析用户数据，有针对性地为用户提供生活服务，提升用户家居生活的舒适度和便捷性。智能家居的典型代表是小米，小米推出了一系列的智能设备，图 6-8 所示为小米推出的智能窗帘，其支持语音、手机遥控、定时开合等多种控制方式，还可以配合小米其他智能设备打造更多智能场景。

图 6-8　小米智能窗帘

（五）人工智能的发展趋势

近年来，人工智能发展迅猛，越来越多的企业开始在人工智能领域大力投入，各种人工智能产品层出不穷。在这样的背景下，人工智能的发展呈现出以下发展趋势。

1. 人工智能产品更加细分垂直

随着人工智能技术的发展，人工智能将进一步渗透到不同行业中，帮助不同行业的企业解决痛点问题、提升生产管理效率，而原有的通用化、浅层化人工智能产品将无法满足不同行业个性化、细分化的需求。由此可见，未来将会有更多精细化、垂直化的人工智能产品出现，满足不同行业的商业场景的应用需求。

2. 人工智能服务带来更高的附加值

目前，人工智能在服务业中主要扮演辅助人工的角色，对客服务主要集中于送餐机器人等附加值较低的服务。而随着人工智能技术的进一步发展，人机交流将会更加顺畅。由此可见，在未来的服务业中，人工智能通过机器学习可以获得更多的知识技能，提供范围更广、更智能化的直接对客服务，例如，专门照顾行动不便的老人的智能机器人可能会普及，从而带来更多的附加值。

3. 人机协同模式有望成为主流

人工智能的目标是让机器在从感知、认知到行动这一条链上有模仿甚至超越人的能力，但在一些复杂场景下，完全依靠机器去代替人力解决问题，在技术和成本上可能并不具备可行性，因此人机协同模式（即通过人机交互实现人类智能与机器智能的结合）很可能在未来成为主流。就目前而言，人机协同已经在多个行业中落地。例如，在部分智慧餐厅场景中，智能机器人和服务员共同完成了点餐、送餐、收餐等服务环节，有效提升了客户满意度。又如，在物流分拣场景中，员工与分拣机器人合作完成分拣，如图 6-9 所示。

图 6-9　人机协同

4. 人工智能相关治理体系将加速出台

人工智能近年来逐渐走入普通大众的日常生活，人工智能所引发的讨论也空前热烈，大众在肯定人工智能的便利性的同时，也对人工智能的安全风险、隐私风险等问题提出了诸多疑虑，社会上对于加强人工智能的监督的呼声也日趋强烈。在这样的背景下，人工智能相关治理体系有望尽早出台。

（六）人工智能的常用开放平台、开发框架

人工智能开放平台是一些企业推出的人工智能接口，利用这些平台，开发者可以轻松地搭建基础架构，通过调用相关接口，完成人工智能方向的应用开发。近年来，随着各种开发框架的发展，越来越多的企业和开发者可以接触人工智能。

1. 人工智能的常用开放平台

目前，人工智能的常用开放平台包括百度 AI 开放平台、腾讯 AI 开放平台、京东人工智能开放平台、讯飞开放平台等。

（1）百度 AI 开放平台。

百度 AI 开放平台是一个开放的 AI 使用平台，其提供了图像技术、语音技术、人脸与人体识别技术、视频技术、自然语言处理技术、知识图谱技术、数据智能技术等多项智能平台的接口。

百度 AI 开放平台的应用行业较为广泛，主要包括智能教育、智能政务、智能医疗、企业服务、智能园区、信息服务等。

- 智能教育将百度语音交互、人脸与人体识别、文字识别等多项人工智能技术应用于软硬件教学产品，以实现更好的人机交互体验；同时打造智慧校园，实现校园安全、校内考勤等关键场景升级，提升校园安全和体验，降低管理成本。
- 智能政务融合语音技术、人脸识别、文字识别等多项人工智能技术，主要应用于智慧城市、政府办公、信息管理和公共服务等场景，提升政务决策、业务流程的效率。
- 智能医疗基于灵医智惠技术中台能力，推出了临床辅助决策系统、眼底影像分析系统、医疗大数据整体解决方案、智能诊前助手、慢病管理平台等产品，全面服务于医院内外的各种场景。
- 企业服务将人脸识别、文字识别、语音交互等多项人工智能技术应用于电话销售、客服、语音质检、协同办公、员工考勤、单据识别等业务，提高企业内部管理效率。
- 智能园区基于人脸识别等技术，针对社区、楼宇等地产环境，提供人员/车辆通行管理、安防布控、智慧服务、无人作业车、智慧家居等场景方案，全面提升管理效率与安全等级。
- 信息服务提供各种技术接口整合的语音搜索、图像搜索、智能录入、口碑分析、有声阅读、内容审核、内容分类等信息服务解决方案，解放人力，降低成本，提升产品竞争力。

（2）腾讯 AI 开放平台。

腾讯 AI 开放平台依托于腾讯 AI Lab、腾讯云、优图实验室及腾讯合作伙伴强大的人工智能技术，提供文字识别、人脸识别、图像识别、自然语言处理、人脸特效、语音技术、AI 平台服务、智能机器人等产品。其中，文字识别包括通用文字识别、卡证文字识别、票据单据识别、汽车相关识别、行业文档识别、智能扫码、营业执照核验、增值税发票核验，如图 6-10 所示。

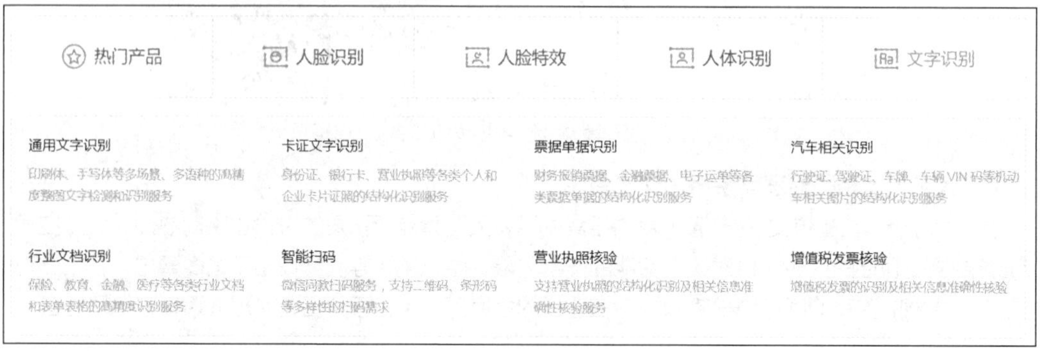

图 6-10　腾讯 AI 开放平台的文字识别产品

（3）京东人工智能开放平台。

京东人工智能开放平台围绕京东在零售电商、金融、物流等领域的核心业务，基于海量精准的大数据基础和明确的应用场景，在包括智能消费、智能供应、智能物流、金融科技、实体零售等在内的多元领域持续投入，满足各行业企业的智能需求。

京东人工智能开放平台为智能服务商和开发者提供了一个交易平台——创新集市，如图 6-11 所示。智能服务商可以在平台上开店出售自己的智能产品，并通过商品详情页详细介绍产品的功能、卖点、价格等信息。

图 6-11　创新集市

（4）讯飞开放平台。

讯飞开放平台是科大讯飞股份有限公司推出的移动互联网智能交互平台，为开发者免费提供涵盖语音能力的增强型软件开发工具包（Software Development Kit，SDK），以及一站式人机智能语音交互解决方案。

讯飞开放平台以语音交互为核心，重要的语音产品包括语音识别、语音合成、语音分析等。

- 语音识别产品支持语音听写（将小于等于 60 秒的语音实时转换成对应的文字）、语音转写（将 5 小时内的语音转换成对应的文字）、离线命令词识别（在离线环境下，识别并反馈用户对设备说出的指令）等功能的开发。
- 语音合成产品支持在线语音合成（将文本转化为语音）、离线语音合成、有声阅读（制作有声书）等功能的开发。
- 语音分析产品支持语音评测（使用机器对中英文发音进行评价）、性别年龄识别（使用机器判定说话者的年龄性别）、声纹识别（通过提取说话者的声音特征和说话内容信息，核验说话者身份）、歌曲识别（自动识别并检索歌曲）等功能的开发。

2. 人工智能的常用开发框架

人工智能的常用开发框架包括 TensorFlow、Caffe、Accord. NET、微软 CNTK、Theano、Keras、Torch 和 Spark MLlib。

（1）TensorFlow。

TensorFlow 是人工智能领域常用的开发框架，允许在任何 CPU 或 GPU 上进行计算，被广泛应用于实现各类机器学习（Machine Learning）算法的编程，由 Google 的人工智能深度学习系统 DistBelief 升级而来，是使用数据流图进行数值计算的开源软件。TensorFlow 由 Google 人工智能团队谷歌大脑（Google Brain）开发和维护，拥有 TensorFlow Research Cloud、TensorFlow Hub、TensorFlow Lite 等多个项目及各类应用程序接口。TensorFlow 使用的编程语言是 C++和 Python，因此比较简单易学。

（2）Caffe。

Caffe（Convolutional Architecture for Fast Feature Embedding）是一个清晰、强大的深

度学习框架，采用的编程语言主要是 C++，可以在 CPU 和 GPU 上运行，支持命令行、Python 和 Matlab 接口。借助 Caffe 开发框架，可以轻松构建用于图像分类的卷积神经网络。

（3）Accord. NET。

Accord.NET 是一个.NET 机器学习框架，采用的编程语言主要是 C#。Accord.NET 框架为.NET 应用程序提供了统计分析、机器学习、图像处理、计算机视觉相关的算法，主要的功能性模块包括科学技术、信号与图像处理，以及支持组件。

（4）微软 CNTK。

微软 CNTK 是一款开源深度学习工具包，也是一个增强分离计算网络模块化和维护的库，提供学习算法和模型描述。微软 CNTK 采用的编程语言主要是 C++，在需要大量服务器进行操作的情况下，它可以同时利用多台服务器，速度比 TensorFlow 更快。

（5）Theano。

Theano 是一个强大的 Python 库，可使用 GPU 来执行数据密集型计算，效率很高，因而被用于为大规模的计算密集型操作提供动力。

（6）Keras。

Keras 是一个开源的神经网络库，采用的编程语言是 Python。与 TensorFlow、微软 CNTK 和 Theano 不同，Keras 不是机器学习框架，它只提供高层次抽象的接口，让神经网络的配置变得更容易。

（7）Torch。

Torch 是一个开源机器学习库，用于科学和数值计算，采用的编程语言主要是 C 语言。Torch 基于 Lua 语言，通过提供大量的算法，降低深度学习研究的难度，提高效率和速度。Torch 有一个强大的 *N* 维数组，有助于进行切片和索引等操作。此外，Torch 还提供线性代数程序和神经网络模型。

（8）Spark MLlib。

Spark MLlib 是一个可扩展的机器学习库，采用的编程语言较多，包括 Java、Scala、Python、R 等。Spark MLlib 中已经包含了一些通用的学习算法和工具，如分类、回归、聚类、协同过滤、降维，以及底层的优化原语等算法和工具。Spark MLlib 可以轻松插入 Hadoop 工作流程中，其处理大型数据的速度非常快。

任务实践

（1）了解人工智能在以下行业的应用，并分析其应用场景，填写表 6-1。

表 6-1　人工智能行业应用分析

行业	典型应用场景	代表性企业
金融		
安防		
餐饮		
制造		
交通		

（2）进入百度 AI 开放平台，了解其功能、行业应用和客户案例，具体步骤如下。

① 将鼠标指针移到首页导航栏中的“开放能力”处，在打开的列表中选择“语音技术/短语音识别”选项，在打开的页面中浏览其功能的具体描述，然后了解其是如何应用在各种场景中的。

② 返回首页，将鼠标指针移到首页导航栏中的“行业应用”处，在打开的列表中选择“智能医疗/智能医疗”选项，在打开的页面中查看其典型的应用场景，思考人工智能技术是如何应用在这些场景中的。

③ 返回首页，将鼠标指针移到首页导航栏中的“客户案例”处，在打开的列表中选择“酒店旅游/【点评分析】驴妈妈旅游网”选项，在打开的页面中查看驴妈妈旅游网的核心诉求和具体的解决方案，思考在这个案例中体现了哪些人工智能技术。

任务二 了解人工智能核心技术

微课
了解人工智能
核心技术

任务描述

人工智能目前已成为全世界极其活跃的创新领域，各种技术对于人工智能发展的支撑作用日益凸显。其中，机器学习和人工神经网络是现代人工智能的核心技术。本任务将对这两项技术进行介绍，再通过基于监督学习算法设计一个能辨认自己照片的模型进行实践操作。

相关知识

（一）机器学习

机器学习（Machine Learning）是一门涉及概率论、统计学、逼近论、算法复杂度理论等学科的交叉学科，是一门研究机器模拟人类学习活动、自动获取知识和技能以改善系统性能的一门学科，是使机器智能化、实现人工智能的一个途径。机器学习需要通过大量的数据进行“训练”，使用各种算法从数据中学习如何完成任务，然后对现实世界中的事件做出预测和决策。例如，AlphaGo 能战胜围棋世界冠军的关键就在于机器学习。

根据训练方法不同，机器学习的算法可以分为监督学习、无监督学习、半监督学习和强化学习四大类。

1. 监督学习

监督学习是指利用一组已知类别的样本调整分类器的参数，使其达到所要求性能的过程，又称监督训练。简单来说，监督学习就是从指定的训练数据集中学习一个函数（模型参数），当新的数据（测试样本）产生时，可以根据这个函数预测结果。

监督学习中的输入数据被称为训练数据，每组训练数据都对应一个明确的标识或结果，如垃圾邮件拦截系统中的“垃圾邮件”和“非垃圾邮件”，手写数字识别中的“1”“2”“3”“4”等。在建立函数时，监督学习会将“训练数据”的实际结果与预测结果进行对比，从而不断调整函数，直到函数预测结果的准确率达到预期。

监督学习常用于分类问题和回归问题，是训练神经网络和决策树的常见技术。常见算法包括决策树（Decision Trees）、朴素贝叶斯（Naive Bayesian）、逻辑回归（Logistic Regression）、

K-近邻算法（K-Nearest Neighbors，KNN）等。

2. 无监督学习

无监督学习是指利用一组未知类别或者数值的样本调整模型的参数，使其达到所要求性能的过程，也称为无监督训练。简单来说，在无监督学习下，输入数据没有被标记，也没有确定的结果。无监督学习主要是读取数据并寻找数据的模型和规律，主要解决聚类问题，即根据样本间的相似性对样本集进行分类。无监督学习的目标不是指导机器该怎么做，而是让机器自己去学习怎么做。无监督学习的常见算法有 K 均值（K-Means）算法、聚类算法等。

3. 半监督学习

半监督学习是监督学习与无监督学习相结合的一种算法。在半监督学习下，大部分输入数据都没有被标记，只有小部分被标记。由于数据的分布不是完全随机的，因此可通过一些有标记数据的局部特征，以及更多没标记数据的整体分布，得到尚能接受甚至是非常好的分类结果。因此，半监督学习的成本相对于监督学习而言较低，但是依然能保持较高的准确度。半监督学习在减少标记代价，提高学习机器性能方面具有较大的实际意义。半监督学习的应用场景包括分类和回归。

4. 强化学习

强化学习又称再励学习、评价学习或增强学习，智能体（Agent）以“试错”的方式进行学习，通过与环境交互获得奖赏指导行为，其目标是使智能体获得最大的奖赏，与日常生活中的各种绩效奖励非常类似。以游戏为例，如果某种游戏策略可以取得较高的分数，那么明智的做法就是进一步强化该策略，以取得进一步的好结果。因此，强化学习主要用于解决智能体在与环境的交互过程中，通过学习策略以达成回报最大化或实现特定目标的问题。在强化学习下，数据均未被标记，但是可以通过奖惩函数来判断离标准答案的距离。

强化学习的常见模型是标准的马尔可夫决策过程（Markov Decision Process，MDP）。强化学习应用包括机器人控制、计算机视觉、游戏、自动驾驶，以及自然语言处理等，常见的算法包括 Q-Learning、时间差学习（Temporal-Difference Learning）等。

（二）人工神经网络

人工神经网络（Artificial Neural Network，ANN）简称神经网络，是基于生物学中神经网络的基本原理，在理解、抽象人脑结构和外界刺激响应机制后，以网络拓扑知识为理论基础，模拟人脑的神经系统对复杂信息的处理机制的一种数学模型。人工神经网络实际上是一个由大量简单元件（即人工神经元）相互连接而成的复杂网络，通过调整内部大量人工神经元之间相互连接的关系，从而实现对信息的处理，并表现出较强的自适应学习能力。

一般计算机通常仅有一个处理单元，处理顺序是串行。而人工神经网络由大量功能简单的人工神经元并联组合而成，同一层内的人工神经元可以同时操作，即处理顺序是并行，且并行处理能力十分强大。

1. 人工神经网络的主要特征

人工神经网络的主要特征包括非局限性、非线性、非凸性、非常定性。

（1）非局限性。

人工神经网络上的每个人工神经元都会接受大量其他人工神经元的输入，并通过并行网络输出，进而影响其他人工神经元，各人工神经元间互相制约、互相影响。因此从整体上看，人工神经网络表现出了非局限性。

（2）非线性。

非线性关系是自然界的普遍特性。由于人工神经元会有激活和抑制两种不同状态，因此人工神经网络在数学上表现为非线性。

（3）非凸性。

人工神经网络的非凸性是指人工神经网络有多个极值，系统具有多个较稳定的平衡状态，这会导致系统演化的多样性。

（4）非常定性。

人工神经网络是模拟人脑思维运动的动力学系统，具有自适应、自组织、自学习能力，在处理信息的同时，其本身也在不断变化，因而人工神经网络是一个不断变化的系统，具有非常定性。

2. 人工神经网络的分类

根据不同的标准，可以对人工神经网络进行不同的分类。

（1）按照网络结构区分，人工神经网络可以分为前向网络和反馈网络。

（2）按照学习方式区分，人工神经网络可以分为教师学习网络和无教师学习网络。

（3）按照网络性能区分，人工神经网络可以分为连续型和离散型网络、随机型和确定型网络。

（4）按照突触性质区分，人工神经网络可以分为一阶线性关联网络和高阶非线性关联网络。

（5）按照生物神经系统的层次模拟区分，人工神经网络可以分为神经元层次模型、组合式模型、网络层次模型、神经系统层次模型和智能型模型。

任务实践

利用监督学习算法，设计一个能辨认自己照片的模型，基本步骤如下。

（1）生成数据并分类。

首先，将相册中的照片浏览一遍，标记有自己的照片。然后将照片分为两组，第一组主要用来训练人工神经网络；第二组主要用来检验训练完成的人工神经网络是否能准确识别，其正确率是多少。

将这些照片作为人工神经网络的输入，得到一些输出。对于有自己的照片，输出为 1；没有自己的照片，输出为 0。

（2）训练。

根据上述规则，作为输入数据的每一张照片都会得到 0 或 1 的输出。根据之前对照片所做的标记，判断模型的预测结果是否正确，并将该判断信息反馈给模型。模型利用这一反馈信息来调整人工神经元的权重和偏差。

（3）验证。

当第一组数据全部用完时，再使用第二组数据检验经过训练的模型辨认照片的准确率。如果准确率达到预期，就可以将该模型应用到其他应用程序中，例如，制作一个智能相册 App。

课后练习

一、填空题

1. 按照网络结构区分，人工神经网络可以分为________、________。
2. 人工神经网络的主要特征包括________、________、________、________。

3. 监督学习中的输入数据被称为__________。

二、选择题

1. 人工智能的萌芽期大约是（　　）。
   A. 1956—1970 年　　B. 1956 年以前
   C. 1971—1978 年　　D. 1952—1960 年
2. 人工智能的英文全称是（　　）。
   A. Automatic Intelligence　　B. Artifical Intelligence
   C. Automatice Information　　D. Artifical Information
3. 机器学习的算法可以分为（　　）。
   A. 监督学习　　B. 半监督学习　　C. 无监督学习　　D. 强化学习
4. “如果一台机器能够通过电传设备与人类展开对话而不被识别出其机器身份，那么就可以称这台机器具有智能”，这个假想是由（　　）提出的。
   A. 明斯基　　B. 扎德　　C. 冯·诺依曼　　D. 图灵

模块七 云计算

07

云计算是基于互联网中服务的增加、使用和交付模式的计算方式，是传统计算机和网络技术发展和融合的产物。当前，云计算正逐步向信息等产业渗透，各产业的结构模式、技术模式和产品销售模式等都会随着云计算的发展产生变化，进而影响人们的工作和生活。本模块将从云计算的概念出发，介绍云计算的应用行业和典型场景、服务交付模式、部署模式、原理与构架、关键技术，以及云服务商提供的主要云产品等内容。

课堂学习目标

- 知识目标：了解云计算的概念、应用行业和典型场景、服务交付模式，以及部署模式；了解云计算的原理与构架；了解云计算的关键技术；了解云服务商的云产品。
- 素质目标：积极探索云计算的应用领域，创造美好生活。

任务一 认识云计算

任务描述

随着移动互联网时代的到来，人们对数据的存储便捷性、数据运算速度等方面的要求越来越高，在此背景下，云计算应运而生。随着各种技术的成熟，云计算在人们日常生活中的应用越来越广泛。例如，很多人会将手机或计算机中的文件上传至云端，这一方面可以节约本地存储空间，另一方面还可以随时随地访问或下载云端的文件。又如，通过在线办公软件，人们只需登录账号即可查看个人的办公文档，还可以将文档分享给他人查看和编辑，实现协同办公。本任务将对云计算的基础知识进行介绍，然后要求读者基于对云计算的认识，列举并分析云计算在各行业的应用，以及总结 3 种服务交付模式的典型服务商。

相关知识

（一）云计算的概念

云计算的概念是 Google 前首席执行官埃里克·施密特（Eric Emerson Schmidt）在 2006 年 8 月的搜索引擎大会上首次提出的。2009 年，美国国家标准与技术研究院（National Institute of

Standards and Technology，NIST）定义云计算为：云计算是一种按使用量付费的模式，这种模式提供可用的、便捷的、按需的网络访问，进入可配置的计算资源共享池（资源包括网络、服务器、存储、应用软件、服务），这些资源能够被快速提供，用户只需要投入很少的管理工作，或与服务供应商进行很少的交互。该定义是目前较为公认的云计算定义。

根据这一定义可以看出，云计算的“云”是一种比喻的说法，它是指互联网上的服务器集群上聚集的资源，主要包括存储器、CPU、服务器等硬件资源，以及应用软件、集成开发环境等软件资源。用户在使用云计算时，只需要通过互联网发送需求信息，远端的成千上万台计算机就会为用户提供需要的资源，并快速将资源传输到用户的本地设备中。在这个过程中，所有的处理都由“云端”的服务器完成，无须占用本地设备的存储和运算空间。因此，云计算可以简单地理解为一种将任务分布在由大量计算机构成的资源池上，使用户能按需获取存储空间、计算能力和信息服务等的商业计算模式。

（二）云计算的应用行业和典型场景

随着云计算技术的不断成熟，其应用也越来越广泛，医疗、金融、游戏、教育、交通等行业都是云计算的典型应用场景。

1. 云医疗

云医疗是指在云计算等新技术的基础上，结合医疗技术，使用云计算来创建医疗健康服务云平台，实现医疗资源的共享和医疗范围的扩大。通过医疗云平台，患者可以查看各医院及医生的详细介绍，进行电子挂号，而且患者的电子医疗记录或检验信息将保存至云端。同时，医生、护理人员等，也可以在经过允许的前提下随时获取患者的健康资料。医疗云平台使各个医疗机构实现信息联通，有助于医生全方位地了解患者的健康状况，从而做出更准确的诊断。例如，健康哈尔滨医疗云平台就为患者提供了查询居民健康档案、预约挂号、互联网医院在线就诊、家庭医生在线签约、查看云影像等服务，如图 7-1 所示。其中，云影像服务能将患者的放射影像转化为电子胶片存放至云端，不仅提升了患者放射影像的保存时间，还让患者可以随时随地通过手机查看影像报告，且提高了医生的阅片效率。

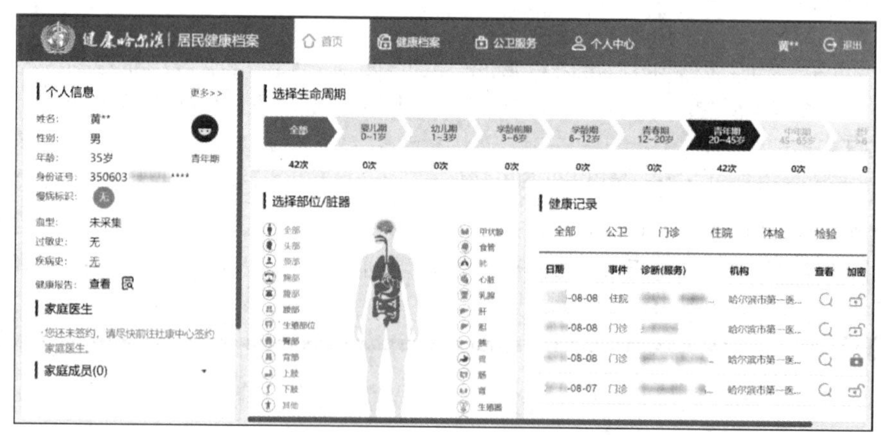

图 7-1　健康哈尔滨医疗云平台

2. 云金融

云金融是指利用云计算技术，将金融信息、产品和服务等功能分散到互联网“云”中，旨在为银行、保险和基金等金融机构提供互联网处理和运行服务，同时共享互联网资源，从而解决现有问题并达到高效率、低成本的目的。云金融的应用场景有很多，例如，阿里云金融提供的数据留存服务，该服务可以满足互联网金融公司依据政策要求在借贷合同到期后至少保存借贷合同 5 年的需求。

3. 云游戏

云游戏是一种以云计算技术为基础的在线游戏技术，云游戏技术中的所有游戏都在云端服务器中运行，并通过互联网将渲染后的游戏画面压缩和传送给用户。云游戏技术主要包括在云端完成游戏运行与画面渲染的云计算技术，以及玩家终端与云端间的流媒体传输技术。通过云游戏技术，游戏运营商只需花费服务器升级的成本，而无须不断投入巨额的新主机研发费用；游戏用户的游戏终端无须拥有强大的图形运算与数据处理等能力，只需拥有流媒体播放能力与获取玩家输入指令并发送给云端服务器的能力。

4. 云教育

云教育是指基于云计算应用的教育平台服务。借助云计算，政府相关部门、学校及各种教育机构可以建立覆盖一定范围的教育云平台，打破传统的教育信息化边界，集教学、管理、学习、分享、互动等功能于一体，让师生能够随时随地使用个性化的教学资源和教育服务。例如，成华区智慧教育云平台就是一个服务于学校、学生和家长的平台，包括数字学校（提供线上教学）、资源（提供教学资源）、应用（提供教学相关应用）、学科教研（即网上讨论社区）等模块，如图 7-2 所示。

图 7-2　成华区智慧教育云平台

5. 云交通

云交通能够针对未来的交通行业发展，通过云计算技术整合将来所需的各种硬件、软件、数据；针对交通行业的各种需求，如基础建设、交通信息发布、交通企业增值服务、交通指挥等需求，提供决策支持及交通仿真模拟等。此外，云交通还能提供全面的交通建设系统，如地下新型窄幅多轨地铁系统、电动步道系统、地面新型窄幅轨道交通、半空天桥人行交通、悬挂轨道交通、空中短程太阳能飞行器交通等，以及建立云交通中心，全面负责各种交通工具的管制，并利用云计算中心，向个体的云终端提供全面的交通指引和指示标识等服务。

例如，华为云智能交通能够在数字化高速公路场景中，通过完整呈现实时高速公路的交通状态，及时准确地发现拥堵、事故、道路异常等交通事件，引导人们合理出行，使高速公路的管理效率得到提升。

提示 **除了上述行业应用外，云计算还可以应用于制造、酒店、政务、物流、通信、旅游、电商、媒体、汽车等行业。**

（三）云计算的服务交付模式

云计算将统一管理和调度大量用互联网连接的计算资源，使其形成一个资源池，从而让用户能够通过互联网获得所需的资源和服务。云计算的服务交付模式包括基础设施即服务（Infrastructure as a Service，IaaS）、平台即服务（Platform as a Service，PaaS）和软件即服务（Software as a Service，SaaS）3 种。

1. IaaS

IaaS 是指用户通过互联网可以获得 IT 基础设施硬件资源，然后根据用户资源使用量和使用时间进行计费的一种服务交付模式。在该服务交付模式下，云计算服务提供商将多台服务器的内存、I/O 设备、存储和计算能力整合为一个虚拟的资源池，使用户可以获取计算机、存储空间、网络连接、负载均衡和防火墙等基本资源，并部署和运行任意软件，包括操作系统和应用程序。IaaS 的代表产品有 IBM 公司的 Blue Cloud、亚马逊公司的 Amazon EC2 和美国思科公司的 Cisco UCS 等。

2. PaaS

PaaS 能够通过服务器平台把开发、测试、运行环境提供给用户，它是介于 IaaS 和 SaaS 之间的一种服务交付模式，其主要用户是开发人员。在该服务交付模式下，用户可以在一个包含 SDK、文档和测试环境等在内的开发平台上直接创建、测试和部署自己的应用及服务，并通过该平台和互联网传递给其他用户。该服务交付模式有助于大大降低应用程序的开发成本。国内知名的 PaaS 的代表产品有阿里云开发平台、DevCloud 等。

3. SaaS

SaaS 是一种通过互联网向用户提供软件的服务交付模式。在该服务交付模式下，用户无须购买软件，而是通过互联网向服务提供商租用基于 Web 的软件服务交付功能，以满足实际需要，并按定购的服务多少和时间长短向服务提供商支付费用。用户无须维护软件，也不能管理软件运行的基础设施和平台，只能进行有限的软件设置。SaaS 让软件访问泛化，增加了软件的使用频率和使用场景。例如，微信小程序就是 SaaS 的典型应用。

（四）云计算的部署模式

从上面 3 种服务交付模式可以看出，不同用户对云计算服务的需求不同，因此云计算的部署模式也不同。一般而言，云计算的部署模式有公有云、私有云和混合云 3 种。

1. 公有云

公有云通常是指云计算服务提供商为公众提供的能够使用的云计算平台。在公有云模式下，云计算服务提供商负责提供应用程序、资源、存储和其他服务，让用户通过互联网免费或按需求和使用量付费使用这些服务。用户使用的资源实际上是与其他用户共享的，但用户使用时不会察觉，而云服务提供商要负责保证用户所使用资源的安全性、可靠性和私密性。

对于用户而言，公有云的主要优点在于自身所使用的应用程序、服务及相关数据都是由公有云服务提供商提供的，用户自己仅需购买相应服务即可使用，无须进行硬件设施建设和软件开发。但是由于数据具有一定的共享性，且存储在公共服务器上，因而数据的安全性不高。同时，公有云的可用性主要取决于服务商，用户难以对其进行控制，因而为用户带来了一定的不确定性。

构建公有云的方式很多，云计算服务提供商既可以独立构建，也可以联合构建（即独立构建一部分软硬件，剩余部分直接购买），还可以直接购买商业解决方案。

2. 私有云

私有云是指为特定的组织机构建设的供其单独使用的云计算平台，其核心属性是专有资源服务，适合分支机构较多的大型企业或政府部门。相较于公有云，私有云通常建立在企业的内部网络中，企业可以自己控制私有云。私有云数据安全性、系统可用性较高，但企业必须购买、建设及管理自己的云计算环境，因而会带来相对较高的购买、建设和管理成本。同时，私有云的规模相对较小，无法充分发挥规模效应。

对于预算少或者希望提高现有硬件利用率的企业和机构而言，使用 OpenStack 等开源软件将现有的硬件整合成一个云是较为合适的私有云创建方式。而预算充裕的企业和机构则可以直接购买商业解决方案来创建私有云。

3. 混合云

混合云是公有云和私有云的结合，是介于公有云和私有云之间的一种折中方案。混合云兼具公有云和私有云的优势，即用户既可以享有私有云的私密性，又能利用公有云的低成本资源。用户在使用时，非核心应用程序在公有云上运行，核心程序及内部敏感数据则由私有云支持。

混合云的构建方式有两种，一种是企业负责搭建数据中心，将具体维护和管理工作外包给云服务提供商，或者让云服务提供商搭建并维护企业专用的云计算中心。另一种是购买私有云服务，然后将公有云纳入企业的防火墙内，并将这些计算资源与其他公有云资源隔离。

任务实践

（1）搜索云计算在各行业的应用，分析其行业痛点并给出相关云计算解决方案，填写表 7-1。

表 7-1　云计算行业应用分析

行业	行业痛点	云计算解决方案
医疗		
教育		
制造		

续表

行业	行业痛点	云计算解决方案
物流		
零售		

（2）搜索云计算服务商的相关资料，总结 3 种服务交付模式的典型代表。

IaaS 的典型代表包括阿里云、腾讯云、金山云、百度云等互联网企业旗下品牌，华为云、浪潮云等硬件厂商旗下品牌，天翼云、移动云、沃云等运营商旗下品牌等。

PaaS 的典型代表包括高德地图、百度地图、搜狗地图等位置服务类服务商，科大讯飞、百度语音等语音服务类服务商，TalkingData、友盟等数据分析类服务商等。

SaaS 的典型代表包括用友、金蝶等 ERP 类服务商，印象笔记、有道云笔记等文档协作类服务商，亿方云、坚果云、燕麦云等企业网盘类服务商，以及有赞、微店等电商类服务商。

任务二　云计算的原理与构架

任务描述

早期的云计算是简单的分布式计算，如今的云计算混合了分布式计算、效用计算、负载均衡、并行计算、网络存储、热备份冗杂和虚拟化等计算机技术，原理较为复杂。本任务将介绍分布式计算的原理，以及云计算的技术构架，然后查找 Salesforce CRM 的相关资料，分析并总结其云计算的构架来进行任务实践。

相关知识

（一）分布式计算

分布式计算是一种计算方法，具体是指将一个大型计算任务分成很多部分，分别分配给互联网上多个闲置的计算机进行处理，最后把所有计算结果综合起来得到最终的计算结果。分布式计算可以实现多台计算机共享稀有资源，以及平衡计算负载，从而节约整体的计算时间，大大提高计算效率。

（二）云服务和云管理

云服务和云管理是目前广泛应用的云计算技术构架的两大部分，云计算技术构架如图 7-3 所示。

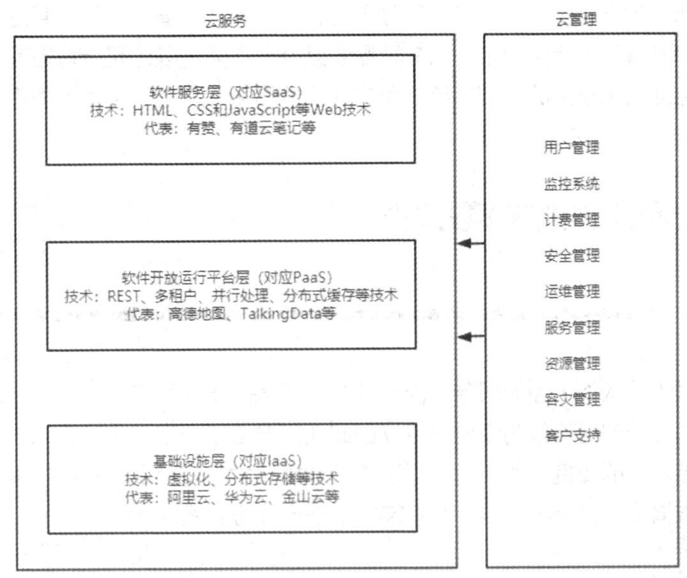

图 7-3　云计算技术架构图

1. 云服务

云服务可以划分为 3 个层次，即基础设施层、软件开放运行平台层和软件服务层，分别对应 IaaS、PaaS、SaaS 这 3 种交付模式。这 3 个层次并不是孤立的，基础设施层位于最底层，使用虚拟化、分布式存储等技术，向用户或软件开放运行平台层提供互联网上的服务器、存储设备、网络设备等资源；软件开放运行平台层位于中间，起着承上启下的作用，使用 REST、多租户、并行处理、分布式缓存等技术，以及基础设施层提供的资源，向用户或软件服务层提供多种服务；软件服务层位于最上层，主要使用 HTML、CSS 和 JavaScript 等 Web 技术，并利用软件开放运行平台层提供的各种服务。

2. 云管理

云管理包括用户管理、监控系统、计费管理、安全管理、运维管理、服务管理、资源管理、容灾管理和客户支持等部分，能够进行故障迁移、监控和上报运维错误、防御网络攻击等工作，为基础设施层、软件开放运行平台层和软件服务层提供管理技术和维护技术，保证整个云计算中心能安全、稳定地运行。

任务实践

通过查找资料可知，Salesforce CRM 是知名的 SaaS 云计算产品，通过在云中部署 CRM 应用，让用户接入互联网即可定制适合自身的 CRM 系统。在分析 Salesforce CRM 的云计算架构时，可按照以下步骤进行。

（1）确定云服务部分包括的层次。Salesforce CRM 是 SaaS 类产品，其云计算架构不仅包括软件服务层，还需要以软件开放运行平台层和基础设施层为基础。

（2）确定每个云服务层次应用的技术或服务器。软件服务层使用的技术包括 HTML、JavaScript 和 CSS。软件开放运行平台层使用了多租户内核和为支撑此内核运行而定制的应用服务器。基础设施层使用了 Oracle 数据库。

（3）确定云管理部分涉及的内容。云管理部分主要涉及用户管理、计费管理、安全管理等。用户管理主要包括账号管理、单点登录（用户只需要登录一次就可以访问所有相互信任的应用系统）、配置管理。计费管理利用采集的数据来统计用户使用的资源和服务，进而计算服务费。安全管理负责对用户数据等进行全面保护。

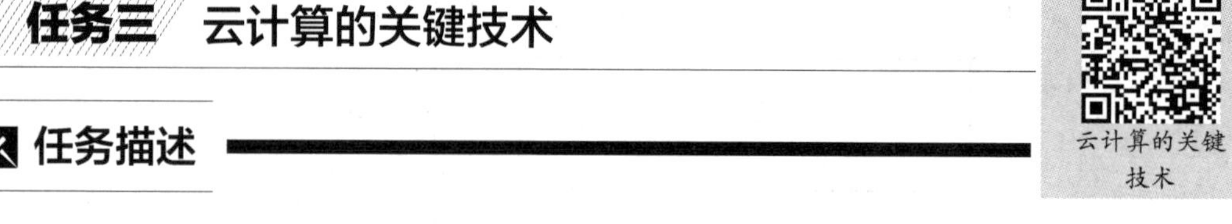

任务三　云计算的关键技术

任务描述

云计算是一项支持网络访问的服务，因此首先需要依托于网络技术。此外，云计算需要提供可靠性、可用性较高，规模可调整的专属服务，因此还需要数据中心技术、虚拟化技术、分布式数据存储技术及安全技术等的支持。本任务将对这些云计算技术进行介绍，然后搜索腾讯数据中心相关资料，了解其基本情况，分析其采用了哪些技术来进行任务实践。

相关知识

（一）网络技术

网络技术包括计算机技术和通信技术两种，网络技术在 TCP/IP 的基础上，通过光纤、微波、电缆等将多台相互独立工作的终端连接在一起，从而把分散的存储资源、数据资源、信息资源、知识资源、专家资源等整合为有机整体，实现资源的全面共享和有机协作。

（二）数据中心技术

数据中心是云计算的基础设施，为云计算提供基础支撑，具备极强的容灾能力，分布在各个核心城市，并向周边城市辐射。数据中心技术包括绿色节能技术、灾备技术、模块化技术等。

1. 绿色节能技术

随着云计算的快速发展，数据中心作为海量数据运算及存储的载体，也面临着能源消耗巨大、绿色节能水平亟待提高等普遍问题，绿色节能技术的地位越来越重要。

目前，绿色节能技术包括制冷系统智能控制系统、热管冷却技术及空调、浸没式液冷技术等。其中，制冷系统智能控制系统通过先进技术采集并分析制冷系统各部分的运行参数后得出最优控制算法，使得系统节能率高达 15%～50%。热管冷却技术及空调通过小温差驱动热管系统内部形成动态气液相变循环，将数据中心内 IT 设备的热量带到室外，相较于传统空调节能约 30%。浸没式液冷技术可将散热能耗降低 90%～95%，IT 设备能耗降低 10%～20%。

2. 灾备技术

灾难备份是数据安全的重要保障，在数据中心发生故障或遇到灾难的情况下，灾难备份可以避免数据丢失，从而减少企业损失。数据中心的灾备技术包括冷备、热备、双活、云灾备，其中云灾备是目前最先进、最安全、最可靠的技术之一。云灾备技术的优势在于能将数据保存到云端，实现云中数据快速恢复。

3. 模块化技术

模块化是数据中心建设的一大趋势，模块是指集成了供配电、制冷、机柜、综合布线、动环监控等功能独立的运行单元。模块化技术可以缩小数据中心占地面积，提高标准化程度，节约成本。

（三）虚拟化技术

虚拟化技术是云计算的基础架构之一，是指将一台计算机虚拟为多台逻辑计算机，在一台计算机上同时运行多台逻辑计算机，每台逻辑计算机可运行不同的操作系统，应用程序可以在独立的空间内运行且互不影响，从而显著提高计算机的工作效率。近年来，随着云计算的应用越来越广泛，虚拟化技术的重要性也逐渐突显。

从技术上讲，虚拟化是一种在软件中仿真计算机硬件，以虚拟资源为用户提供服务的计算形式，旨在合理调配计算机资源，使其更高效地提供服务。从表现形式上看，虚拟化可分两种应用模式，一是将一台性能强大的服务器虚拟成多个独立的小服务器，服务不同的用户；二是将多个服务器虚拟成一个强大的服务器，完成特定的功能。

（四）分布式存储技术

为了保证数据的高可靠性，云计算通常采用分布式存储技术，将数据存储在不同的物理设备中。这种技术不仅摆脱了硬件设备的限制，同时扩展性更好，能够更快速地响应用户需求的变化。

分布式存储技术采用了可扩展的系统结构，利用多台存储服务器分担存储负荷，利用位置服务器定位存储信息，不但提高了系统的可靠性、可用性和存取效率，还易于扩展。目前，常见的分布式存储技术有 HDFS、Ceph、GFS、Swift 等。

（五）安全技术

云计算安全技术包括访问控制技术、智能防火墙技术、数据加密技术等。

1. 访问控制技术

访问控制技术是指系统根据用户身份及其所属的预先定义的策略组来限制其使用数据资源能力的手段。在云计算安全问题中，首要的技术就是访问控制技术，其功能是通过对用户访问数据的限制，确保信息资源使用的合法性。

典型的访问控制技术包括自主访问控制、强制访问控制、基于角色的访问控制。其中，应用较广泛的是自主访问控制，它是一种接入控制服务，通过执行基于系统实体身份及其到系统资源的接入授权，在文件、文件夹和共享资源中设置许可。

2. 智能防火墙技术

相较于传统防火墙技术，智能防火墙技术可以通过识别与处理相关数据信息，监控用户的网络访问过程。该技术可在分析用户行为特征的基础上，高效、精准地控制计算机和网络访问。

3. 数据加密技术

数据加密技术能防止合法接收者之外的人获取机密信息，从而有效保证信息安全，通常可被用于加强数据存储与传输过程的保密性。数据加密技术根据密钥类型可分为对称加密和非对称加密。

对称加密是指加密和解密使用同一个密钥，又称私有密钥加密。对称加密只有一个密钥作为私钥，数据的发送方和接收方使用同一私有密钥。

非对称加密是指加密和解密使用不同的密钥，一个作为公开的公钥，另一个作为私钥，又称公开密钥加密。

任务实践

随着我国科技的发展和综合国力的增强，越来越多国内企业具备建设数据中心的实力，腾讯就是其中的代表。在互联网中搜索腾讯数据中心，并按照以下步骤进行分析。

（1）了解腾讯数据中心的建设情况。腾讯是国内布局数据中心较早的企业之一，在过去的 20 余年中，腾讯在全球 27 个地区部署了多个数据中心（包括清远数据中心、贵安七星数据中心、天津数据中心、上海青浦数据中心、重庆数据中心等），支撑超过 10 万个机架、超过 100 万台服务器。

（2）分析腾讯数据中心的模块化技术。在技术方面，腾讯数据中心技术已经演进到第四代 T-block 技术。T-block 是指通过 IT、电力、空调的标准化、产品化，结合腾讯数据中心最佳模型及建设方法论“T-base 模型”，实现数据中心的模块化配置和快速建设。

（3）分析腾讯数据中心的绿色节能技术。腾讯数据中心在节能环保方面开展了多种技术探索，应用了包括青浦三联供、屋顶光伏、电子废弃物回收、机房余热回收用于供暖等节能技术，使腾讯第四代数据中心节能指标电能利用效率（Power Usage Effectiveness，PUE）达到世界先进水平。

任务四　云服务商

微课
云服务商

任务描述

目前，市面上的云计算产品、服务多种多样，云服务商的数量也非常多。近年来，国内云服务商发展势头迅猛，各大电商或通信巨头纷纷加入云服务领域，国内出现了阿里云、华为云、腾讯云等知名云服务商。其中，阿里云是阿里巴巴集团旗下的云计算品牌，主要产品涉及弹性计算、存储、安全、数据库等方面；华为云是华为公司旗下品牌，主要产品涉及计算、容器、网络、人工智能、大数据等方面；腾讯云隶属于腾讯公司，主要产品涉及计算、容器与中间件、安全、物联网、视频服务等方面。本任务将介绍云服务商提供的主要云产品，包括云主机、云网络、云存储、云数据库、云安全，然后读者通过在互联网中搜索国内知名云服务商的官方网站，了解其主要云产品的典型代表来进行任务实践。

相关知识

（一）云主机

云主机是一种按需获取的云端服务器，又称云服务器，是云计算基础设施应用的重要部分。云主机整合了高性能服务器与优质网络带宽，能提供基于云计算模式的按需使用和按需付费能力的服务器租用服务。用户可以根据需求选择不同规格的 CPU、内存、操作系统、硬盘和网络来创建自己的云主机，满足个性化的业务需求。

云主机具有价格较为优惠、安全可靠、性能高、安装后可扩容等优点，主要使用对象是各类互联网用户，包括中小企业、个人站长等。例如，天翼云的云主机就提供了通用型、内存优化型、高性能计算型等产品，满足不同应用场景下的需求，可搭配云硬盘使用，支持常用的 Linux、Windows 镜像，并具备全面监控及告警机制，保障云主机的正常运行。

（二）云网络

云网络是一个面向应用和租户的虚拟化网络基础设施，具备按需、弹性、随处可获得、可计量等特征。简单来说，云网络就是把网络设备真正虚拟化，变成一个具备超高弹性、超强灵活性和超大规模特点的网络，通过服务的方式供多个用户使用。如果把云计算比作一个电厂，云网络就是连接各个电厂的电网，因为云网络可以连接各种终端、个人和企业。云网络是云计算 IaaS 层的核心产品，作为基础设施承载了大量的 IaaS、PaaS 和 SaaS 云产品，同时还可以为用户提供丰富的云网络产品和服务。

国内具有代表性的云网络产品是阿里云网络。阿里云网络打造了企业级云上网络、云原生应用网络、全球互联网络和应用加速网络四大核心解决方案，满足了众多企业全面上云和全球互联的网络需求。例如，在线教育品牌 VIPKID 就通过阿里云全球网络互联解决方案，在全国边缘节点部署智能接入网关 SAG，优化全球在线教育实时音视频体验，实现了高质量业务全球互联。

（三）云存储

云存储是一种新兴的网络存储技术，可将储存资源放到云上供用户存取。云存储通过集群应用、网络技术和分布式文件系统等功能将网络中大量不同类型的存储设备集合起来协同工作，共同对外提供数据存储和业务访问功能。通过云存储，用户可以在任何时间、任何地点，将任何可联网的装置连接到云上存取数据。在使用云存储功能时，用户只需为实际使用的存储容量付费，无须额外安装物理存储设备，减少了 IT 和托管成本。同时，云存储将存储维护工作转移至云服务商，降低了用户在人力和物力方面的成本。

例如，阿里云的云存储服务面向多行业用户的多元化场景，为用户提供了数据湖解决方案、多媒体存储解决方案、数据迁移解决方案、安防监控视频存储解决方案等方案架构，与多家知名企业达成合作关系。例如，与 115 网盘合作，通过在线和离线数据迁移相结合的方案，高效地解决了海量客户数据从线下往云上迁移的难题。

（四）云数据库

云数据库是指被优化或部署到一个虚拟计算环境中的数据库，不仅可以为用户提供配置 Web 界面、操作数据库实例，还支持数据备份和恢复、安全管理、扩展等功能。相较于用户自建数据库，云数据库具有成本低、专业性强、效率高、简单易用等特点。

云数据库的种类多样，例如，腾讯云提供的云数据库产品就包括 MySQL、SQL Server、MariaDB 等，适用于金融、电商、互联网/移动 App、游戏等多种场景。

（五）云安全

云安全是指基于云计算商业模式应用的安全软件、硬件、用户、机构和安全云平台的总称。云安全可以通过网状的大量客户端对网络中软件的异常行为进行监测，获取互联网中木马和恶意程序的最新信息，并进行自动分析和处理，然后将解决方案发送到每一个客户端。云安全融合了并行处理、网格计算、未知病毒行为判断等新兴技术和概念，理论上可以把病毒的传播范围控制在一定区域内，且整个云安全对病毒的上报和查杀速度非常快，在反病毒领域中意义重大。

阿里云提供的云安全中心是一个实时识别、分析、预警安全威胁的服务器主机安全管理系统，通过提升防勒索、防病毒、防篡改、漏洞扫描修复、合规检查等安全能力，帮助用户实现威胁检测、响应、溯源的自动化安全运营闭环，保证云上主机、本地服务器和容器的安全。

任务实践

浏览国内知名云服务商的官方网站，列举各主要云产品的典型代表及其典型应用场景，并填写表 7-2。

表 7-2　云产品的典型代表及典型应用场景

云产品	典型代表	典型应用场景
云主机		
云网络		
云存储		
云数据库		
云安全		

课后练习

一、填空题

1. 云计算的服务交付模式包括__________、__________、__________。

2. 混合云是__________和__________两种服务方式的结合。

3. 公有云通常是指__________。

二、选择题

1. 云计算的关键技术有（　　）。

A. 分布式存储技术　B. 虚拟化技术　C. 安全技术　D. 网络技术

2. 典型的访问控制技术包括（　　）。

A. 自主访问控制　B. 个性化访问控制

C. 强制访问控制　D. 基于角色的访问控制

3.（　　）采用了可扩展的系统结构，利用多台存储服务器分担存储负荷，利用位置服务器定位存储信息，不但提高了系统的可靠性、可用性和存取效率，还易于扩展。

A. 分布式存储技术　B. 数据扩展技术　C. RFID 技术　D. 物联网技术

4. 下列说法中，正确的有（　　）。

A. 云主机是一种按需获取的云端服务器

B. 云存储是一种新兴的网络存储技术，可将储存的资源放到云上供用户存取

C. 云数据库支持数据备份和恢复、安全管理、扩展等功能

D. 云网络是云计算 PaaS 层的核心产品

模块八
现代通信技术

近年来，得益于互联网、计算机和移动通信等高新技术的飞速发展，以大数据、物联网、人工智能为代表的现代信息传播技术正在蓬勃发展，并深刻改变着人们的生活。在中华人民共和国工业和信息化部颁发 5G 牌照后，我国正式进入 5G 商用阶段，“5G 改变社会、5G 改变世界”的通信时代已到来。在世界范围内现代通信技术迅速发展的新形势下，为了紧跟通信新技术的时代步伐，通过提升我国的通信技术水平来实现科技强国的目标，当代青年应该了解现代通信技术，熟悉现代通信技术的概念和特点，并认真学习通信技术的相关知识。

课堂学习目标

- 知识目标：了解通信的概念，了解现代通信技术的内容和发展情况；了解移动通信的概念和核心技术；了解 5G 的概念、特点、应用场景、关键技术、网络构架、部署特点和网络建设流程；了解蓝牙、Wi-Fi、ZigBee、射频识别、卫星通信和光纤通信等现代通信技术的基础理论知识。
- 素质目标：认识通信技术在现代军事及国防领域中的重要性，具备爱国主义情操，培养职业素养和团队合作精神，认真学好专业知识和技能，努力钻研，成为职业能力过硬的后备军。

任务一 认识通信技术

任务描述

通信技术的发展与社会生活息息相关，与社会的文化、政治及经济等领域密不可分。目前，在以通信技术为支撑的移动智能设备和网络的应用下，人们逐渐进入数字化、虚拟化的世界，日常生活变得越来越便捷。在经济层面，通信技术的发展促进了电子商务等新兴产业的发展，为企业、个人提供了多种商品交易方式，有效节约了时间和经济成本，促进了生产效率的提高，也带动了国民经济的发展。本任务将介绍通信的概念、现代通信技术的内容，以及现代通信技术的发展和融合等知识，然后通过搜索关键词的实践操作，进一步加深对通信技术的认识，为接下来学习移动通信技术、5G 技术和其他现代通信技术打下坚实的基础。

相关知识

（一）通信的概念

通信是指人与人、人与自然之间通过某种行为或媒介进行的信息交流与传递，在广义上是指需要信息的双方或多方在不违背各自意愿的情况下采用任意方法、任意媒质，将信息从某一方准确安全地传送到另一方。通俗地说，通信就是信息的传输与交换，即将消息以信号的形式从一个称为信息源的时空点传送至另一个称为受信者的目的点，如图 8-1 所示。

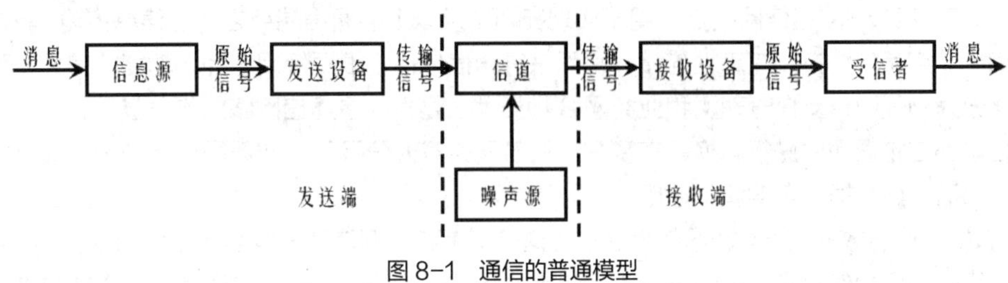

图 8-1　通信的普通模型

通信的概念与以下概念相关。

- 消息。消息是信息的表现形式，包括语音、文字、符号、音乐和图像等，多种形式的消息可以表现为某一条信息，不同形式的消息可以包含相同的信息。例如，某一天在手机中收到了文字和图像两条天气预报消息，但这两条天气预报消息包含的信息内容是相同的。
- 信息。信息在概念上与消息的含义相似，但信息的含义比消息更普通和抽象，通常可以把信息理解为消息中包含的有意义的内容。在通信领域，信息一般有语音、图像和数据 3 种类型，其中，数据是指具有某种含义的数字信号的组合，如字母、数字和符号等。
- 信号。信号通常是运载消息的工具，即消息的载体，所有信息都是靠信号来传递的，信号以光、声和电等形式存在。

（二）现代通信技术简介

通信技术的发展经历了一段极其漫长的时间，最早可以追溯到远古时代，那时人们会利用手势、表情和动作进行信息交流；然后通信技术发展到通过语言和文字传递和表达更丰富的信息；现代社会中人们运用多种形式和手段进行跨越时间和空间的信息交流。通信技术的发展可分为 3 个阶段，第一个阶段是人类一直沿用的语言和文字通信的阶段；第二个阶段是电通信的阶段，主要包括电磁波和无线电等通信技术；第三个阶段是电子信息通信的阶段。

通信技术主要包括通信系统和通信所运用的技术两个组成部分。通信系统是指点对点通信所需的全部设施，平常所说的通信网络就是由许多通信系统组成的多点之间能相互通信的全部设施。现代通信技术则主要包括数字通信技术、数据交换技术、信息传输技术、通信网络技术、数据通信与数据网、宽带 IP 技术、接入网与接入技术等。

- 数字通信技术。数字通信技术以数字信号作为信息通信的主要形式，其原理是将信息源发出的模拟信号通过发送设备编码成数字信号，再将发送设备发出的数字信号通过信道编码成适合信道传输的数字信号，然后由调制解调器把信号调制到系统使用的数字信道上，在接收端经过相反的变换最终传送给受信者。相较于其他通信技术，数字通信技术的抗干扰能力和安全性能更强，且便于存储、处理和交换，在现代通信系统中被广泛应用。

- 数据交换技术。数据通信通常是通过中间节点把数据从信息源发送到受信者，这些中间节点的作用是提供把数据从一个节点传送到另一个节点直至目的地的交换设备。在多个数据交换设备之间，为任意两个交换设备建立数据通信临时互连通路的过程就是数据交换。现代通信中的数据交换技术已经从传统的电路交换技术逐步发展为分组交换和 ATM 交换技术，以适应下一代网络的多协议标签交换和软交换的发展方向。
- 信息传输技术。信息传输是指信息在不同的设备之间传递，信息传输技术主要包括光纤通信、数字微波通信、卫星通信、移动通信和图像通信等。
- 通信网络技术。通信网络技术用于实现在两个及以上的通信端点之间的信息传输，具体是把通信端点、节点和传输链路有序地连接，从而进行通信传输。根据使用途径和功能的差异，可以将通信网络分为物理网、支撑管理网和业务网 3 种类型。物理网是通信网络的物质基础，用户发送和接收的信息都在物理网中进行转换。在我国，业务网大多为分级网，业务网负责向用户提供各种通信业务，如语音、数据、多媒体、租用线、VPN 等。
- 数据通信与数据网。数据通信就是在传送信道上将数据信号传输至接收地点后，再将数据信号恢复为正确的原始信息的一种通信方式，其重要特征是计算机直接参与通信，传输的准确性和可靠性高、传输速率快、通信持续时间差异大等。数据网是计算机技术与通信技术发展相结合的产物，将信息采集、传送、存储及处理融为一体，是将数据交换机作为转接点的大型网络。
- 宽带 IP 技术。宽带 IP 技术已经被广泛应用到数据通信网络中，使用纯 IP 技术可以承载包括数据、语言、图像和各种智能与增值服务在内的综合通信业务，并能够实现多协议、多介质的综合接入平台和各种业务网络的无缝连接。宽带 IP 技术主要包括 IP over ATM、IP over SDH 和 IP over DWDM 这 3 种。
- 接入网与接入技术。接入网介于本地交换机和用户之间，是指从骨干网络到用户终端之间的所有设备，主要完成使用户接入核心网的任务。在现代通信技术支持下的接入网采用了多种接入技术，如无线接入、铜线接入和光纤接入等。未来，接入网的复杂程度将不断增加，适用范围将不断扩大，接入技术也将更加多样。

（三）现代通信技术的发展与融合

现代通信技术的发展虽然只经历了短短百年的时间，但每天都在发展与融合，其形式和内容也变得日新月异。

1. 现代通信技术的特点

现代通信技术的基础是微电子技术，核心是计算机网络技术，具有宽带化、数字化、个人化、智能化和全球化等特点。

- 宽带化。在现代通信技术领域，宽带化实际是指通信线路能够传输的数字信号的比特率越来越高。随着生活水平的不断提高，人们对语音、图像和视频数据的高速传输有了更高的要求，研究开发的宽带数字信号交换和传输的技术促进了宽带业务的发展。
- 数字化。数字化包含两个方面的含义：一是信息传输、交换和处理功能及设备都采用数字技术，实现数字传输与数字交换的功能；二是把视频、语音和数据等多种信息都进行数字化处理，在技术上便于各种设备对信息的处理，以及用软件进行控制和管理。

- 个人化。通信技术的个人化是指任何用户在任意时间、地点可以与任何人进行任意方式的通信。在移动通信技术和卫星通信技术的支持下，现代通信基本可以实现这一特点。
- 智能化。智能化是指在现代通信中，通过应用计算机软件技术，智能使用和管理网络与终端，使整个通信过程能够自动完成并满足各类用户对各种业务的需求，比人工控制更有效率。
- 全球化。全球化是指通过信息网络的全球覆盖，实现全球范围的信息交换。全球化是一种在全世界范围内进行沟通和互动的趋势，也是正在进行着的、无法逆转的客观历史进程。

2. 现代通信技术的发展趋势

在技术不断创新的支持下，现代通信技术的发展前景十分美好。未来的通信技术将拥有更强大的信息传输能力、多样化的人机交互方式、融合多种业务和网络等特性，向着更快、更及时、更便捷和更安全的方向发展。

- 更强大的信息传输能力。尽管现代通信技术具备了宽带化的特点，但仍然不能满足日益变化的用户需求，运营商为了丰富通信业务，需要更强大的信息传输能力；通信业务本身需要追求更高的通信质量，同样需要更强大的信息传输能力；通信设备制造商也需要不断有新的技术来推动市场的发展和运营商的设备更新，也需要有更强大的信息传输能力。因此，现代通信技术发展的各个环节都在追求更高的信息速率、获得更强大的信息传输能力，这也是通信技术发展的永恒主题。
- 多样化的人机交互方式。在现代通信技术水平之下，人机交互方式已经从最初的文字交互发展为语音和姿态交互等智能化人机交互。随着通信技术向其他领域的渗透和融合，还需要发展更多类型、更加便捷的人机交互方式。现在绝大多数的通信技术研究机构都将先进的人机交互通信技术作为主要研究方向，研究内容包括通过人的感官来完成通信、更加真实的三维立体通信、更加人性化的人机交互等。
- 融合多种业务和网络。过去的通信网络大多是单一业务的网络，例如，广播电视网络只开通视频传输服务，电信网络只支持语音传输服务等，用户将每种通信网络作为独立的业务来使用。在现代通信技术的支持下，现代通信网络才初步实现了多种业务和网络的融合，例如，用户可以通过电信网络进行看电视、打电话和视频聊天等多种业务。多种业务和网络的融合不仅可以向用户提供更有吸引力的应用，也能够为运营商提供更多的收入。但是，多种业务和网络的融合还没有达到完美的统一，仍存在管理和技术上的诸多问题，只有在未来进一步发展和融合，才能实现网络互连互通、资源共享等目标，例如，“三网合一”（是指通过技术改造电信网、广播电视网、互联网，使其功能趋于一致，成为下一代通信网络）就是多种业务和网络融合的代表。

3. 现代通信技术的创新之路

现代通信技术需要在科学化改革的道路上不断创新和发展，这也是实现国家繁荣、家庭幸福、个人优秀的必要前提。我国的通信技术在不断地向前发展，但与发达国家仍然存在差距，所以需要大家不断地学习、引进先进技术，结合我国通信技术发展情况，进行调整与创新。

- 国家是社会发展的领导和方向指引者，国家会根据现代通信技术的现状和人们对通信技术的需求，预测通信技术未来的发展前景，制定现代通信技术发展的相关政策和法规，集合人力、物力和财力支持现代通信技术的创新发展，不断完善整个国家的现代化通信技术体系。
- 现代通信领域内的所有相关人员需要时刻关注国际上先进通信技术的发展情况，并在学习和掌握先进现代通信技术的基础上，结合我国的实际国情不断创新，研制出符合我国社会发展趋势的现代通信技术，并将其应用到实际生活中。

- 普通的人民群众应该树立正确的人生观、价值观和世界观，尽最大的力量提升个人的文化水平，通过技术创新，为我国现代通信技术的发展做出自己的贡献。

任务实践

（1）查看表 8-1 所示的内容，按照表中的搜索关键词搜索相关内容，了解信息安全的相关知识，并回答问题。

表 8-1　了解通信的概念

搜索关键词	
通信网络	通信分类
问题	
① 通信网络的组成和分类是什么？	
② 通信的分类方式及具体的类型是什么？	

（2）在互联网中搜索世界通信发展历史和中国通信发展历史的内容，自制一个表格，将其中重要的时间点、历史事件和代表人物等都罗列在表格中。

了解移动通信技术

微课
了解移动通信技术

任务描述

我国移动通信技术的发展经历了一段从无到有、从落后到领先的自主创新和艰苦研发的历程：从“零起步”到 4G 技术 TD-LTE 占有全世界 40%的市场；从 1G、2G 采用其他国家的网络标准，到 3G 自主研发的 TD-SCDMA 成为国际标准，再到 4G 技术占据世界移动通信一席之位，到目前 5G、6G 走在技术前沿。本任务先介绍移动通信的概念及移动通信的核心技术，再通过搜索关键词的实践操作与案例分析学习更多的现代通信技术知识，更好地掌握移动通信技术的发展新方向和先进技术。

相关知识

（一）移动通信的概念

移动通信是指移动（运动中或临时停留在某一非预定位置）物体之间，或者移动物体与固定物体之间进行信息传输和交换的通信。移动物体包括人、车、船和飞机等能够处于运动状态的物体，固定物体则包括固定无线电台、有线用户和计算机等处于相对静止状态的物体。

移动通信具有以下几个特点。

- 移动性。移动性表现为通信的物体至少有一方处于移动状态，所以移动通信是无线通信或无线通信与有线通信的结合，且采用电磁波作为通信介质。
- 通信传播条件复杂。移动通信中的移动物体可能在各种环境中运动，这可能会使电磁波产生反射、折射、绕射和多普勒效应等现象，以及产生多径干扰、信号传播延迟和展宽等效应。
- 噪声和干扰严重。噪声是指不同频率、不同强度且无规则地组合在一起的声音，干扰是指干扰信号或噪声对有用信号的接收造成的骚扰。若基站和移动用户之间的通信处于复杂的干扰环境中，则可能存在严重的多径衰落和各种强干扰，以及移动通信用户之间的互调干扰、邻道干扰和同频干扰等。
- 系统和网络结构复杂。移动通信系统是指由移动通信技术和设备组成的通信系统，该系统需要与市话网、卫星通信网和数据网等互连，其整个网络结构较为复杂。另外，移动通信网络是一个多用户通信系统网络，必须使用户之间互不干扰，能协调一致地工作，所以移动通信网络会被设计和制造成为一个结构复杂的网络。
- 技术设备要求高。所有的移动通信技术都是为了实现移动性，以及克服和消除环境、噪声和干扰等影响，并通过结构复杂的网络来提供移动通信中信息传输的有效性、可靠性和安全性，所以在使用的技术设备上面，要求频带利用率高，设备性能好。

移动通信把无线通信、有线传输和计算机通信等技术结合在一起，被普遍应用于社会生活的各个领域，成为一种能够随时随地快速而可靠地进行信息传输的理想通信方式，并和卫星通信、光纤通信并列，被认为是现代三大新兴的通信技术。

（二）移动通信的核心技术

在现代通信技术飞速发展的支持下，移动通信技术经历了 5 次华丽发展，从最初的 1G 到现在的 5G，移动通信技术为人类的信息传递提供了更快的传输速度、更稳定的传输效率、更优质的通话质量和更高的保密性能等。下面介绍从第一代到第四代移动通信技术的相关内容。

1. 第一代移动通信技术（1G）

第一代移动通信技术简称 1G（1st Generation），最早使用、现在已经被淘汰的模拟移动网络就使用 1G。1G 制定于 20 世纪 80 年代，并规定了最初的模拟、仅限语音的蜂窝电话标准，主要用于提供模拟语音业务。1G 主要采用的核心技术是模拟调制技术和频分多址（Frequency Division Multiple Access，FDMA）技术。

- 模拟调制技术。模拟信号具有较低的频率，不宜在很多信道中传输，否则衰减会很大。这时，为了实现模拟信号的传输，以及多路信号的同时传输，需要进行频谱搬移（即调制解调），实现这一过程的技术就是模拟调制技术。调制是按调制信号的变化规律去改变载波某些参数的过程，载波是正弦信号、脉冲串或一组数字信号。
- 频分多址技术。频分多址技术是将给定的频谱资源划分成若干个等间隔、互不重叠的频道，每个频道的宽度能容纳一路信号的传输，且在每次通信过程中，每个频道只能提供给一个用户进行发送或接收的一种多址方式。模拟信号和数字信号都可采用频分多址技术进行传输。

2. 第二代移动通信技术（2G）

第二代移动通信技术简称 2G（2nd Generation），它使用数字信号作为语音传输的主要方式，并支持传统语音通信、文字和多媒体短信，以及一些无线应用协议。2G 主要有全球移动通信系统（Global System for Mobile Communications，GSM）和码分多址（Code Division Multiple Access，CDMA）两种移动通信工作模式。2G 的核心技术包括时分多址（Time Division Multiple Access，TDMA）技术和码分多址技术。

- 时分多址技术。时分多址技术是指将时间分割成周期性的互不重叠的帧，再将每一帧分割成若干个互不重叠的时隙进行数据传输。每个用户得到的只是一个时隙，且由于每一帧都处于一个周期内，在下一个周期又会出现一个相应的帧，因此对于一个用户而言，在每一个周期内都能够得到一个时隙进行数据传输。这种数据传输方式能够有效避免多用户同时发起的数据请求相互干扰，同时又能确保每个用户在每个数据传输周期内都得到一个数据传输机会。全球移动通信系统工作模式就采用了时分多址技术。
- 码分多址技术。码分多址技术的原理是基于扩频技术，把需要传送的具有一定信号带宽的信息数据用一个带宽远远大于信号带宽的高速度伪随机码进行调制，使原数据信号的带宽被扩展，再经载波调制进行发送。接收端使用完全相同的伪随机码对接收的带宽信号进行相关处理，使宽带信号转换成原信息数据的窄带信号（即解扩），以实现信息通信。

3. 第三代移动通信技术（3G）

第三代移动通信技术简称 3G（3rd Generation），是指支持高速数据传输的蜂窝移动通信技术。相对 1G 和 2G，3G 提升了语音和数据的传输速度，用户峰值速率范围可达 2Mbit/s～10Mbit/s，可以支持多媒体数据业务，能够在全球范围内更好地实现信息漫游，能处理图像和音视频等多种媒体形式的信息，并能提供网页浏览、电话会议和电子商务等多种信息传输服务。3G 的核心技术包括以下 5 个。

- 空分多址技术。空分多址（Space Division Multiple Access，SDMA）在理论上要求天线给每个用户分配一个点波束，这样根据用户的空间位置就可以区分每个用户的无线信号。也就是说，处于不同位置的用户可以在同一时间使用同一频率和同一码型，但不会相互干扰。在实际工作中，空分多址技术不是独立使用的，而是与频分多址和码分多址等多址技术结合使用，处于同一波束内的不同用户用这些多址技术加以区分。例如，几个用户距离很近导致空分多址无法区分时，就可以利用码分多址轻松地区分，而空分多址本身又可以使码分多址用户之间的相互干扰降至最低。
- 智能天线技术。智能天线技术是实现空分多址技术的核心技术，其结合了自适应天线技术的优点，利用天线阵列的波束汇成和指向产生多个独立的波束，可以自适应地调整其方向图以跟踪信号的变化，同时可对干扰方向调零以减少甚至抵消干扰信号，从而增加系统的容量和频谱效率。智能天线技术能够以较低的成本来提升移动通信网络系统的天线覆盖范围、系统容量、业务质量、抗阻塞性和抗掉话性等。
- 无线应用协议技术。无线应用协议（Wireless Application Protocol，WAP）是数字移动电话和其他无线总段上无线信息和电话服务的世界标准，可以向用户提供相关服务和信息，在进行连接时提供安全和灵敏的在线信息传输。无线应用协议技术连接全球移动通信技术网络和互联网，用户只需具有支持无线应用协议的移动终端，就可以连接互联网，进行信息传输。
- 无线 IP 技术。无线 IP（Wireless IP）技术是一项重点发展的移动通信技术，由于在无线通信中使用传统的有线 IP 技术会导致通信中断，而 3G 使用了蜂窝移动电话呼叫原理，完全可以使移动节点采用并保持固定不变的 IP 地址，一次登录即可实现在任意位置上或在移动中保持与 IP 主机的单一链路层连接，完成移动中的数据通信。

- 软件无线电技术。软件无线电技术可使模拟信号的数字化过程尽可能地接近天线，利用数字信号处理器的强大处理能力和软件的灵活性完成信道分离、调制解调和信道编码译码等工作，从而解决 3G 中不同的工作频率、调制方式和多址方式等多种标准共存的问题。

4．第四代移动通信技术（4G）

第四代移动通信技术简称 4G（4th Generation），是一种具有宽带接入和分布式网络的通信技术。4G 的基础功能包括超过 2Mbit/s 的非对称数据传输、150Mbit/s 的高质量影像服务、高质量传输三维图像、自由地从一个标准漫游到另一个标准、宽带多媒体通信，以及定时定位、数据采集和远程控制等，用户峰值速率范围可达 100Mbit/s～1Gbit/s，能够支持各种移动宽带数据业务。4G 的核心技术包括以下 5 个。

- 正交频分多址技术。正交频分多址（Orthogonal Frequency Division Multiple Access，OFDMA）的原理是把信道分成若干个正交子信道，将高速数据信号转换成并行低速子数据流，调制到在每个子信道上进行传输；正交信号在接收端分离，减少子信道间的干扰。正交频分多址技术有助于实现高速数据传输，既可以看成一种调制技术，也可以看成一种多址技术。
- 基于 IP 的核心网技术。基于 IP 的核心网技术是指 4G 核心网基于 IP，并可实现不同网络间的无缝互连；核心网独立于具体的无线接入方案，提供端到端的 IP 业务，并兼容已有的核心网和公共交换电话网络；核心网的开放结构允许通过接口接入；核心网分离出业务、控制和传输部分，且所采用的无线接入方式和协议与核心网络协议是分离的、各自独立的。由于 IPv6 取代了 IPv4，所以，4G 具有更大的地址空间，能支持无状态和有状态地址自动配置方式，能提供不同水平的服务质量，以及更强的移动性和安全性。
- 智能天线技术。智能天线技术是 3G 和 4G 的核心技术，也是移动通信的关键技术。
- 多入多出技术。多入多出技术的原理是发送端将信源输出的串行码流转成多路并行子码流，通过发射天线阵元进行同频、同时发送，接收端利用多径引起的多个接收信号的不相关性从混合信号中分离出原始子码流，从而极大地提高频谱利用率和链路可靠性。
- 软件无线电技术。软件无线电技术也是 3G 和 4G 的核心技术。

任务实践

（1）查看表 8-2 所示的内容，按照表中的分类搜索相关内容，了解移动通信技术发展历程的相关知识，并填写对应的内容。

表 8-2　移动通信技术发展历程

类型	主要事件	主要特点
第一代移动通信技术		
第二代移动通信技术		
第三代移动通信技术		
第四代移动通信技术		
第五代移动通信技术		
第六代移动通信技术		

（2）珠穆朗玛峰的通信基站是目前全球海拔最高的移动通信基站，虽然在人烟稀少的地方建设通信基站并不赚钱，且维护成本极高，但是为了尽最大可能避免登山者发生意外，为了能在发生意

外时以最快速度挽救登山者的性命，国家修建了这一移动通信基站。根据这一案例，说说你对移动通信概念及其相关特点的理解。

任务三　掌握 5G 技术

任务描述

5G 不仅为人们带来了“高速率、低延迟、大连接”的极致通信体验，也推动了大数据、人工智能、虚拟现实、无人驾驶、远程医疗等行业应用的实现和发展，还为智慧城市、智能家居等智能化生活的实现和发展提供了技术支持。随之而来的是市场对 5G 人才需求的急剧增长，市场需要更多熟悉 5G 技术知识、掌握实用的 5G 技术、具有极高的综合素养和职业精神的技术人才。本任务先介绍 5G 的概念与特点、应用场景、关键技术、网络构架和部署特点、建设流程等相关知识，再通过任务实践加深对 5G 技术的理解。

相关知识

（一）5G 的概念与特点

第五代移动通信技术简称 5G（5th Generation），是目前已经应用的新一代蜂窝移动通信技术。与 2G、3G 和 4G 不同，5G 不是一种独立的全新无线接入技术，而是现有无线接入技术（包含 2G、3G、4G 和 Wi-Fi）的延伸，以及在整合一些新增的弥补无线接入技术的技术后构成的综合性技术。从用户体验看，5G 具有更高的速率，能够满足用户对虚拟现实、超高清视频等更高的网络体验需求，且其可获得的真实数据速率达到了 Gbit/s 量级。在 5G 覆盖下，用户只需要几秒即可下载一部高清电影。

在 2015 年发布的《5G 概念白皮书》中综合了 5G 关键能力与核心技术，提出了由“标志性能力指标”和“一组关键技术”来共同定义的 5G 概念。其中，“标志性能力指标”是指“Gbit/s 用户体验速率”，“一组关键技术”则包括超密集组网、新型多址、大规模天线阵列、全频谱接入和新型网络架构。5G 主要有以下 4 个特点。

- 高数据速率。峰值速率需要达到 Gbit/s 的标准，网络的理论下行速率为 10Gbit/s，可以轻松实现高清视频、虚拟现实等大数据量传输的目标。而且，在 5G 的连续广域覆盖和高移动性下，用户体验速率能轻松达到 1Gbit/s。
- 较低的延迟。较低的网络延迟（更快的响应时间）可以解决很多 4G 无法解决的问题，如自动驾驶、远程医疗等实时应用。5G 的延迟通常低于 1ms，低延迟可以实现工厂自动化、自动驾驶、远程医疗等智能生活应用，大大改变我们的生活。例如，机器远程控制具有较高的延迟敏感度，需要很低的延迟才能实现工作；而远程病情诊断则不需要太低的延迟就能实现，因此其延迟敏感度较低等，图 8-2 所示为 5G 智能生活应用中延迟敏感度和带宽需求的关系图。
- 超大网络容量。5G 能够提供千亿设备的连接能力，满足物联网通信，且流量密度和连接数密度大幅度提高，几乎能够覆盖每一个地方，将无时无刻上网、万物可上网变为现实。
- 低功耗。支持 5G 的大多数设备只需要很少的能量就可以维持 5G 环境，在这个低功耗的环境中，用户可以更长时间地享受 5G 带来的智能网络生活。

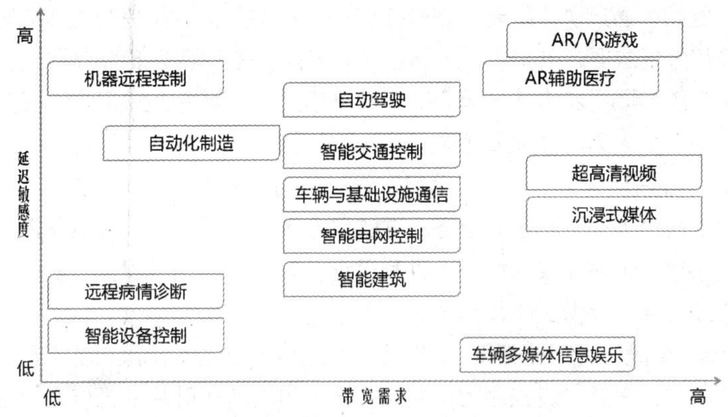

图 8-2　延迟敏感度和带宽需求的关系图

（二）5G 的应用场景

在未来的很长一段时间内，移动互联网和物联网业务将成为全世界范围内现代通信技术发展的主要驱动力。5G 应用在人们的日常生活、工作和交通出行等领域，即便是在密集住宅区、办公楼、露天场所、地铁、高铁等具有超高流量密度、超高连接数密度、超高移动性特征的场景，5G 也可以为用户提供各种多媒体信息服务。与此同时，5G 还将渗透到物联网及各种行业领域，与工业设施、医疗仪器、交通工具等深度融合，有效应用在工业、医疗、交通等行业中，满足多样化的业务需求，拓宽融合产业的发展空间，支撑经济社会的创新发展。

- 智能城市。智能城市可以通过 5G 管理和控制分布在城市各处的数据传感器，主动应对城市居民和企业的需求。例如，AI 智能视频监控系统可以进行实时数据接收和分析，帮助城市管理部门实现污染监控、交通管理、停车监控、病房监控和次序管理等。
- 无人驾驶。5G 可以将导航系统、人脸识别等数据和服务集成到车辆中，满足共享汽车、远程操作、自动和协作驾驶等连接要求，支持车辆控制系统与云端系统之间频繁且海量的信息交换，减少人为干预，实现远程控制驾驶、编队行驶和自动驾驶。
- 远程医疗。5G 可以连接各种无线医疗设备，使医疗行业可以采用可穿戴或便携设备，集成远程诊断、远程手术和远程医疗监控等解决方案。例如，通过 5G 连接到 AI 医疗辅助系统，将人工智能医疗系统嵌入医院呼叫中心，通过 AI 模型对患者进行主动监测，对患者进行实时健康管理，跟踪病人、病历，推荐治疗方案和药物，并建立后续预约等多个医疗任务。
- 家庭固定无线接入。5G 使用移动网络技术而不是固定线路提供家庭互联网接入。这种家庭固定无线接入能够实现家庭监控、流媒体和云游戏等基于高质量视频的应用。例如，目前的云游戏平台通常不会提供清晰度高于 720P 的图像质量，但 5G 可以以 90 fps 的画面播放速度提供响应式和沉浸式的 4K 游戏体验，甚至流畅播放对带宽有更高要求的 8K 视频。
- 云 VR/AR。VR/AR 业务对带宽的需求巨大，而且高质量 VR/AR 内容处理多在云端。5G 能满足用户日益增长的 VR/AR 体验需求。例如，在实时计算机图像渲染和建模中，VR/AR 需要进行大量的数据传输、存储和计算，5G 能将这些数据和计算密集型任务实时转移到云端，利用云端服务器的数据存储和高速计算能力完成这些任务。
- 智能制造。智能制造的基本商业理念是通过更灵活高效的生产系统，更快地将高质量产品推向市场。5G 能够提供远程控制中心和数据流管理工具来管理大量设备，并通过无线网络对这些设备进行软件更新。例如，通过协作机器人在装配流程中帮助工作人员提升工作效率，协作机器人通过 5G 不断地交换和分析数据，以同步和协作自动化流程。在 MWC2017 展会上，华为展示了 5G 协作机器人，两台机器人以同步方式一起敲鼓，其网络时延低至 1ms，可靠性高达 99.999%。

- 个人 AI 辅助。个人 AI 辅助领域的常见应用是可穿戴智能辅助设备，4G 时代中的个人可穿戴设备通常采用 Wi-Fi 或蓝牙进行连接，而且需要经常与计算机和智能手机配对，无法作为独立设备存在。5G 则可以为个人领域和企业业务领域的可穿戴智能辅助设备提供帮助。例如，可穿戴设备为盲人提供视频采集、传输和反馈服务，并利用计算机视觉、三维建模、实时导航和定位技术，通过声音传播的方式为盲人提供实时行动服务。

- 无人机。无人驾驶飞行器简称无人机。5G 可以进一步提升无人机的自动化水平，使其具备分析并解决问题的能力。例如，过去专业巡检风力涡轮机的转子叶片的工作通常由训练有素的工程师通过遥控无人机来完成，5G 则可以支持由部署在风力发电场的自动飞行无人机进行密集地巡检，且不需要人力干预。

- 智慧能源。智慧能源的典型应用是分布式馈线自动化系统，这是一种将可再生能源整合到能源电网中的智能能源系统，很多能源管理企业都部署了这个系统，其主要优势是降低运维成本和提高可靠性。馈线自动化系统需要超低时延的现代通信网络支持，在 5G 的支持下，源供应商有了专用的网络切片，并与移动运营商进行优势互补，在能源管理工作中实现智能分析并实时响应异常信息，从而更快速、准确地控制能源网络。

- 社交网络。移动视频业务的发展呈现出社交视频和移动实时视频两大趋势，5G 能够为视频社交用户提供 4K、多视角、实时数据分析，以及允许更多用户同时分享高清数据等视频直播服务。另外，5G 还能实现 360° 全景直播。例如，在 2016 年上海 F1 比赛（国际汽车运动联合会世界一级方程式锦标赛）中，中国移动利用 5G 在赛道上实现了首个实时多视点流媒体服务，观众可以选择 360° 摄像机的任意视角实时观看比赛情况。

（三）5G 的关键技术

5G 的关键技术包括无线技术和网络技术两方面。

1. 无线技术

在无线技术领域，5G 的关键技术有超密集组网、新型多址、大规模天线阵列和全频谱接入等。

- 超密集组网。超密集组网是指在宏基站的覆盖区域内，利用大幅增加的小功率基站的站点数量，精细控制宏基站的覆盖距离。超密集组网特别适合终端密集的区域，能扩展网络覆盖面积，还能使系统容量、频谱效率和能源利用率得到有效提升。超密集组网包含干扰管理与抑制、小区虚拟化技术、接入与回传联合设计等核心技术。

- 新型多址。多址技术一直是现代通信技术的核心技术，先后经历了 FDMA、TDMA、CDMA、SDMA、OFDMA 等多个阶段。不同阶段多址技术的主要区别在于对无线资源的信号进行了不同维度的划分，维度是指信号的时域、频域、空域、码序列等。5G 的多址技术引入了非正交多址（Non-Orthogonal Multiple Access，NOMA）方案，在信息的发送端将信息在频域、时域、空域或码序列进行了叠加传输，而在接收端则利用接收算法进行分离，有效扩大了系统的接入容量，提升了频谱效率，可实现免调度传输，显著降低信令开销，缩短接入时延，节省终端功耗。稀疏码分多址（Sparse Code Multiple Access，SCMA）技术、多用户共享接入

（Multi-User Shared Access，MUSA）技术和功分多址（Power Division Multiple Access，PDMA）技术都属于非正交多址方案范畴。

- 大规模天线阵列。大规模天线阵列是在现有多天线的基础上通过增加天线数，使多天线同步进行信号处理，能够实现空间分集，并可支持数十个独立的空间数据流，能够显著提高面向 5G 的无线网络信号，扩大数据传输容量，以及数倍提升多用户系统的频谱效率。
- 全频谱接入。全频谱接入技术通过有效利用各类移动通信频谱（包含高低频段、授权与非授权频谱、对称与非对称频谱、连续与非连续频谱等）资源来提升数据传输速率和扩大系统容量。全频谱接入包含了 6GHz 以下的低频段和 6GHz 以上的高频段，核心频段是用于无缝覆盖的低频段；高频段作为辅助用来提升覆盖区域热点的速度。全频谱接入技术具有增强型移动宽带、低时延通信、高效新波形、低频和高频混合接入等特点。

提示 **在无线技术领域，5G 还有一些潜在的关键技术，包括基于滤波的正交频分复用（Filter-Orthogonal Frequency Division Multiple，F-OFDM）、滤波器组多载波（Filter Bank Multicarrier，FBMC）、全双工、灵活双工、终端直通（Device-to-Device，D2D）、多元低密度奇偶检验码（Q-ary Low Density Parity Check Code，Q-ary LDPC）、网络编码、极化码等。**

2. 网络技术

5G 网络是一种基于 5G 网络构架和云计算技术的更加灵活、智能、高效和开放的网络系统。5G 网络技术主要包括软件定义网络（Software Defined Network，SDN）和网络功能虚拟化（Network Functions Virtualization，NFV）两种网新型网络构架。

- 软件定义网络。传统网络技术通常使用硬件来定义网络，软件定义网络则是在控制面中使用集中式网络控制器将流量分配给网络中分离数据平面中的元素，网络控制器集中维护整个系统的智能化和监控网络状态，通过北向接口提供网络的全局统一视图，在软件编程技术的支持下，网络可以在短时间内轻松创建、测试及部署各种网络应用。
- 网络功能虚拟化。网络功能虚拟化是指用标准 IT 虚拟化技术构建端到端的网络架构的一种技术手段。网络功能虚拟化可以将许多异构网络设备整合进 5G 标准网络，并用软件包来实现网络设备的网络功能，而且这些功能可以通过软件迭代来快速开发和实现。网络功能虚拟化技术的优势在于：在通用硬件上自动化安装和管理虚拟化网络功能可以节省大量的人力资源，同时也能有效降低网络故障率，与之对应的运营商也可以建立并运营一个成本和功耗均较低的网络。

（四）5G 的网络构架和部署特点

基于软件定义网络和网络功能虚拟化的新型网络架构已取得广泛共识，在 5G 网络构架确定的情况下，需要进一步选择 5G 网络的部署模式，这也是各运营商在引入 5G 网络时必须明确的核心选项。

1. 5G 网络构架

5G 网络构架主要包括 5G 接入网和 5G 核心网，如图 8-3 所示。其中，5GC 表示 5G 核心网，NG-RAN 表示 5G 接入网，NG 表示核心网和接入网之间的接口。

在 5G 网络构架中，5G 核心网主要包含 2 个节点。

（1）AMF：主要负责访问和移动管理功能（控制面）。

（2）UPF：用于支持用户平面功能。

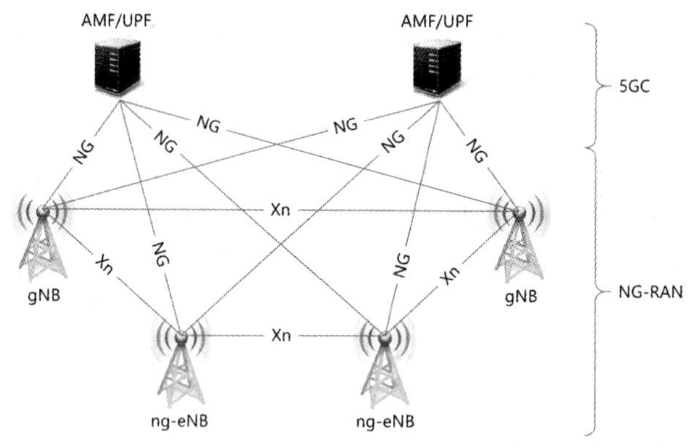

图 8-3　5G 网络构架

在 5G 网络构架中，5G 接入网主要包含两个节点。

（1）gNB：为 5G 网络用户提供 NR 的用户平面和控制平面协议与功能。

（2）ng-eNB：为 4G 网络用户提供 NR 的用户平面和控制平面协议与功能。

其中 gNB 和 gNB 之间、gNB 和 ng-eNB 之间、ng-eNB 和 ng-eNB 之间的接口为 Xn 接口。

2. 5G 网络部署特点

5G 网络部署分为独立组网（Standalone，SA）与非独立组网（Non- Standalone，NSA）两种模式。其中，独立组网通过建设独立 5G 基站部署 5G 网络，造价高、覆盖进度慢；非独立组网则通过整合 4G 和 5G 基站部署 5G 网络，是目前大多数国家采用的主流商用 5G 网络部署模式。

（1）独立组网。

独立组网主要有 option2 和 option5 两种模式，其特点如下。

- option2：由 5G 终端、5G 基站、5G 核心网组成独立的 5G 网络。
- option5：由 4GLTE 升级为 eLTE 后，接入 5G 核心网。

（2）非独立组网。

非独立组网主要有 option3、option4 和 option7 这 3 种模式，其特点如下。

- option3：将 LTE 作为控制面和用户面的锚点，改造核心网 EPC 设备，支持双连接功能和 4G 无线网。
- option4：以 NR 作为数据汇聚点、分发点和控制面锚点，接入 5G 核心网。因为传统 4G 基站数据处理能力有限，所以要对基站进行硬件升级，将其改造为增强型 4G 基站。
- option7：以 5GC 作为核心网，将升级后的 eLTE 作为数据汇聚、分发点和控制面锚点。

（五）5G 网络建设流程

在 5G 技术和产业不断完善和优化的过程中，为了使 5G 通信技术更好地为人们服务，必须对其进行科学的网络规划，明确规划流程，抓住建设要点，保证 5G 工程的建设质量。

1. 5G 网络规划流程

在建设 5G 网络前，必须先规划好建设的流程，5G 网络建设的规划流程分为 3 个阶段。

（1）规划准备阶段。主要是对 5G 网络建设工作进行初步规划和预测，包括对规划工作中需要用到的规划手段方法进行归纳和总结，对工具、软件、市场需求进行资料准备，对网络建设的地址进行选择，并讨论确定大概的地点。

（2）预规划阶段。主要是对前一阶段选址的可行性、覆盖的范围和容量进行预测和判定，选择网络的搭建方式和可能用到的相关网络设备工具等，明确下一阶段的规划建设方向和目标。

（3）详细规划阶段。根据前两个阶段的工作数据详细讨论各项工作，并通过软件模拟、实地测试等手段，精确计算出规划内网络的可覆盖范围、可容纳设备数量和人员使用的需求等，最终给出 5G 网络建设的实际方案，并保证规划建设在技术上可行、在经济上合理。

2. 5G 网络规划建设要点

5G 网络规划建设需要抓住以下要点，以保证 5G 网络建设顺利进行及建成后顺利运行。

（1）业务预测。在进行 5G 网络规划建设前，需要对网络建成后的相关业务和业务量进行预测，包括该地区范围内的数据业务量、极端条件下该地区可能达到的数据访问下载流量峰值和该地区的互连设备数量等，从而保证建成后的 5G 网络具备相应的承载能力。

（2）覆盖规划。覆盖规划的主要内容是通过详细的计算，在不影响正常网络传输速率，且少建设基站的情况下，尽可能扩大网络覆盖区域，使规划的目标地区均处于 5G 网络的覆盖范围内，保证目标地区的正常 5G 网络通信。

（3）容量规划。深入研究每一个待建设网络区域的市场和业务需求，利用已有频段、带宽、时隙配比等参数，参照区域用户预测模型，预估和测算需要的区域基站数，从而得出全区域的网络容量。

（4）站址规划。站址规划是指 5G 基站的地址规划。在实际规划过程中，首先要分析现有存量站址、可整合的基站资源，并对目标地区进行实地勘察，寻求满足空间、电力、接地、安全防护、承重及其他基础设施条件要求的尽可能准确的站址位置。其次，要根据现场条件选择射频天线挂高、水平/垂直隔离、方向角和拉远距离等基站参数最佳的站址位置，以确保基站建设与使用维护相协调，真正满足 5G 网络运行的高速率、广覆盖和大容量需求。

任务实践

（1）查看表 8-3 所示的内容，按照表中的分类搜索 5G 具体应用场景的相关内容，了解 5G 应用的具体商业模式和应用案例，并填写对应的内容。

表 8-3　5G 应用场景

应用场景	商业模式	应用案例
云 VR/AR	VR 广告服务收费模式：用户付费享受 VR 内容，广告公司基于 CPM 向 VR 平台付费	HBO、Northface
智能城市		
无人驾驶		
社交网络		
远程医疗		

（2）欧洲电信标准组织（European Telecommunications Standards Institute，ETSI）官方网站的检索结果表明，截至 2018 年 6 月 14 日，在 5G 新通信技术领域，累计声明标准专利高达 5 124 项，其中，华为以 1 481 项声明专利（占比 28.90%）占据排名第一。请在了解和学习 5G 通信技术的相关知识后，回答以下几个问题。

① 5G 有哪些关键的技术?

② 5G 的网络构架有哪些?

③ 在互联网上搜索相关资料，说说华为有哪些领先的 5G 技术?

任务四 了解其他现代通信技术

任务描述

随着现代通信技术的不断发展，在享受到 5G 移动通信技术带来的便捷生活后，人们聚焦并关注到了越来越多通信技术的应用，尝试着促进更多通信技术的发展，为社会带来更多新的可能。本任务介绍 5G 以外的其他现代通信技术的相关知识，包括蓝牙、Wi-Fi、ZigBee、射频识别、卫星通信和光纤通信等，再通过具体的技术商业应用案例帮助读者了解更多的现代通信技术。

相关知识

（一）蓝牙

蓝牙（Bluetooth）是一种支持设备短距离通信的无线电技术，常用于智能手机、笔记本电脑、智能音箱、无线耳机、智能门锁、车辆显示屏等智能设备之间进行无线信息交换。蓝牙技术的原理是一种无线数据和语音通信的开放性全球规范，以低成本的短距离无线连接为基础，为固定与移动智能通信环境建立特别连接，从而完成范围内的数据短距离无线传输。

蓝牙通常采用分散式网络结构，支持点对点、点对多点数据传输，使用 IEEE 802.15 协议，在工业、科学和医学全球通用的 2.4GHz 频段工作，采用时分双工传输方案实现全双工传输。蓝牙技术具有全球范围适用、成本低、可同时传输语音和数据、抗干扰能力强、模块体积小但便于集成、低功耗、能临时建立对等连接、具有开放的接口标准等特点。

（二）Wi-Fi

无线保真（Wireless Fidelity，Wi-Fi）和蓝牙一样，都是短距离无线通信技术。应用 Wi-Fi 技术组建的无线局域网（Wireless Local Area Network，WLAN）可以将网络中的智能手机、平板电脑、笔记本电脑，以及一些智能设备连接起来，完成数据传输、语音和视频通信等多种网络工作，如图 8-4 所示。Wi-Fi 技术采用的是 IEEE 802.11x 标准，根据标准的不同，Wi-Fi 的工作频段为 2.4GHz～5GHz，现在常用的 IEEE 802.11ac 标准的传输速率可以达到 1Gbit/s，随着 IEEE 802.11x 标准的发展，其传输速率还会不断提升。Wi-Fi 采用了直序展频、调频展频、跳时展频、连续波调频和正交频分多址等技术，能更好地实现远距离的多路宽带数据传输。

Wi-Fi 技术具有覆盖范围大、传播速度快、健康安全辐射小、网络组建容易等特点。由于 Wi-Fi 无线接入的高速传输优势，在一定条件下可以作为对 5G 等移动通信网络的补充。如今，我国的大部分公共场所基本都已经被 Wi-Fi 信号覆盖，使用支持 Wi-Fi 的终端设备即可接入网络。而且，各种家用电器、汽车和工业设备也通过 Wi-Fi 实现了智能化发展。

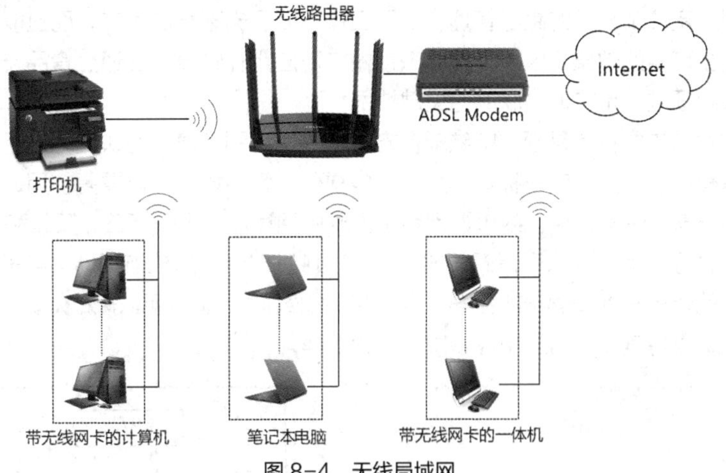

图 8-4　无线局域网

（三）ZigBee

ZigBee（又称紫峰协议）是一种高可靠、短距离和低功耗的无线通信技术，采用 IEEE 802.15.4 协议，其数据传输模块类似于移动网络基站。由 ZigBee 技术组成的无线数据传输网络类似于码分多址和全球移动通信系统网络，其通信距离从标准的 75m 到几百米、几千米。由于其具备建立简单、使用方便、工作可靠和成本低等特点，所以更多应用于工业现场自动化控制领域的数据传输工作。

ZigBee 支持的网络通常是一个由多达 65 000 个无线数据传输模块组成的无线数据传输网络平台，在整个网络范围内，每个网络数据传输模块之间都可以相互通信，因此 ZigBee 的通信效率非常高。ZigBee 网络层支持星形、网状和簇状 3 种网络拓扑结构，不同的网络拓扑结构对应不同的应用领域。在 ZigBee 无线网络中，不同的网络拓扑结构对协调器、路由器和终端设备等网络节点的配置也不同，如图 8-5 所示。在现在的物联网领域中，ZigBee 逐渐成为主流的现代通信技术，并在智能城市、智能制造和智慧能源等领域得到大规模的应用。

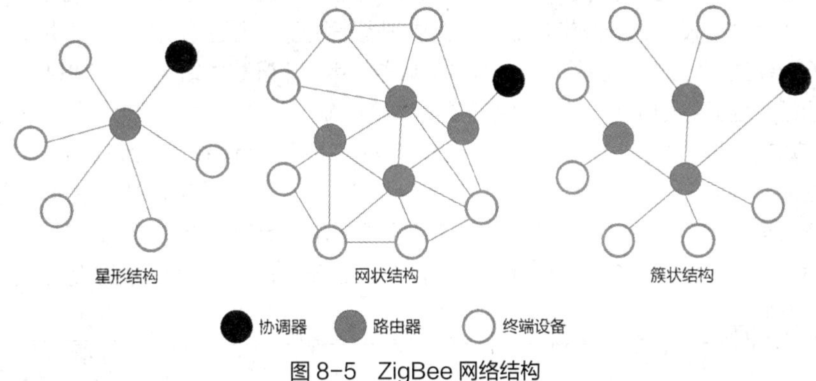

图 8-5　ZigBee 网络结构

（四）射频识别

射频识别（Radio Frequency Identification，RFID）是一种无线通信技术，可以通过无线射频信号实现无接触信息传递，自动识别目标对象。射频识别能够实现快速读写、非可视识别、移动识别、多目标识别、定位及长期的跟踪管理，识别工作不受恶劣环境的影响，而且能够达到读取速度快、读取信息安全可靠的效果。因此，射频识别被广泛应用在物流、交通、食品流通、身份识别和商品防伪等物联网领域，是实现物联网的关键技术。

射频识别技术的主要特点是通过电磁耦合方式来传送识别信息，可快速地进行物体跟踪和数据交换，另外还具有读写数据、电子标签小型化和多样化、耐环境性、可重复使用、穿透性、数据的记忆容量大和系统安全性等特点。射频识别系统主要由阅读器、电子标签、天线和应用程序 4 部分组成，如图 8-6 所示。其工作原理是阅读器在一个区域发射能量形成电磁场，电子标签一旦进入这个电磁场区域，就能检测到阅读器的信号并发送存储的数据，此时阅读器依次接收电子标签发送的数据并解读数据，再将其传送给应用程序做相应的处理。

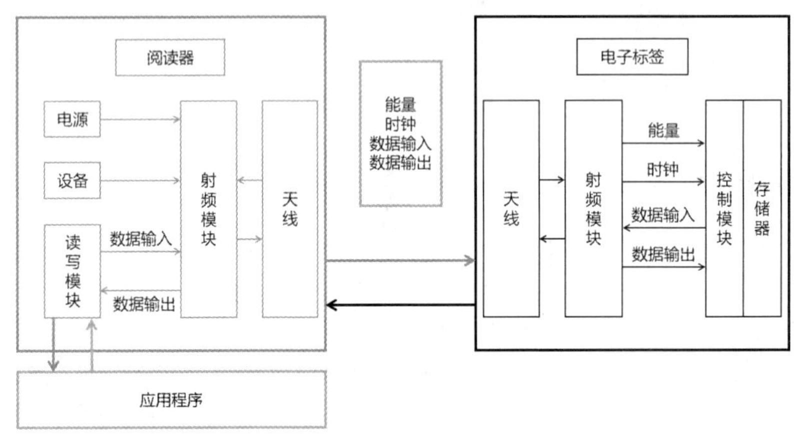

图 8-6　射频识别系统结构图

（五）卫星通信

卫星通信是指使用人造地球卫星作为中继站转发或反射无线电波，在多个地面站（也称地球站）之间进行通信的方式。卫星通信系统由卫星和地面站两个部分组成，地面站是指在地球表面（包括地面、海洋和大气中）设置的无线电通信站，卫星则是指用于实现通信目的的人造地球卫星（也称通信卫星）。卫星在整个卫星通信系统中起到中继站的作用，即把地面站发射的电磁波放大后再反送回另一个地面站，地面站则是卫星通信系统形成的链路。

卫星通信具有通信范围大、通信距离远、安全可靠（不易受陆地灾害的影响）、开通电路迅速（只要设置地面站即可开通电路）、多址（同时可在多处接收，能经济地实现广播、多址通信）、多址连接（同一信道可用于不同方向或不同区间）和电路设置非常灵活等特点。卫星通信已经被广泛应用于石油、地质、水利、外交、海关、体育、抢险救灾、银行、安全、军事和国防等领域。

（六）光纤通信

光纤通信是一种以光导纤维作为介质，以光波作为载体，传输信息的现代通信技术。光载波的频率可达（10^5～10^6）GHz，约为微波载频的 10 000 倍，所以，光纤通信的容量非常大，发展潜力非常巨大。光纤通信的工作原理是在发送端的电端机处理和发送电信号到光端机，光端机将电信号变换成光信号，通常采用半导体激光器或半导体发光二极管作为光源，然后经过光缆传输到接收端，光端机又将接收到的光信号转换成电信号，电端机接收电信号并进行处理，如图 8-7 所示。

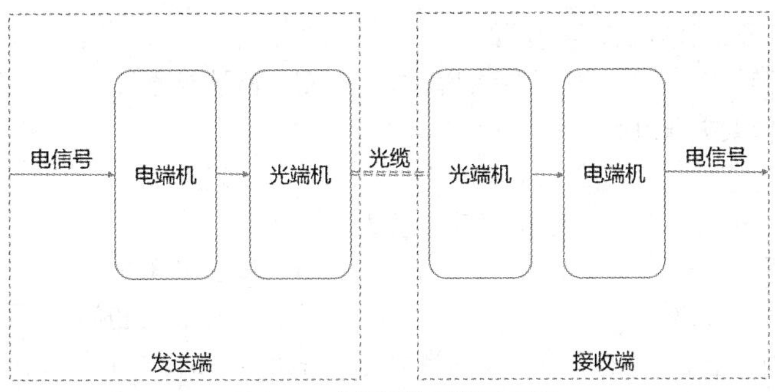

图 8-7　光纤通信系统示意图

光纤通信技术具有频带极宽、通信容量大、损耗低、中继距离长、抗电磁干扰能力强和保密性好等特点，目前被广泛应用于电力系统、交通运输系统、飞机内部数据传输系统等一些专用通信系统中，正逐渐应用于计算机通信和有线电视图像传输等领域。

任务实践

（1）学习了多种现代通信技术后，在互联网上搜索相关知识，了解具体的技术商业应用案例，总结并回答下列问题。

① 我国现在主要应用了哪些现代通信技术？

② 通过具体的商业应用案例来说明射频识别技术的应用。

③ 举例说明卫星通信技术在我国的应用。

（2）除本模块介绍过的现代通信技术外，在互联网上搜索看看还有没有已经被广泛应用，或者未来将逐步应用的其他通信技术，将相关内容列表展示，要求包含技术的名称、原理、特点、系统组成和应用场景等内容。

课后练习

一、填空题

1. 通信就是信息的________与________，即将消息以信号的形式从一个称为信息源的________传送至另一个称为受信者的________。

2. 通常将通信技术的发展分为 3 个阶段，第一个阶段是人类一直沿用的语言和文字通信的阶段；第二个阶段则是__________的阶段；第三个阶段是__________的阶段。

3. 移动通信是指__________之间，或者__________与__________之间进行信息传输和交换的通信。

4. 在 2015 年发布的《5G 概念白皮书》中定义了 5G 概念，其中，“一组关键技术”包括__________、__________、大规模天线阵列、__________和新型网络架构。

二、选择题

1. 下列哪些属于现代通信技术的特点？（　　）

A. 宽带化　　B. 数字化　　C. 个人化　　D. 全球化

2. 下面哪个属于第四代移动通信技术的核心技术？（　　）

A. 空分多址技术　　B. 时分多址技术　　C. 正交频分多址技术　D. 码分多址技术

3. 下面哪个不属于 5G 的应用场景？（　　）
   A. 智能城市　B. 智能制造　C. 智慧能源　D. 智慧网络
4. 5G 网络的构架主要包括（　　）。
   A. 5G 虚拟网　B. 5G 接入网　C. 5G 输出网　D. 5G 核心网
5. 目前，大多数国家采用的 5G 网络部署模式是（　　）。
   A. 独立组网　B. 非独立组网
   C. 基于软件定义网络　D. 网络功能虚拟化
6. 下面哪种现代通信技术的工作频率通常为 2.4GHz～5GHz？（　　）
   A. 蓝牙　B. Wi-Fi　C. 光纤通信　D. ZigBee

模块九 物联网

09

“十二五”“十三五”建设期间，我国就非常重视物联网的发展，各级政府和科研单位携手探索和构建物联网的产业生态链，并将物联网技术作为支撑“网络强国”等国家战略的重要基础。目前，我国的物联网产业链和产业体系的发展已取得显著成效，部分领域已形成一定的市场规模，在这个高速发展的过程中，对物联网专业人才的需求也在逐年增加。当代青年应该了解物联网应用技术的专业知识，努力成为社会需要的人才。

课堂学习目标

- 知识目标：了解物联网的概念、应用领域和发展趋势等基础理论知识；了解物联网的体系结构和关键技术，能够安装和配置一些常见的物联网应用系统。
- 素质目标：养成科技报国的爱国意识，养成良好的职业道德精神、人文素养，以及较强的学习能力、创新能力。

任务一 认识物联网

任务描述

随着科学技术的飞速发展，社会生活已经处于一个“人物互连、物物互连”的智慧网络中，手机能够购物、结算和控制各种电器，共享单车、共享汽车、无人超市相继出现……那什么是物联网？物联网应用在哪些地方？物联网未来的发展趋势怎样？下面将介绍物联网的概念、物联网的应用领域，以及物联网的发展趋势等知识，帮助读者了解物联网的基础理论。读者可在此基础上，通过搜索物联网应用的具体商业模式和案例等进行实践操作，加深对物联网的理解。

相关知识

（一）物联网的概念

物联网是互联网、传统电信网等信息的承载体，是让所有能行使独立功能的普通物品实现互连互通的网络。物联网具有以下两层含义。

- 物联网的基础和核心仍然是互联网，物联网是基于互联网衍生和扩展的网络。
- 信息交换的用户端衍生和扩展到物品与物品之间，即“物物互联”。

简单地说，物联网就是把所有能行使独立功能的物品，通过信息传感设备与互联网连接起来，进行信息交换，以实现智能化识别和管理。在物联网上，每个人都可以应用电子标签将真实的物品与网络连接，利用物联网的中心计算机对机器、设备、人员进行集中管理和控制，以及搜索物品位置、防止物品被盗等，通过连接各种物品的数据，最终聚集成物品大数据，从而实现物物相连。物联网以射频识别技术、无线网络技术、人工智能技术、云计算技术和传感器技术为核心技术，主要具有以下 4 个特征。

- 主动全面感知。物联网会依靠物体植入的各种感应芯片，主动利用射频识别、二维码、传感器等技术，感知物体的存在，并获取物体的状态、位置等信息，再通过各种通信网络交互和传递信息，实现主动、全面地感知世界的基本目标。
- 可靠传输。物联网可以通过有线、无线等不同的传输方式，在任意时间、任意地点，对物体的实时信息进行分类管理，再准确、可靠、有指向性地传输给信息处理设备与环境，与任意物体进行可靠的信息交互与共享，以适应不同的应用需求。
- 智能分析处理。物联网中存在海量数据，需要利用各种智能计算技术进行分析与处理，以更好地支持特定行业和特定场景的用户决策和行动，实现智能化的决策和控制。
- 嵌入式的灵敏服务。物联网把通信业务扩展成从感知、传输到处理的综合性嵌入式服务，各种物品和由物联网提供的网络服务都被嵌入人们的日常生活和工作中。而且，由于物联网能够感知规律、进行预判，向人类提供更智能的服务，因此这种嵌入式服务具有高灵敏度。

（二）物联网的应用领域

我国已经成为全球物联网发展最活跃的地区之一，物联网已经被广泛应用到物流、交通、安防、医疗、建筑、能源环保、家居、零售等多个领域。

- 智慧物流。物联网在智慧物流领域的应用主要体现在物流的运输、仓储、配送等各个环节，实现系统感知、全面分析和处理这 3 个方面。通过物联网技术，人们可以更好地进行货物的仓储管理，实现对运输车辆的实时监测，优化快递终端业务。
- 智能交通。智能交通是物联网的一种重要体现形式，它利用信息技术将人、车和路紧密地结合起来，改善交通运输环境、保障交通安全及提高资源利用率。具体应用包括智能公交车、智慧停车、共享单车、车联网、充电桩监测及智能红绿灯等。
- 智能安防。智能安防能够通过物联网连接各种安防设备，从而传输和存储系统拍摄的图像并进行分析与处理，通过智能判断得出相应的安防结果。
- 智能医疗。智能医疗主要体现在物联网技术能有效地帮助医院实现对人和物的智能化管理。对人的管理是通过传感器对人的生理状态进行监测，将获取的数据记录到电子健康文件中，方便个人或医生查阅；对物的管理是通过射频识别技术对医疗设备、物品进行监控与管理，实现医疗设备、物品可视化，将传统医院打造为数字化医院。
- 智慧建筑。以物联网等新技术为主的智慧建筑主要体现在节能方面，由物联网控制的智能设备可以感知、传输并远程监控，在节约能源的同时还减少了建筑人员的维护工作量。
- 智慧能源环保。智慧能源环保是将物联网技术应用于传统的水、电、光能设备，通过物联网监测能源，不仅能提升能源的利用率，还将减少能源的损耗。

- 智能家居：物联网应用于智能家居领域能够对家居类产品的位置、状态、变化进行监测，分析其变化特征，从而实现智能化控制，使家居生活更加舒适和便捷。
- 智能零售：物联网技术可以应用于以超市和自动售货机为代表的近/中场零售，且主要应用于近场零售，即无人便利店和自动（无人）售货机。通过将传统的售货机和便利店进行数字化升级和改造，打造无人零售模式，智能分析门店内的客流和活动，为用户提供更好的服务。

（三）物联网的发展趋势

物联网是继计算机、互联网与移动通信网之后的又一次信息领域的变革，随着 5G 的广泛应用，移动通信和物联网相互融合，并呈现出以下 5 个发展趋势。

- 我国物联网发展迅速，目前已经从公共管理、社会服务渗透到企业、市场、家庭和个人，这个过程呈现递进的趋势，表明物联网的技术越来越成熟。
- 物联网产业链的形成依旧处于初级阶段，主要是因为缺少一个完整的技术标准体系。未来要在不断的实践中总结出更加成熟的应用方案，再将这些应用方案转化成行业标准，最后才能在不断推进中得出具体的技术标准。
- 随着物联网技术的不断成熟和应用范围的不断扩大，物联网在发展过程中将会创造出更多新的技术平台。
- 物联网已经创造了将技术和人的行为结合在一起这一商业模式，未来物联网将创造出更多新的商业模式。
- 未来 5G 技术的功能会变得更加强大，并在发展的过程中运用新兴的概念来引导物联网的发展，在很大的程度上能够提高物联网的应用价值。在与 5G 融合后，物联网的发展空间也会变得更大。

任务实践

（1）查看表 9-1 所示的内容，搜索物联网应用的相关内容，并将其填写到表 9-1 中。

表 9-1　物联网的应用

应用场景	商业模式	应用案例

（2）查看表 9-2 所示的内容，搜索物联网未来发展的技术趋势的相关内容，并填写表 9-2。

表 9-2　物联网的应用

趋势	主要内容	应用案例
人工智能	许多厂商正重金投资人工智能技术，除各种人工智能技术并存外，新的服务及相关投资也在不断产生	智能烹饪机器人进行菜品烹制
传感器创新		
硅芯片创新		
全新物联网使用者体验		

任务二　了解物联网的体系结构及关键技术

任务描述

现如今，现代信息技术的发展越来越快，并且不断走向成熟，作为现代信息技术重要组成部分的物联网应用也愈加广泛。在进行系统规划和设计时，容易因角度不同而产生不同的结果，因此需要一个具有框架支撑作用的特有的体系架构。另外，随着物联网应用需求的不断发展，各种新技术、关键技术将逐渐融入物联网体系，科学、合理的体系架构对物联网的技术细节、应用模式和发展趋势有着重要影响。下面将根据我国主流论著和观点，以物联网本身的特征和含义为基础，介绍物理网的体系结构及关键技术，然后通过应用案例帮助大家理解和拓展物联网的相关内容。

相关知识

（一）感知层、网络层和应用层

我国的大多数论著将物联网的体系结构分为感知层、网络层和应用层 3 个层次。

- 感知层。感知层是物联网体系结构中的基础层面，主要作用是完成信息采集工作并上传采集到的数据，具体就是感知层通过一维 / 二维条码、射频识别、传感器、红外感应器、全球定位系统等信息传感装置自动采集与物品相关的信息，并将其传送到上位端。智能家居、智能交通、工业控制、公共安全、远程医疗、环境监测和城市管理都属于感知层的技术应用。
- 网络层。网络层是物联网体系结构的中间层面，起着承上启下的作用。网络层是搭建物联网的网络平台，通过各种接入设备连接和融合各种移动通信网、互联网及其他网络，将物品的信息实时、准确地传递出去。例如，在公交车上，刷卡设备将公交卡或手机内置的射频识别信息采集并上传到互联网，网络层完成后台鉴权认证，然后进行收费工作。
- 应用层。应用层是物联网体系结构的终端层面，主要表现为各种具体的网络应用，是物联网发展的目的。物联网应用层把从感知层得到的信息数据进行分析处理，为用户提供丰富、特定的服务，以达到智能化识别、定位、跟踪、监控和管理等目的。

（二）感知层的关键技术

感知层承担着整个物联网的信息采集和物体识别工作，是物联网的数据来源。从现阶段来看，物联网研究和发展的瓶颈也主要集中在感知层。物联网感知层的关键技术包括传感器技术、射频识别技术和二维码技术。

- 传感器技术。在物联网中，传感器是获取信息的主要设备，可以将各种待测量的信号转换成电信号，并通过处理装置处理后作为上层网络的信息源，所以以传感器为核心部件的传感器技术成为了感知层的关键技术。在传感器技术的支持下，衍生出了传感器网络和无线传感器网络。传感器网络由大量的传感器节点组成，而传感器节点则由传感器、通信单元及微处理器组成；无线传感器网络由具有特定功能的传感器节点采用自组织的无线通信方式组成。
- 射频识别技术。射频识别技术在前面的章节中已经介绍过，具有免接触、成本低、寿命长、多目标自动识别、读取高速准确和抗干扰能力强等诸多优点，应用非常广泛。目前，对射频识别技术的研究主要集中于防碰撞技术、天线设计和工作频率选择等方面。
- 二维码技术。二维码技术的原理是利用与二进制数据相对应的几何图形组装成复杂的条形码图案，从而记录不同的信息，简单地说，就是通过特殊的图文来进行信息的存储。二维码具有信息容量大、编码范围广和容错能力强等优点，分为堆叠式和矩阵式两种类型。目前，二维码技术已经广泛应用在手机电商、手机支付和信息获取等领域，发展前景广阔。

（三）网络层的关键技术

物联网的网络层建立在互联网和移动通信网等现有网络基础上，所以网络层的关键技术就是互联网和移动通信网的关键技术，包括远距离有线通信技术和网络技术，以及 2G、3G、4G 和 Wi-Fi 等无线通信技术。

在物联网网络层中，感知数据管理与处理技术是实现以数据为中心的物联网的核心技术，也可以作为网络层的关键技术。感知数据管理与处理技术主要是指物联网数据的搜索、存储、查询、分析、理解，以及基于感知数据决策和行为的技术。

（四）应用层的关键技术

物联网的应用层主要为用户提供丰富多彩的业务体验，需要合理高效地处理从网络层传来的海量数据，并从中提取有效信息。因此，应用层的关键技术包括 M2M（机器对机器）、云计算、人工智能、数据挖掘和中间件等。

- M2M。M2M 技术的作用是使机器之间具备相互连接和通信的能力，M2M 系统结构包含移动网络运营商平台、M2M 平台和 M2M 应用业务平台 3 个部分，M2M 技术又包含大规模随机接入、海量边缘计算、端到端网络虚拟化和低功耗等关键技术，被广泛应用于当今社会的各个领域，是实现万物互连的主要载体之一。
- 云计算。云计算技术将多个成本较低的计算系统整合成一个具有强大计算功能的整体运行系统，可以为网络终端用户提供强大的计算服务能力，为用户提供更加可靠的信息。云计算技术可以有效解决物联网系统内部信息不可靠的问题，并有效控制物联网成本，对完善物联网功能、保障物联网数据的高效利用具有重大意义。

- 人工智能。人工智能是研究和开发用于模拟、延伸和扩展人的智能的理论、方法、技术及应用系统的一门新的技术科学。人工智能技术的核心包括知识与数据智能处理、人机交互技术等。人工智能在物联网中的应用有无人驾驶、智能穿戴设备、生物识别技术等，促进了物联网水平的不断提高。
- 数据挖掘。数据挖掘是指提取隐藏于大量不完全且模糊的数据中价值巨大的信息资源的过程。数据挖掘技术能够使物联网中的海量数据信息得到有效利用，因此在物联网中得到了广泛应用，包括用于增强内部质量管理、提升物流服务效率和合理分配资源等。
- 中间件。中间件、操作系统和数据库并列成为三足鼎立的“基础软件”。凡是能批量生产、高度复用的软件都算是中间件，包括通用中间件、嵌入式中间件、数字电视中间件、射频识别中间件和 M2M 物联网中间件等。在物联网中，中间件是连接云端和智能硬件的桥梁，是数据管理、设备管理、事件管理的中心，是物联网应用集成的核心部件。

任务实践

（1）根据本任务所讲的知识，在互联网上搜索相关内容，分析和绘制物联网的感知层、网络层和应用层的体系结构图。

（2）在互联网中搜索其他物联网体系结构的相关知识，收集其他不同体系结构的物联网信息，对比两种不同体系结构的物联网的异同。

任务三 物联网应用系统

任务描述

随着互联网技术和通信技术的快速发展，物联网已经和人们的生活紧密地联系在一起，众多的物联网应用系统足以满足人们日常生活中的多样化需求。下面介绍常见的物联网应用系统，并通过在无线局域网中使用手机连接并控制空气净化器的任务实践，介绍智能家居这一物联网应用系统。

相关知识

物联网应用系统就是搭建物联网模块，实现多个领域的智能化应用。目前常见的物联网应用系统包括智能家居、考勤管理、停车管理、生产管理、智能楼宇、公共交通管理、智能小区管理、仓储物流管理、智能农业生产、集装箱管理、远程医疗、智能支付、环境监控、路灯智能管理、无人驾驶、智能导航、ETC 等。例如，在家庭网络中通过互联网将计算机、手机、空调、电视、音箱、吸尘器、窗帘、灯、各种厨房电器等连接起来，通过计算机或手机进行日常控制和使用，这是指物联网模块的家庭应用系统，也被称为智能家居。智能家居作为常见的物联网应用系统之一，就是在家庭局域网络的基础上搭建智能家电、智能影音、中央空调和安防监控等模块，由这些模块组合而成的小型网络系统，如图 9-1 所示。

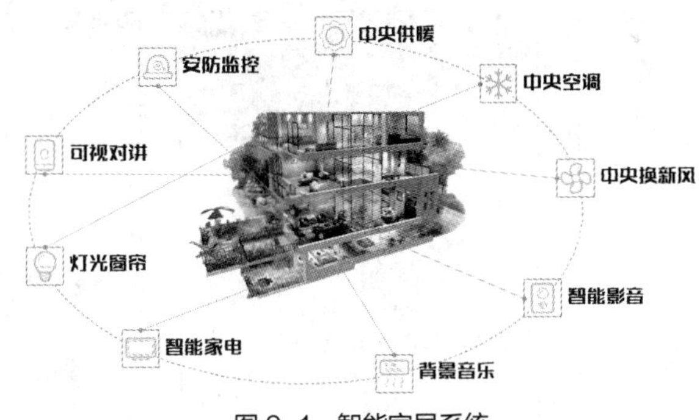

图 9-1　智能家居系统

任务实践

下面以搭建智能家居的智能家电物联网应用系统为例，在无线局域网中使用手机连接并控制空气净化器，操作步骤如下。

（1）在家中搭建一个小型的无线局域网，其主要设备为一台无线路由器，通过配置无线路由器连接到互联网，并设置无线路由器的登录密码。

（2）进入控制端的操作界面，连接局域网。这里是使用手机找到无线局域网选项，进入无线局域网设置界面。先在网络列表中选择已经搭建好的无线局域网，输入设置好的登录密码，再加入该局域网，如图 9-2 所示。

（3）在控制端通过网络下载并安装各种智能设备的管理程序，这里在手机中下载并安装各种智能设备对应的 App，如图 9-3 所示。

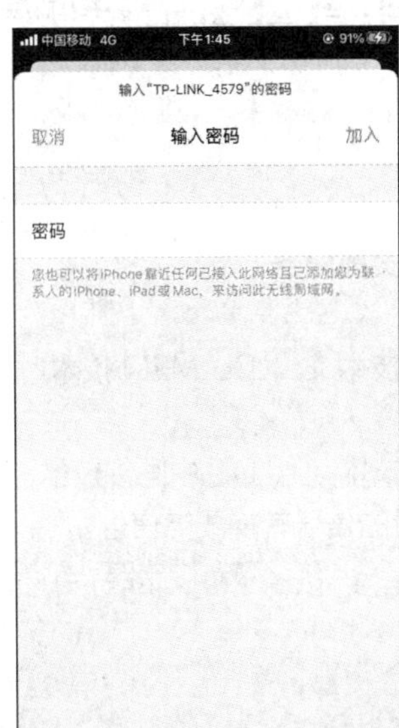

图 9-2　手机连接无线局域网

图 9-3　安装管理程序

（4）启动智能设备，并在控制端启动管理程序。先将程序与智能设备进行匹配连接（通常可以通过蓝牙设备进行），然后在管理程序中查找无线局域网，并输入密码将智能设备连接到无线局域网中，最后通过管理程序对智能设备进行管理。图 9-4 所示为利用手机连接并管理空气净化器的主要过程。

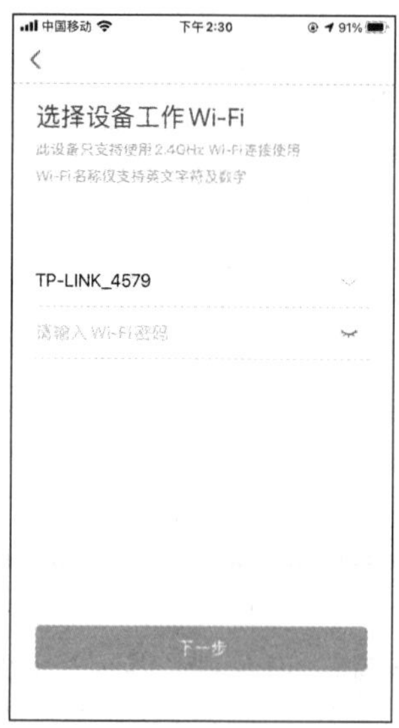

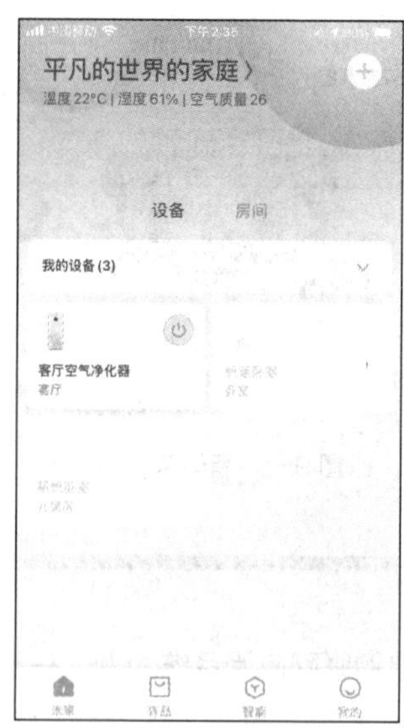

图 9-4　利用手机连接并管理空气净化器

课后练习

一、填空题

1. 物联网的基础和核心仍然是________，物联网是基于________衍生和扩展的网络。

2. 我国的大多数论著将物联网的体系结构分为_________、_________和应用层 3 个层次。

3. 在物联网体系结构中，基础层面是__________，中间层面是__________，终端层面是_________。

二、选择题

1. 下列哪些属于物联网的主要特征？（　　）

A. 主动全面感知　　B. 可靠传输

C. 智能分析处理　　D. 嵌入式的灵敏服务

2. 下面哪一项属于物联网感知层的关键技术？（　　）

A. 无线网络技术　　B. 云计算技术　　C. 射频识别技术　　D. M2M 技术

3. 下列哪些属于物联网应用层的关键技术？（　　）

A. 人工智能技术　　B. 数据挖掘技术　　C. 射频识别技术　　D. 中间件技术

4.（　　）是物联网中获取信息的主要设备，可以将各种待测量的信号转换成电信号。

A. 感知层　　B. 计算机　　C. 路由器　　D. 传感器

模块十 数字媒体

10

互联网的高速发展带来了全球数字化信息传播的革命，也宣告着数字化时代的到来。同时，以互联网作为信息互动传播载体的数字媒体已成为继语言、文字和电子技术之后的新的信息载体。数字媒体与人们日常生活的联系也越来越密切，并成为人们日常生活中不可分割的一部分。为了更深入地认识世界，促进社会发展，当代青年应该了解数字媒体，学习用多种数字化方式对信息、知识进行展示交流，提升自己的专业知识能力，在自己力所能及的范围内努力为国家的数字化经济发展贡献力量。

课堂学习目标

- 知识目标：了解数字媒体和数字媒体技术的概念，了解虚拟现实技术、融媒体技术的基础理论知识；了解文本、图像、声音和视频的特点；熟悉文本、图像、声音和视频资源的采集；掌握文本、图像、声音和视频的处理方式。
- 素质目标：了解数字媒体和数字媒体技术对人们学习、工作和生活的影响；积极探索虚拟现实技术、融媒体技术等新技术的发展对个人和社会的意义；提升个人对数字媒体作品的审美和制作能力。

任务一 了解数字媒体与数字媒体技术

微课

了解数字媒体与数字媒体技术

任务描述

数字媒体的不断发展使数字媒体技术也同步快速发展，许多商家和企业在企业形象宣传、产品推广营销及售后等方面开始运用数字媒体技术，数字媒体技术开始渗透到人们生活、工作的各个方面，对人类社会的发展产生了深远的影响。本任务将介绍数字媒体和数字媒体技术的概念，以及虚拟现实技术、融媒体技术等方面的知识，然后通过搜索数字媒体和数字媒体技术的更多知识，以及虚拟现实技术和融媒体技术的相关关键词等进行实践操作，加深对数字媒体的理解。

相关知识

（一）数字媒体和数字媒体技术的概念

数字媒体是指以二进制数的形式记录、处理、传播、获取过程的信息载体，包括数字化的文本、图形、图像、声音、视频和动画等感觉媒体及其表示媒体等，统称为逻辑媒体，也包括存储、传输、显示逻辑媒体的实物媒体。简单来说，以数字化技术为传播手段的媒体都属于数字媒体。数字媒体以互联网为传播载体，具有多样性、互动性和集成性等特点。

数字媒体技术因数字媒体、网络技术与计算机技术相融合而产生，是集文本、图像、声音、动画等形式的信息于一体，使抽象的信息变成可感知、可管理和可交互的一种信息技术。随着数字媒体行业的迅猛发展，数字媒体技术不断突破和创新，被广泛应用于教育培训、游戏、网上购物、影视动画、网络通信等领域，使人们获取信息、浏览信息及反馈信息的方式发生了很大的变化。图10-1 所示为应用数字媒体技术进行远程教育。

图 10-1　远程教育

（二）虚拟现实技术

虚拟现实（Virtual Reality，VR）技术是一种可以创建和体验虚拟世界的计算机仿真系统。它利用计算机生成一种虚拟环境，是一种多源信息融合的、交互式的三维动态视景和实体行为的系统仿真，可以使用户产生身临其境的感觉，沉浸到虚拟环境中。虚拟现实技术的应用十分广泛，如宇航员利用虚拟现实技术进行训练，产品设计师将图纸制作成三维虚拟物体等。虚拟现实技术主要分为桌面级虚拟现实、沉浸式虚拟现实、增强现实性虚拟现实和分布式虚拟现实。

1. 桌面级虚拟现实

桌面级虚拟现实利用中低端工作站和个人计算机生成仿真三维虚拟场景，用户可在计算机屏幕中观察场景效果，并使用位置跟踪器、三维鼠标或其他手控输入设备在一些专业软件的帮助下，操纵其中的物体。仿真三维虚拟场景虽然能使用户产生一定程度的投入感，但仍然会受到周边现实环境的干扰，缺乏完全沉浸式效果，但由于成本相对较低，因此桌面虚拟现实的应用也较为广泛。

2. 沉浸式虚拟现实

沉浸式虚拟现实具有完全投入的功能，可使用户全身心地沉浸在虚拟环境中，产生在现实世界中可能产生的各种感受。它利用头显等交互设备，将用户的视觉、听觉等封闭起来，并生成一个新的虚拟环境，用户可利用数据手套、语音识别等与虚拟环境进行交互，如驾驶汽车、烹饪、空中飞翔等，从而产生身临其境的感受。图 10-2 所示为常见的 VR 头显设备。

图 10-2　VR 头显设备

3. 增强现实性虚拟现实

增强现实性虚拟现实不仅需要模拟现实世界，还需要在此基础上增强用户在现实环境中的感受。增强现实性虚拟现实将虚拟环境与真实环境融为一体，用户可在两个环境中进行交互。例如，在驾驶汽车时，可利用该技术将汽车的平视显示器中的各种仪表读数集中透射到驾驶员面前的屏幕上，驾驶员不需要低头查看仪器就能掌握大部分驾驶信息，从而提高驾驶安全系数。

4. 分布式虚拟现实

分布式虚拟现实可以使多个用户通过互联网对同一虚拟世界进行观察和操作，再通过计算机与其他用户进行交互，并共享信息，共同体验虚拟经历。分布式虚拟现实可以达到协同工作的目的，在远程教育、工程技术、建筑、实境式电子商务、网络游戏、虚拟社区等领域都有着极其广泛的应用前景。

（三）融媒体技术

融媒体是充分利用媒介载体，把广播、电视、报纸等既有共同点，又存在互补性的不同媒体，在人力、内容、宣传等方面进行全面整合，实现资源通融、内容兼融、宣传互融、利益共融的新型媒体。融媒体可以充分发挥传统媒体与新媒体的优势，使单一媒体的竞争力变为多媒体共同的竞争力，实现资源共享，让人们第一时间了解到更加真实、科学、有效的信息。

融媒体技术则是以融媒体为基础的一种技术手段。随着时代的发展，各种新一代信息技术（如 5G、区块链、大数据、人工智能、全息显示、虚拟现实等）的大规模发展正逐渐成为驱动媒体深入融合的重要技术力量。

任务实践

（1）在互联网中搜索数字媒体和数字媒体技术的更多知识，了解数字媒体的优势与不足，以及我国目前的数字媒体技术的发展趋势，并重点关注虚拟现实技术和融媒体技术等内容，加深对数字媒体和数字媒体技术的认识，展望数字媒体将给人们日常生活、学习和工作带来的改变，并填写表 10-1。

表 10-1　了解数字媒体

数字媒体	
优势	不足

（2）查看表 10-2 所示的内容，按照表中的搜索关键词搜索相关内容，了解数字媒体和数字媒体技术的相关知识，并填写表 10-2。

表 10-2　了解虚拟现实技术和融媒体技术

搜索关键词	
虚拟现实技术	融媒体技术
问题	
① 我国虚拟现实技术的发展趋势是什么？	
② 融媒体的实践途径有哪些？	

任务二　处理与制作数字媒体作品

任务描述

数字媒体极具包容性和发展前景，其作品往往展现出多样化、多媒体化、个性化的视觉效果。

本任务将介绍处理与制作数字媒体作品的相关知识，并通过处理文本、图像、声音和视频，以及制作 HTML5 的实践操作，提升读者对数字媒体作品的处理能力。

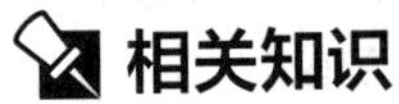

（一）了解文本、图像、声音和视频的特点

数字媒体作品包含文本、图像、声音和视频等类型资源，在制作数字媒体作品前，需要先了解这些资源的特点。

1. 文本

文本是各种文字的集合，文字是人类用符号记录和表达信息以传之久远的方式和工具。在计算机中，主要通过二进制编码来表示不同的文字，常见的文本文件格式有 TXT、DOC、DOCX 等。在数字媒体作品中添加合适的文本，可以增强作品的视觉传达效果，提高设计作品的表现力。

2. 图像

图像可以通过扫描仪、手机、数码相机、摄像机等输入设备导入计算机，它是数字媒体作品中的重要组成部分。图像可以形象、生动、直观地表现大量的信息，因此，在数字媒体作品中灵活使用图像可以有效提高作品的吸引力，优化视觉效果。常见的图像文件格式有 AI、SVG、CDR、GIF、JPEG、JPE、PNG、PSD 等。

3. 声音

人从外部世界所获取的信息中，有 20%是通过听觉获得的。人能听到的声音的频率范围为 20Hz～20kHz，这个频率范围内的信号被称为声音。声音与文本、图像和视频有机地结合在一起，共同承载着数字媒体作品所要表达的思想和感情。在数字媒体作品中可以通过声音来表达或传递信息、制造某种效果和气氛。常见的声音文件格式有 WAV、MP3、OGG、APE、WMA 等。

声音具有 3 个要素，即音调、音响、音色。

- 音调。音调与声音的频率有关，频率越高，音调就越高。所谓声音的频率，是指每秒声音信号变化的次数，其单位为 Hz。
- 音响。音响又称为响度，取决于声波的振幅，振幅越大，声音就越响亮。
- 音色。音色是由波形和泛音所决定的一个声音属性。例如，钢琴、笛子等各种乐器发出的不同声音就是由它们不同的音色决定的。

当说话声、歌声、乐器声和噪声等声音被录制后，就可以通过数字音乐软件对其进行处理，将其转换为音频。当把声音变成音频时，需要在时间轴上每隔一个固定时间间隔对波形曲线的振幅进行一次取值，称为采样，采样的时间间隔称为采样周期。音频是一个数据序列，在时间上是断续的。当用数字表示音频幅度时，只能把无穷多个电压幅度用有限个数字表示。把某一幅度范围内的电压用一个数字表示，称为量化。采样量化的结果是用所得到的数值序列表示原始的模拟声音信号，这就是将声音的模拟信号数字化的过程，如图 10-3 所示。

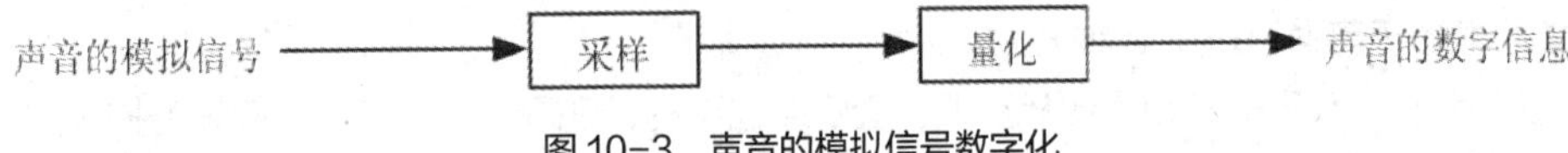

图 10-3 声音的模拟信号数字化

4. 视频

连续的静态图像变化每秒超过 24 帧以上时，根据视觉暂留原理，这些图像看上去具有平滑连续的视觉效果，这样连续的画面叫作视频，如图 10-4 所示。视频是携带信息极丰富、表现力极强的一种媒体资源，常见的视频文件格式有 AVI、MOV、MP4、WMV、FLV 等。与静态图像相比，视频的表现效果更加直观、生动且具有冲击力，有的视频还能与观众产生互动，提升人机交互体验。

图 10-4　视频

（二）采集文本、图像、声音和视频资源

工欲善其事，必先利其器。无论是学习还是工作，要做好一件事，准备工作都非常重要。因此，在制作数字媒体作品前，需要根据数字媒体作品的主题、设计要求等采集需要使用的资源。在采集这些资源时，可以根据自己的需求选择不同的采集方式。

1. 文本采集

采集文本资源可通过以下 2 种方式。

- 自行撰写。根据实际需求自行撰写文本时需注意文本内容的合理性、针对性、创新性和简洁性等。
- 使用扫描仪采集。利用扫描仪中的光学系统可以将图像、照片、图书中的文字投影到平面上，以扫描的方式将以上信息转换为数字信号。用户购买扫描仪时，一般会获得相应的驱动程序。利用该驱动程序，用户可扫描图片、照片等，并将其以 JPEG 或 BMP 等格式保存，然后运用文字识别软件对文字进行扫描后，就可以将其转换为文本文件。

2. 图像采集

采集图像资源可通过以下 3 种方式。

- 使用手机、数码相机和摄像机获取。直接通过手机、数码相机和摄像机等设备拍摄的图像会存储在这些设备的存储器中，然后将设备与计算机相连，即可将其中的文件传输到计算机中。

- 通过抓图软件截取。从屏幕捕获内容又称“屏幕抓图”，它是指将计算机屏幕显示的内容以图像文件的形式保存起来。常用的抓图软件有 HyperSnap、SuperCapture 和 SnagIt 等，这些抓图软件不仅可以捕捉桌面、菜单、窗口等控件，还可以捕捉鼠标指针、特殊超长屏幕、网页图像等。
- 自行绘制。使用计算机系统自带的画图工具或专业绘图软件自行绘制。

3. 声音采集

采集声音资源时，可以通过音频数字化接口的录音设备，如数码录音笔、手机自带的录音功能和计算机系统的录音功能等，将声音直接录制或转录到有音频卡的计算机中。

4. 视频采集

采集视频资源时，可以通过手机、数码相机和摄像机等设备直接拍摄，然后将拍摄的视频上传至计算机中。也可以使用录屏软件录制计算机中的软件操作、网页视频等，并将视频直接存储在计算机中，节省传输时间。

自行绘制并采集的资源不但更加符合数字媒体作品的主题和设计需求，也不用担心版权问题，但一般采集周期较长，采集后的资源也需要进行处理才能运用到数字媒体作品中。为了提高工作效率和资源的质量，也可以通过互联网在相关素材网站搜索需要的资源并下载。采集文本资源时，可以直接在互联网中搜索需要的文本内容；采集图像、视频资源时，可以通过专业的素材网站进行采集，如千图网、包图网、花瓣网等；采集声音资源时，除了可以使用前面所说的专业素材网站采集一些辅助音效，如鸟叫声、打雷声、打字声、鼓掌声等，还可以通过专业的音乐门户网站进行采集，如虾米音乐、QQ 音乐、网易云音乐、酷狗音乐等。需要注意的是，这些网站中的很多资源不能直接商用，读者使用时要注意版权问题，要具有法律意识。

提示 **素材采集完成后，可根据素材的不同类别或自己的工作习惯对素材进行细分整理，尽可能地筛选和精简素材，建立自己的专属素材库，便于下次直接使用，以提高工作效率。**

任务实践

（一）处理文本

一般来说，数字媒体制作软件都具有文本编辑功能，但当文本内容较多时，在数字媒体制作软件中处理文本就不太方便，此时可以使用 Word、WPS 文字、腾讯文档等进行处理。本任务实践将使用 WPS 文字中的模板功能、腾讯文档的在线编辑文本功能，以及移动端文档编辑功能等来介绍文本的具体处理方法。

1. 使用计算机端 WPS 模板处理文本

微课
使用计算机端 WPS 模板处理文本

WPS 文字是 WPS Office 中的一款文本处理组件，能帮助用户完成日常工作中各种文本的处理、文档的制作，以及文档的打印和输出。在使用 WPS 文字处理文本时，可以先新建文档。WPS 文字提供了大量模板，可以帮助用户快速编辑和处理文本。下面使用 WPS 模板制作一个“会议纪要”文档，具体操作如下。

（1）打开 WPS Office 软件，在弹出的“WPS 账号登录”界面中任意选择一种登录方式进行登录，进入首页界面。在界面左侧单击“新建”选项卡，进入“新建”界面，在界面上方单击“W

文字”选项卡，在界面中间单击相应的超链接可以新建空白文字、在线文档和文档模板；在界面左侧的“品类专区”列表中有多种模板文档的分类，每一种分类还包含多个子选项，可以快速创建出不同类型的文档，如图 10-5 所示。

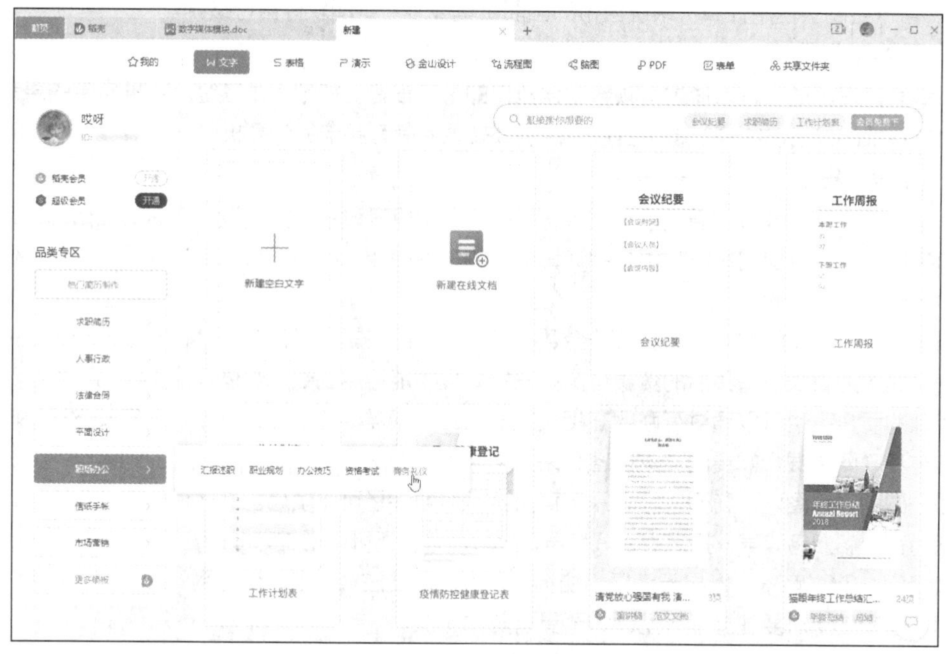

图 10-5 “新建”界面

（2）在“新建”界面的中间单击“会议纪要”超链接，在打开的界面中单击“立即下载”按钮，下载结束后将自动跳转到“文字文稿 1”文档界面。

（3）修改“会议目的”文本为“会议主题”，修改其下方的文本内容为“中心组学习”。

（4）在“会议概要”文本下方的表格中填写与会议相关的文本内容，效果如图 10-6 所示。

（5）修改“会议主题讨论一”和“会议主题讨论二”的相关内容，并将“会议主题讨论三”的相关内容删除，效果如图 10-7 所示。

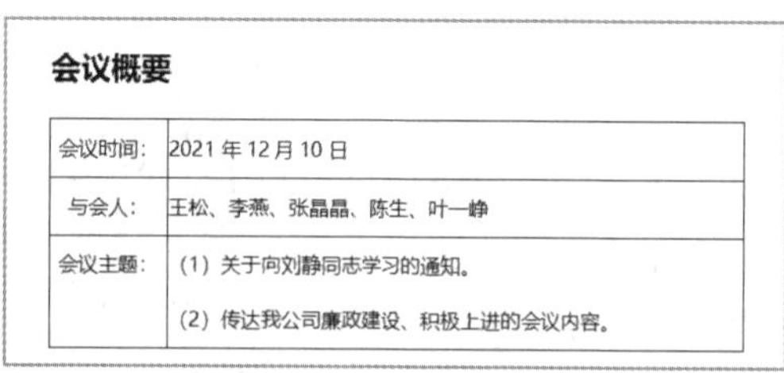

会议概要

会议时间：	2021 年 12 月 10 日
与会人：	王松、李燕、张晶晶、陈生、叶一峥
会议主题：	（1）关于向刘静同志学习的通知。 （2）传达我公司廉政建设、积极上进的会议内容。

图 10-6 修改文本

会议讨论主题一

1. 王松主任：宣读《关于开展向刘静同志学习的通知》
2. 李燕：提高全公司的思想政治水平，建设学习型团队的主题发言

会议讨论主题二

1. 叶一峥主任：布置我集团党风廉政工作
2. 陈生总经理：党风廉政建设一岗双责工作，行政干部要防微杜渐、警钟长鸣，不能给党和人民带来损失，有章必循、违章必究。

图 10-7 修改和删除文本

（6）单击左上角的“文件”按钮，执行【文件】/【另存为】命令，打开“另存文件”对话框，在“文件名”文本框中输入“会议纪要 1”文本，选择文件的保存位置，单击“保存”按钮，存储文本文件（配套资源：\效果文件\模块十\会议纪要 1.docx）。

2. 使用手机端处理文本

为了便于随时随地处理文本，可将计算机端的文本文件传输到手机端，然后通过“WPS Office”App 进行文本处理，具体操作如下。

（1）下载“WPS Office”安装程序并安装，打开该 App 后自动进入登录页面，任意选择一种登录方式。登录成功后进入 App 的首页界面，如图 10-8 所示，点击“加号”按钮可新建文档、表格等。

（2）将计算机端“会议纪要 1.docx”文档通过微信软件中的“文件传输助手”发送到手机端，此时“WPS Office”App 会自动打开从手机端微信 App 中接收到的文档，如图 10-9 所示。

图 10-8 “WPS Office”App 首页界面

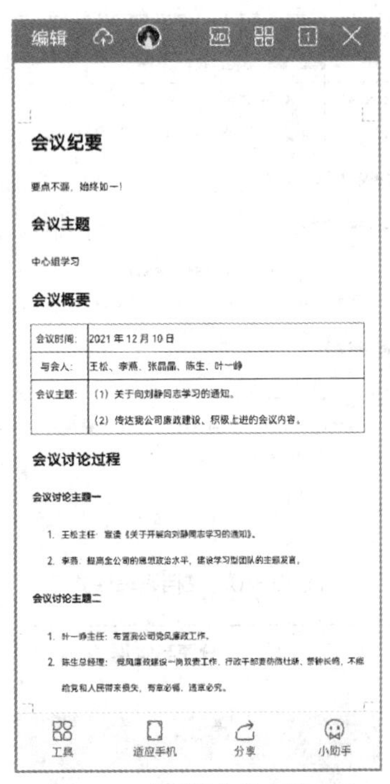

图 10-9 自动接收的文档界面

（3）点击界面左上角的“编辑”超链接，进入文档编辑模式，如图 10-10 所示。该模式中，界面顶部的返回符号可以返回至上一步或下一步，“X”符号可关闭正在输入的文档；界面底部的按钮可用于设置文本的字体、字号、颜色、行距等属性，以及插入图片、图标、图表等。

（4）点击界面底部的第 1 个按钮，设置文本颜色为红色，点击文档中的“要点不漏，始终如一！”文本，定位文本插入点，修改该文本为“2021 年第 3 次思想政治学习”，如图 10-11 所示。

（5）点击界面左上角的“完成”按钮，退出文档编辑模式，进入阅读模式。预览文档无误后，可再将其分享到计算机端。点击界面底部的“分享”按钮，在打开的“分享与发送”界面中可将该文档以文件链接或文件形式分享到钉钉、微信和 QQ 等 App，也可以生成在线文档，邀请多人共同编辑文档，或者直接在计算机端的 WPS Office 软件中编辑文档，如图 10-12 所示。

（6）在“分享与发送”界面中点击“微信”超链接，在打开的界面中选择“以文件发送”选项，然后点击下方的“以文件发送”超链接，如图 10-13 所示，在打开的界面中选择微信 App 中的“文件传输助手”，可将文档发送到计算机端的微信软件中，然后将其存储到计算机中即可（配套资源：\效果文件\模块十\会议纪要 2.docx）。

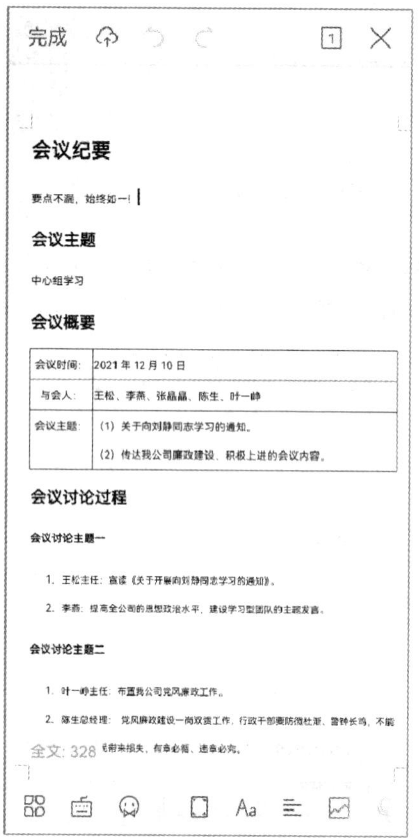

图 10-10　文档编辑模式

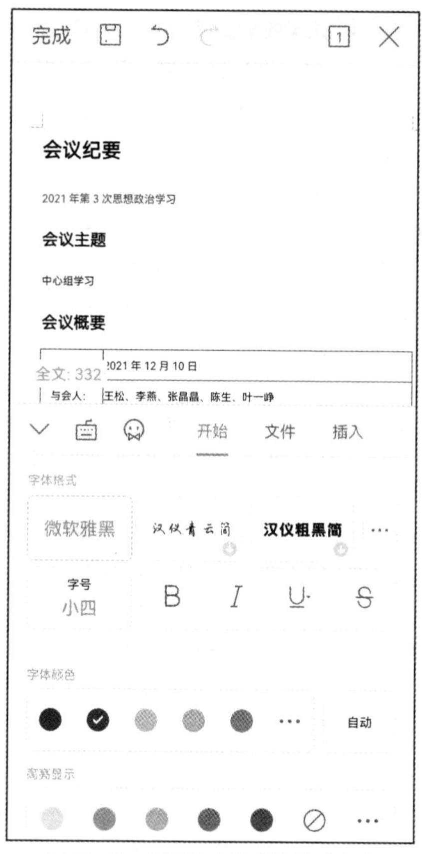

图 10-11　设置文本颜色和修改文本

图 10-12　分享与发送文件

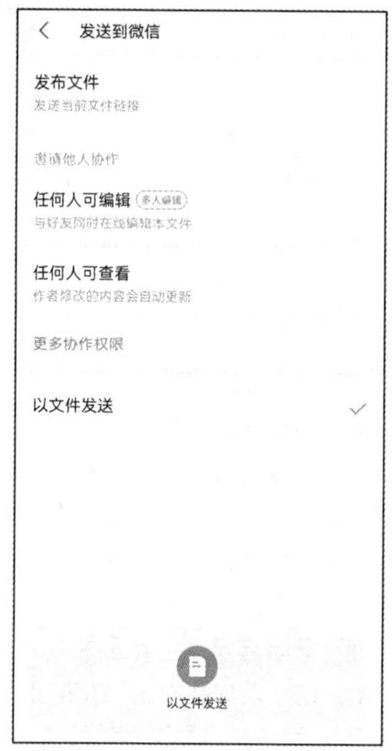

图 10-13　将文件发送到微信

3. 在线编辑文本

在工作和日常生活中，可能需要以团队协作形式参与学习和实践活动。在处理文本时，可以通过腾讯文档在线编辑文档，实现团队协作，减少沟通成本，提高工作效率。具体操作如下。

（1）在计算机端进入“腾讯文档”官方网站，在右侧任意选择一种登录方式登录腾讯文档，进入腾讯文档首页界面。单击界面左上角的“新建”按钮，在其中可以选择在线文档、在线表格、在线幻灯片等内容，也可以导入本地文档，或通过“新建”按钮右侧的“导入”按钮进行导入，如图 10-14 所示。

（2）单击“导入本地文件”按钮，打开“打开”对话框，在其中选择“会议纪要”文档，单击“打开”按钮。在打开的“导入本地文件”对话框中单击“导入”按钮，导入完成后，单击“立即打开”超链接，如图 10-15 所示。

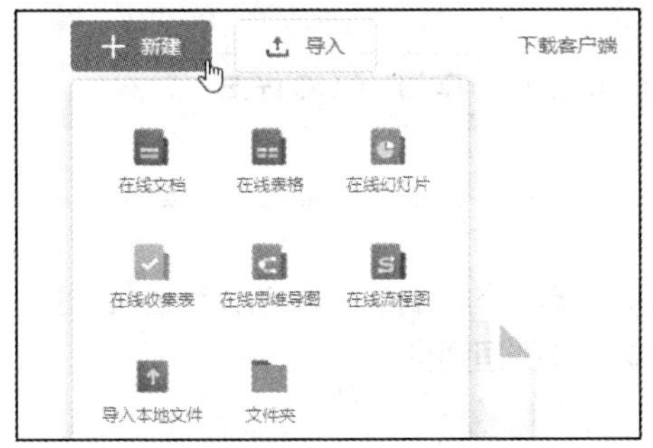

图 10-14　新建文件

图 10-15　导入本地文件

（3）进入在线文档的编辑界面，在左侧目录板块中单击“会议结论”超链接，修改下方的文本内容，效果如图 10-16 所示。

（4）在“任务排期”文本下方选择第 3 行的表格内容，单击鼠标右键，在打开的快捷菜单中执行“在下方插入 1 行”命令，然后修改表格中的其他文本内容，并设置对齐方式为垂直居中对齐，效果如图 10-17 所示。

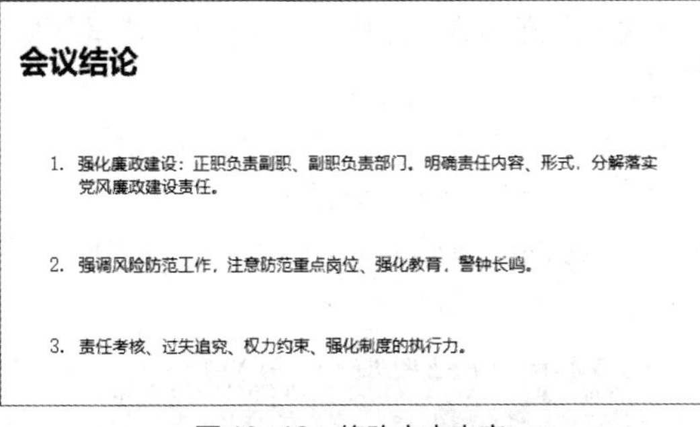

图 10-16　修改文本内容

任务排期

序号	任务描述	负责人	预计完成时间
1	问卷调查	李燕	2021年12月12日
2	书面报告	张晶晶	2021年12月13日
3	小组讨论	陈生	2021年12月14日

图 10-17　插入表格的编辑文本

（5）在界面右上角单击“分享”按钮，打开“分享”对话框，在其中可选择分享对象、文档权限，以及分享方式。这里选择“仅我分享的好友”选项，选中“可编辑”单选项，效果如图 10-18 所示。

（6）在“分享”对话框中单击“QQ 好友”超链接，打开“QQ 好友分享”对话框，在其中选择需要一同协作的好友，单击“确定”按钮，如图 10-19 所示。将文档链接分享给好友后，好友可通过手机端的 QQ App 或计算机端的 QQ 软件进入该文档，进行在线查看和编辑。

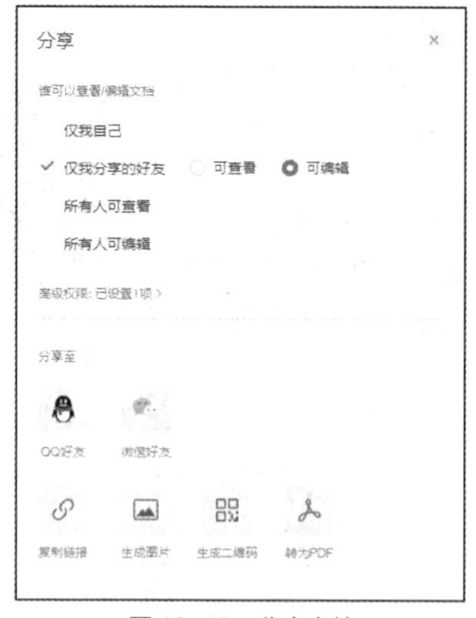

图 10-18　分享文件

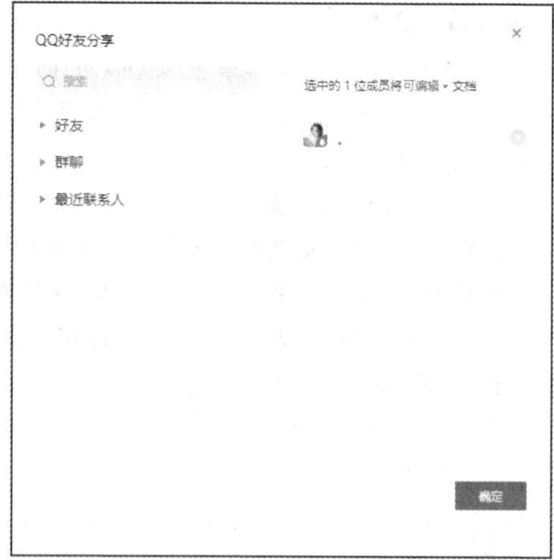

图 10-19　分享文件给 QQ 好友

（二）处理图像

为了更符合数字媒体作品的要求，以及提高其美观性，采集后的图像还需要使用专业的图像处理软件进行处理。本任务实践将使用 Adobe Photoshop 2020 处理图像。

1. 去噪和增强图像清晰度

噪点和模糊是影响图像细节、破坏画质的两大原因。在 Photoshop 中通过滤镜可使噪点不再明显，最大限度提高图像画质，并让图像的细节更加清晰、丰富，从而优化数字媒体作品的质量。具体操作如下。

（1）打开 Adobe Photoshop 2020，单击“打开”按钮，打开“打开”对话框，选择“去噪.jpg”图像素材（配套资源：\素材文件\模块十\去噪.jpg），单击“打开”按钮，将其在 Photoshop 中打开。按【Ctrl++】组合键放大图像，发现图像中有许多颜色噪点，如图 10-20 所示。

（2）为了在后续处理时不影响原始图像，可以先复制图像。在“图层”面板选择“背景”图层，按【Ctrl+J】组合键复制图像，得到“图层 1”图层。

（3）执行【滤镜】/【Camera Raw 滤镜】命令，打开“Camera Raw”对话框，在右侧选择“细节”选项，展开“细节”面板，在其中设置“减少杂色”为“76”，“杂色深度降低”为“85”。

（4）在“Camera Raw”对话框左下角设置缩放级别为“200%”，放大图像，在右侧预览框中可看到图像的噪点已被去除，效果如图 10-21 所示。

图 10-20　查看噪点图像

图 10-21　查看图像效果

（5）在“Camera Raw”对话框右下角单击“确定”按钮，返回图像编辑区，可以看到处理后的图像清晰度不是很高，有的部分比较模糊，可通过锐化增强图像的清晰度。执行【滤镜】/【锐化】/【智能锐化】命令，打开“智能锐化”对话框，设置锐化参数，单击“确定”按钮，如图 10-22 所示。

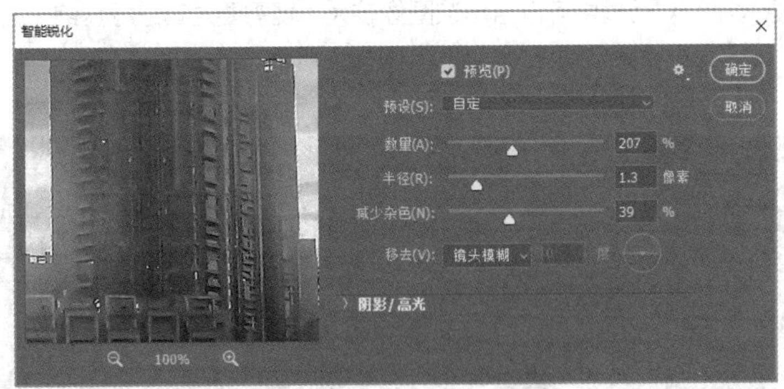

图 10-22 设置“智能锐化”参数

（6）执行【文件】/【存储为】命令，打开“另存为”对话框，选择文件类型为 JPEG 格式，设置文件名为“去噪和增强图像清晰度”，选择文件的存储位置后，单击“保存”按钮，在打开的“JPEG 选项”对话框中单击“确定”按钮（配套资源：\效果文件\模块十\去噪和增强图像清晰度.jpg）。

2. 分割图像

当图像中出现不需要的部分，或者图像尺寸不符合设计需求时，可通过裁剪、分割的方式调整图像大小。具体操作如下。

（1）在 Photoshop 中打开“分割图像.jpg”图像素材（配套资源：\素材文件\模块十\分割图像.jpg），在工具箱中选择裁剪工具，在工具属性栏中的“比例”下拉列表中选择“1：1（方形）”选项，此时图像编辑区出现一个方形的裁剪框，如图 10-23 所示。

（2）在图像编辑区中拖动图像素材，使素材中的主体物（冰激凌）置于裁剪框的中心位置，如图 10-24 所示。

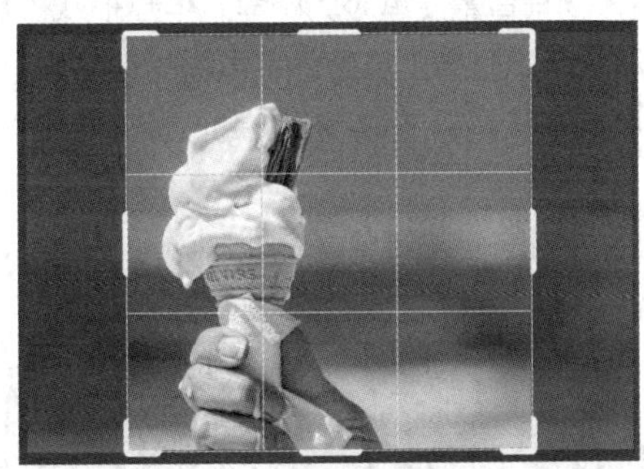

图 10-23 默认方形裁剪效果

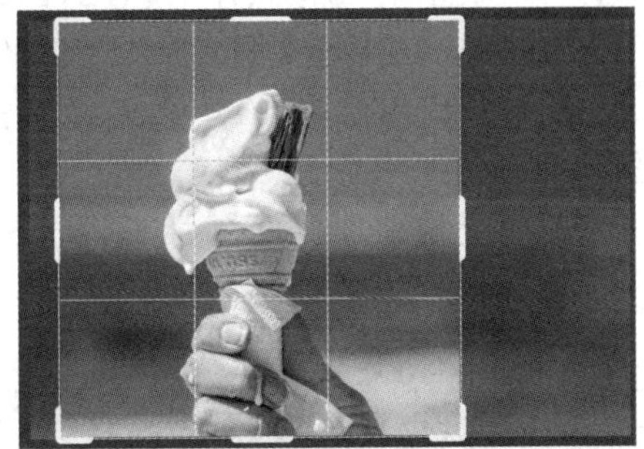

图 10-24 调整裁剪框位置

（3）按【Enter】键确定裁剪效果，然后将文件保存为 JPEG 格式（配套资源：\效果文件\模块十\分割图像.jpg）。

3. 压缩图像

当图像文件过大时，会影响数字媒体作品中图像的显示速度，并使图像处理软件的运行速度变慢，此时可通过压缩图像尺寸和分辨率来调整图像大小。具体操作如下。

（1）在 Photoshop 中打开“压缩图像.jpg”图像素材（配套资源：\素材文件\模块十\压缩图像.jpg），执行【图像】/【图像大小】命令，打开“图像大小”对话框，如图 10-25 所示。

（2）从“图像大小”对话框中可以看出该图像较大，现需要对其进行压缩。在该对话框中设置分辨率为“72”，图像大小将会自动缩减，如图 10-26 所示。

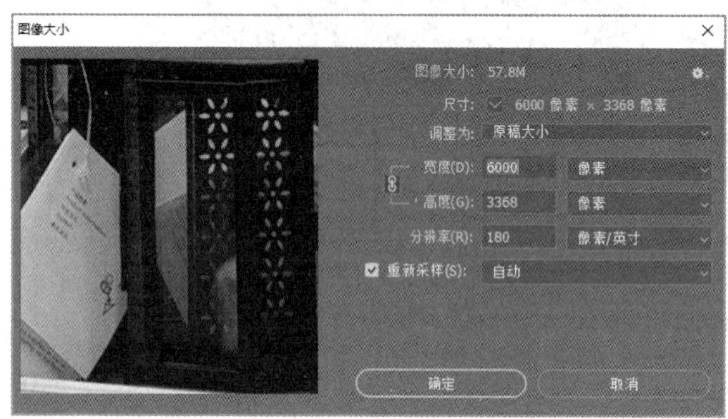

图 10-25　原始图像大小

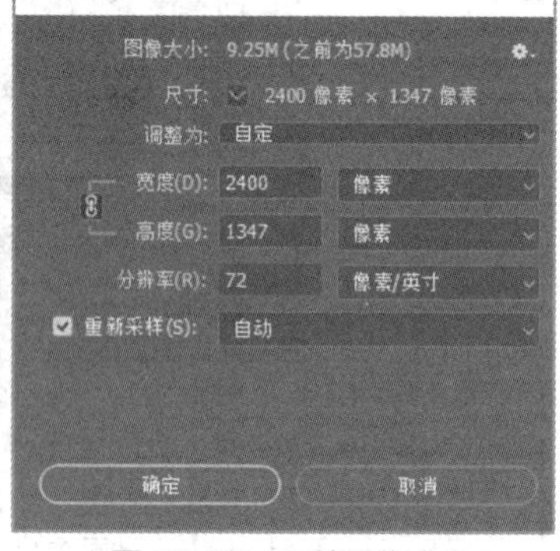

图 10-26　压缩图像大小

（3）单击“确定”按钮，执行【文件】/【存储为】命令，打开“另存为”对话框，选择文件类型为 JPEG 格式，选择文件的存储位置后，单击“保存”按钮。在打开的“JPEG 选项”对话框中可以看到图像已经被压缩，单击“确定”按钮（配套资源：\效果文件\模块十\压缩图像.jpg）。

4. 提取图像特征

在处理图像时，经常需要提取图像中的某部分特征，此时可以通过选区来限定图像的提取范围。Photoshop 中创建选区的方法和工具较多，在处理时可根据图像的实际情况，结合选框工具组、套索工具组、钢笔工具组等，以及通道、蒙版、色彩范围等功能灵活处理。具体操作如下。

（1）在 Photoshop 中打开“鹿.jpg”图像素材（配套资源：\素材文件\模块十\鹿.jpg）。从图 10-27 中可以看出，该图像背景是蓝天和草地，主体物与背景反差较为明显，但其形状不规则，因此可运用对象选择工具选择图像中大致的主体物，然后运用魔棒工具处理主体物的细节部分。

（2）选择对象选择工具，在图像编辑区中的空白区域按住鼠标左键不放拖动鼠标，将主体物完整地框选，如图 10-27 所示。

（3）释放鼠标左键，Photoshop 将自动识别框选区域内的完整对象，并对其创建选区，效果如图 10-28 所示。

图 10-27　框选主体物

图 10-28　自动识别对象

（4）图像中鹿角还有部分未被选中，可单击工具属性栏中的“添加到选区”按钮，使用鼠标将未被选中的部分框选，效果如图 10-29 所示。

（5）释放鼠标左键，效果如图 10-30 所示。

图 10-29　添加选区

图 10-30　选区效果

提示　**在使用对象选择工具、快速选择工具和魔棒工具选择图像中的主体时，在选择这 3 个工具后，单击其工具属性栏中的“选择主体”按钮，Photoshop 将自动识别图像中的主体，并为其创建选区。**

（6）放大图像的鹿角，发现有的区域出现了漏选或错选的情况，但情况较少，且背景多为纯色，因此这里可运用魔棒工具进行处理。

（7）选择魔棒工具，在工具属性栏中设置容差为“20”，单击“从选区减去”按钮，单击被多选的区域，减去多余的选区；单击“添加到选区”按钮，单击未被选中的区域，直到鹿角被全部选中，效果如图 10-31 所示。

（8）使用相同的方法继续提取主体物的其他部分，使抠取的主体物更加完整、自然。按【Ctrl+J】组合键复制选区内容到新建的图层中，图像中的主体物已被提取出来。隐藏“背景”图层，以便查看提取的主体物效果，如图 10-32 所示。

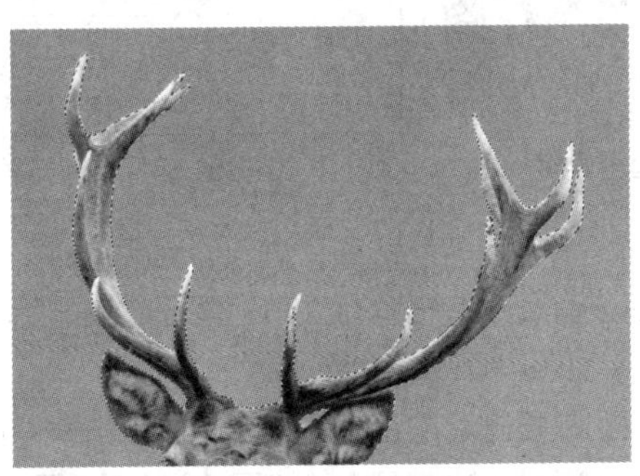

图 10-31　调整选区

图 10-32　查看图像效果

（9）选择“图层 1”图层，单击鼠标右键，在弹出的快捷菜单中执行“快速导出为 PNG”命令，在打开的“存储为”对话框中输入文件名为“提取图像特征”，选择文件的存储位置后，单击“保存”按钮（配套资源：\效果文件\模块十\提取图像特征.png）。

（三）处理声音

处理声音时，既可以使用计算机端的 Goldwave、Audition 等专业的音频剪辑软件进行处理，也可以在手机端使用音频剪辑类 App 更加方便、快速地进行处理。下面以“音频剪辑大师”App 为例介绍音频的录制、剪辑和发布方法，具体操作如下。

（1）下载“音频剪辑大师”App 安装程序并进行安装。

（2）打开“音频剪辑大师”App，进入首页界面，选择“音频录制”选项，进入音频录制界面，点击界面中间的录制按钮，即可录制音频，如图 10-33 所示。

（3）若需暂停或停止录制，可在录制过程中点击页面中间的暂停按钮，此时会显示暂停页面，如图 10-34 所示。在该页面中点击左侧第 1 个按钮可重新开始录制；点击第 2 个按钮可继续录制；点击第 3 个按钮可播放暂停前录制的声音效果；点击左上角的按钮可退出录制界面；点击右上角的按钮可完成录制。

（4）等待音频录制结束后，点击右上角的按钮进入“音频播放”界面，单击“重命名”按钮，设置新的名称为“动感音乐”，如图 10-35 所示。

图 10-33　音频录制界面

图 10-34　暂停界面

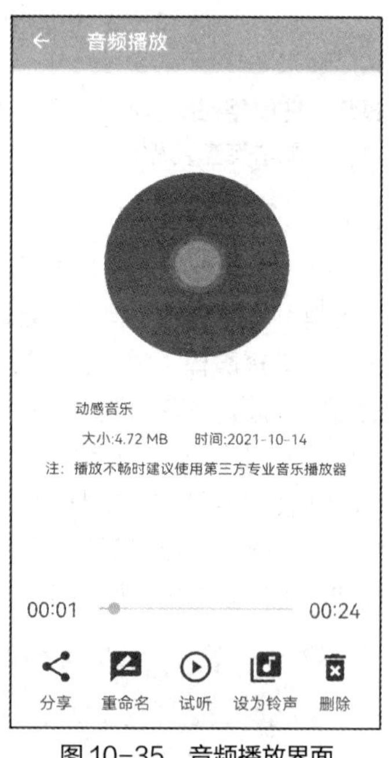

图 10-35　音频播放界面

（5）点击左上角的返回按钮进入首页界面，选择“音乐裁剪”选项，进入“音频选择”界面，可以看到之前录制的音频，点击音频进行试听，发现该音频中有一段有人声，需要将其删除。点击“动感音乐.mp3”音频素材，进入“音频裁剪”界面，如图 10-36 所示。

（6）在该界面中点击播放按钮播放音频，当播放到需要删除的音频的开始处时点击暂停按钮，观察波形栏中时间轴的位置，将波形栏的开始位置移动到时间轴位置处，如图 10-37 所示。

（7）使用同样的方法将波形栏的结束位置移动到需要删除的音频的结束处，如图 10-38 所示。

（8）在设置删除音频的开始位置和结束位置时，可使用“时间微调”栏中的“开始时间”和“结束时间”下方的加号和减号按钮精细调整时间位置。

（9）点击“删除已选音频”按钮，在“新的名称”文本框中输入裁剪后的新音频名称为“动感音乐-处理后”，点击“确定”按钮，完成音频剪辑（配套资源：\效果文件\模块十\动感音乐-处理.mp3）。

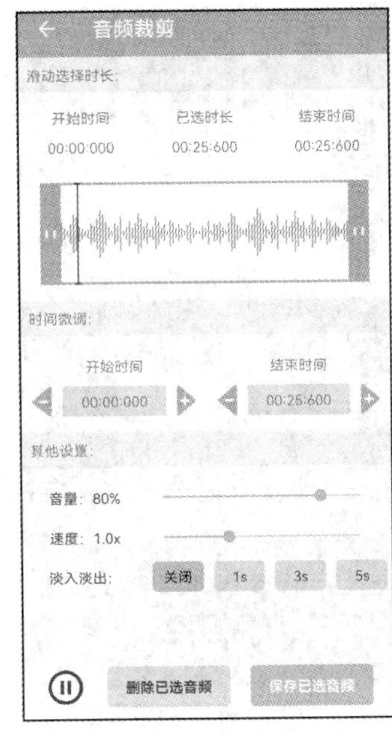

图 10-36　音频裁剪界面

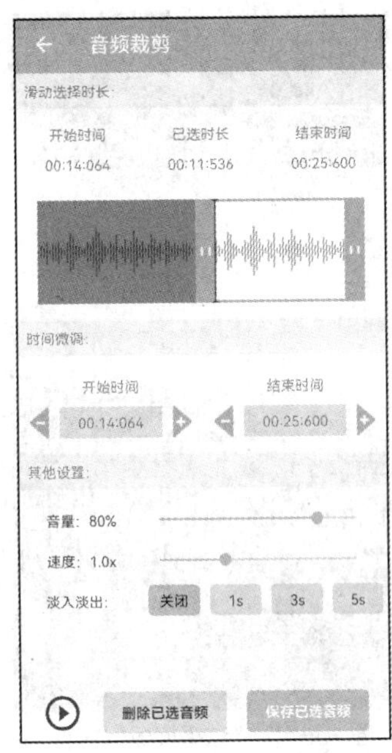

图 10-37　设置音频起始点

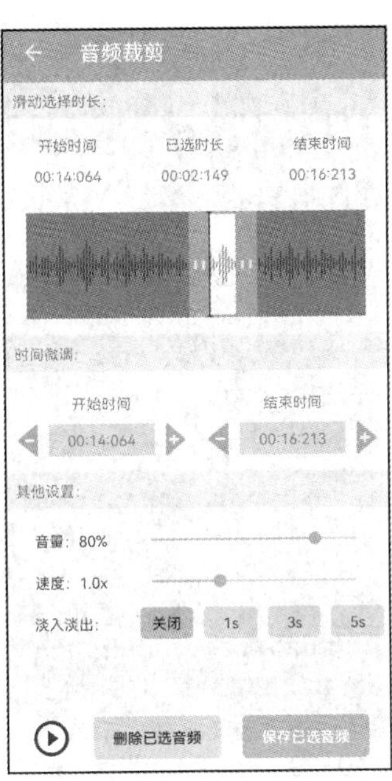

图 10-38　设置音频结束点

（10）处理完成后自动进入“音频播放”界面，在该界面中点击“分享”按钮，在打开的界面中可选择将音频发布到朋友圈、抖音等。

（四）处理视频

无论是在手机端还是在计算机端，都能够使用很多功能强大的视频编辑软件高效地处理视频，包括录制、剪辑和发布等操作。下面以“剪映”App 为例进行介绍。

1. 拍摄视频

使用“剪映”App 处理视频前需要先准备视频素材，视频素材一般通过拍摄获取。下载“剪映”App 安装程序并进行安装，然后打开“剪映”App，进入首页界面，如图 10-39 所示。在首页界面中点击“拍摄”按钮，进入视频的拍摄界面。在该界面中点击右侧第 4 个按钮，在打开的界面中可以选择多种视频模板，通过这些模板可为拍摄的视频自动添加滤镜、文字、音频等效果，在短时间内制作出效果丰富的视频。

2. 使用模板制作视频

“剪映”App 提供了丰富的模板，使用模板制作视频可以帮助初学者快速制作出效果美观的视频作品。其方法为：在“剪映”App 的首页界面点击“一键成片”按钮，在打开的界面中选择需要的视频，点击“下一步”按钮，“剪映”App 将自动为该视频匹配合适的视频模板，如图 10-40 所示。在“选择模板”界面点击“导出”按钮，视频导出后即可分享，如图 10-41 所示。

3. 自行创作视频

创新是一个民族进步的灵魂，是国家兴旺发达的不竭动力。从另一个层面来说，创新也是数字媒体作品的核心。因此，制作视频也可以充分发散创新思维，以创作出更加新颖、有趣、具有正能量的视频作品。使用“剪映”App 自行创作视频的具体操作如下。

图 10-39 “剪映 App”首页界面

图 10-40 “选择模板”界面

图 10-41 完成导出

（1）在“剪映”App 的首页界面点击“开始创作”按钮，在打开的界面中选择“女装.mp4”视频（配套资源：\素材文件\模块十\女装.mp4），选中“高清画质”单选项，点击“添加”按钮，进入视频编辑界面，如图 10-42 所示。在该界面中可以剪辑视频，为视频添加音频、文字、贴纸等。

（2）在视频编辑界面中拖动时间轴到需要剪辑的位置，选择“剪辑”选项，进入视频剪辑界面，如图 10-43 所示。在该界面中分割视频，调整视频播放速度和音量，为视频添加入场动画和出场动画等。

（3）选择“分割”选项，将自动返回视频编辑界面。点击视频的分割处，进入添加转场界面，在其中选择“叠化”选项，如图 10-44 所示。

图 10-42 视频编辑页面

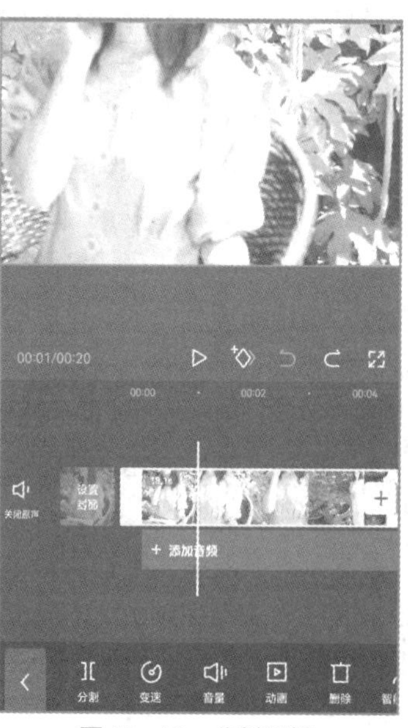

图 10-43 分割视频

图 10-44 添加转场

（4）点击右下角的确定按钮，返回视频编辑界面。再次选择“剪辑”选项，进入视频剪辑界面。选择“动画”选项，进入动画添加界面，在其中选择“入场动画”选项，设置入场动画为“渐显”，如图 10-45 所示。

（5）点击右下角的确定按钮，返回动画添加界面。依次点击两次左下角的返回按钮，返回视频编辑界面。

（6）在视频编辑界面中选择“关闭原声”选项，关闭视频的原始声音。选择“音频”选项，进入音乐添加界面，如图 10-46 所示。在该界面中可以为视频添加音乐、音效，以及提取视频中的音乐和录音等。点击音频添加界面中的“音乐”选项，进入“添加音乐”界面，在其中选择一个合适的音乐，点击对应的“使用”按钮，即可将所选音乐运用到视频中。

（7）返回音频添加界面，按住音频轨道不放并拖动，调整音频的出现时间和结束时间与视频时长一致，如图 10-47 所示。若音频时长过长，可点击音频轨道，然后拖动音频的结束点进行裁剪。

图 10-45　设置入场动画

图 10-46　音乐添加界面

图 10-47　调整音频时间

（8）依次点击两次左下角的返回按钮，返回视频编辑界面。选择视频轨道中剪切后的第 2 段视频，在下方选择“滤镜”选项，进入滤镜添加界面，在其中选择“高清”滤镜组中的“自然”滤镜，如图 10-48 所示。

（9）点击右下角的确定按钮，再点击左下角的返回按钮，返回视频编辑界面。在界面下方选择“特效”选项，然后选择“画面特效”选项，进入特效添加界面，在其中选择“基础”特效组中的“变清晰”特效，如图 10-49 所示。

（10）此时视频已经基本制作完成，点击右上角的“导出”按钮，完成视频的制作（配套资源：\效果文件\模块十\女装.mp4），可以选择将视频发布到抖音、西瓜视频等平台，如图 10-50 所示。

图 10-48　添加滤镜　　图 10-49　添加特效　　图 10-50　完成导出

（五）制作 HTML5

随着移动互联网技术的日益普及和迅猛发展，HTML5 也逐渐被更多人认识和了解。HTML5 是第 5 代 HTML（Hyper Text Markup Language，超文本标记语言）的缩写。HTML5 具备可操作性与互动性强、表现形式丰富多样、视听效果好等优势，受到大量用户的欢迎。下面以目前较为主流的 HTML5 制作工具——“MAKA”为例进行介绍，具体操作如下。

（1）登录“MAKA”官方网站，进入“精选推荐”界面，如图 10-51 所示。

图 10-51　“MAKA”官方网站界面

（2）在“精选推荐”界面右侧单击“模板中心”选项卡，打开“H5 模板列表”界面，在其中任意选择一个模板，单击“编辑”按钮，进入模板的编辑界面，如图 10-52 所示。

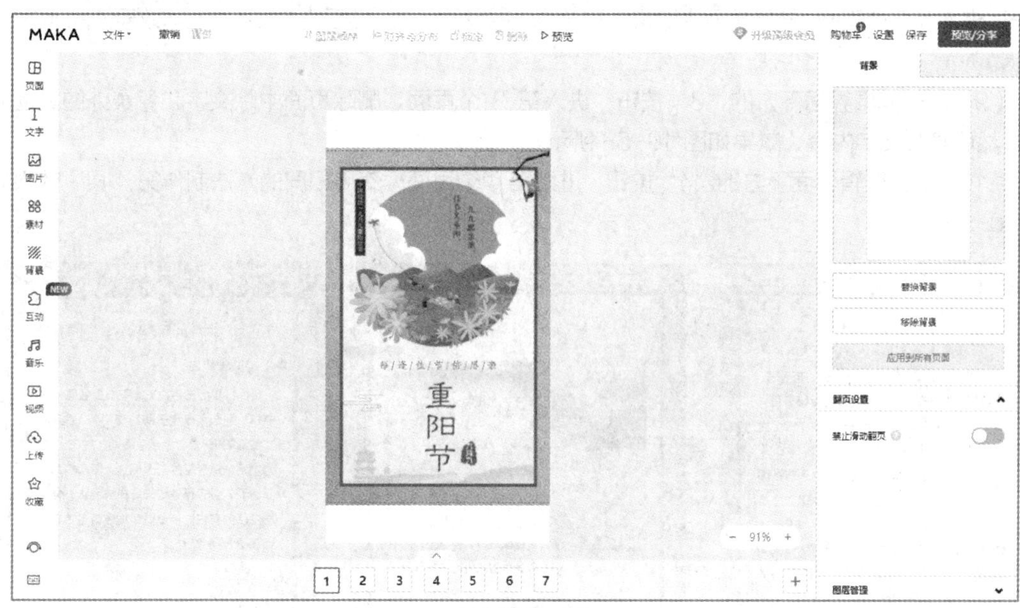

图 10-52　模板编辑界面

（3）在编辑界面中将该模板中除背景元素外的其余元素全部删除，效果如图 10-53 所示。

（4）单击左侧的“上传”按钮，再单击“上传图片”按钮，打开“上传”对话框，在其中选择“端午”文件夹中的所有素材（配套资源：\素材文件\模块十\“端午”文件夹），单击“打开”按钮。选择上传的“封面”素材，将其拖动到编辑界面中（需保证编辑界面中没有选中任何元素），如图 10-54 所示。

（5）在编辑界面中调整“封面”素材的大小，使其覆盖中间的淡黄色区域，如图 10-55 所示。

（6）在编辑界面右侧的“图片”选项卡下方单击“裁剪”按钮，在编辑界面裁剪“封面”素材，然后将“文字”素材拖到编辑界面，调整其大小和位置，效果如图 10-56 所示。

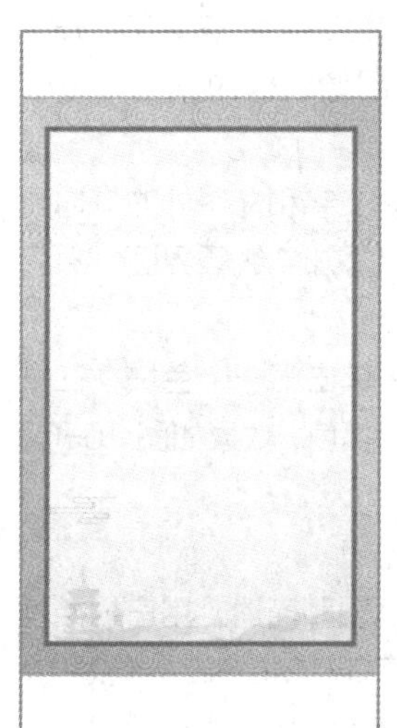

图 10-53　删除元素

图 10-54　添加素材

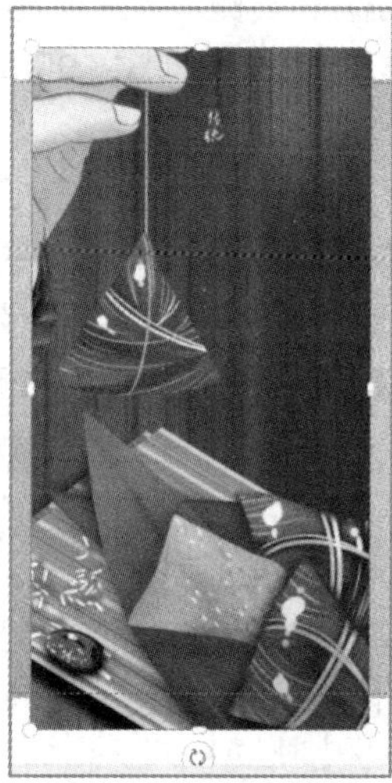

图 10-55　裁剪素材

图 10-56　调整素材大小

（7）在编辑界面选中“文字”素材，在编辑界面右侧单击“动画”选项卡，设置动画类型为“放大”。

（8）在编辑界面上方单击“预览/分享”按钮可预览当前页面效果。单击编辑界面下方的“2”按钮，进入第 2 个页面，删除页面中除文字和背景外的其他元素，然后修改文字内容，效果如图 10-57 所示。

（9）单击编辑界面下方的“3”按钮，进入第 3 个页面，删除页面中除文字和背景外的其他元素，然后修改文字内容，效果如图 10-58 所示。

（10）单击编辑界面下方的“4”按钮，进入第 4 个页面，使用相同的方法制作第 4 页，效果如图 10-59 所示。

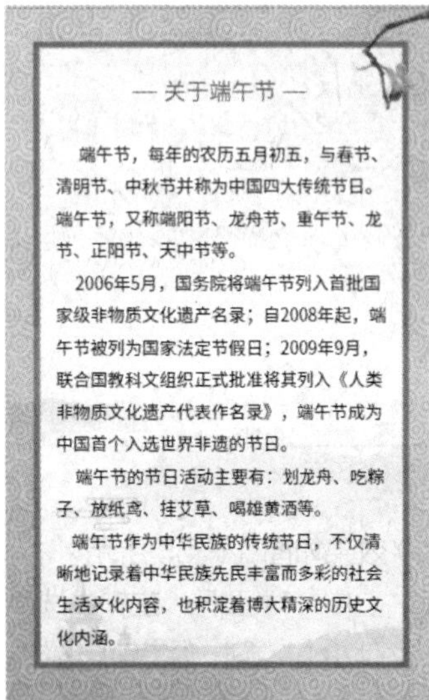

图 10-57　制作第 2 页

图 10-58　制作第 3 页

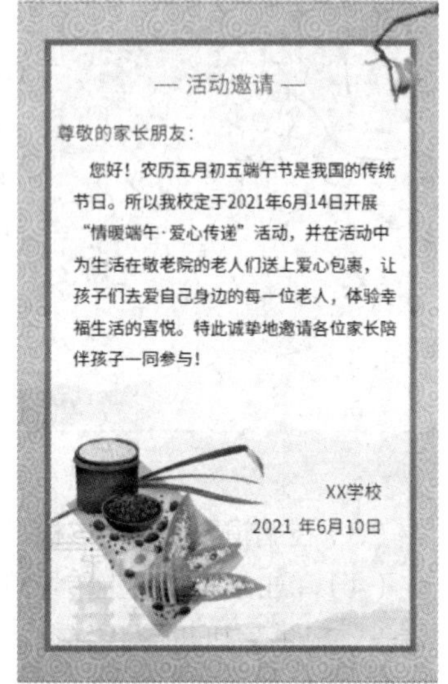

图 10-59　制作第 4 页

（11）单击编辑界面下方的“5”按钮，进入第 5 个页面，使用相同的方法制作第 5 页，效果如图 10-60 所示。

（12）单击编辑界面下方的“6”按钮，进入第 6 个页面，删除页面中除文字和背景外的其他元素。单击“拨打电话”按钮，在右侧“电话”选项卡中单击“颜色”栏中的第 2 个色块，在打开的列表中单击“自定义”选项卡，单击其中的吸管工具，吸取编辑界面中图像边框的颜色，效果如图 10-61 所示。

（13）单击编辑界面下方的“7”按钮，进入第 7 个页面，删除页面中除文字和背景外的其他元素。单击左侧的“互动”按钮，单击“表单”栏中的“意见反馈”表，将其添加到编辑界面，然后在编辑界面调整“意见反馈”表的大小和位置，效果如图 10-62 所示。

（14）选中“意见反馈”表，在编辑界面右侧的“表单设置”选项卡中单击第一个色块，在打开的列表中单击“自定义”选项卡，单击吸管工具，吸取与步骤 12 中相同的颜色，效果如图 10-63 所示。

（15）在编辑界面右侧单击“动画”选项卡，设置动画为“弹性放大”。

（16）单击“预览/分享”按钮，打开分享作品界面，在其中设置作品标题和描述，用户扫描其中的二维码即可看到该 HTML5 作品（配套资源：\效果文件\模块十\端午节 HTML5 二维码.tif），如图 10-64 所示。

图 10-60　制作第 5 页

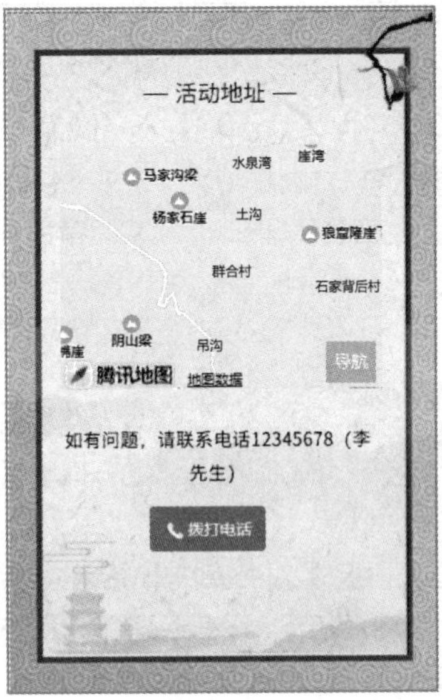

图 10-61　制作第 6 页

图 10-62　制作第 7 页

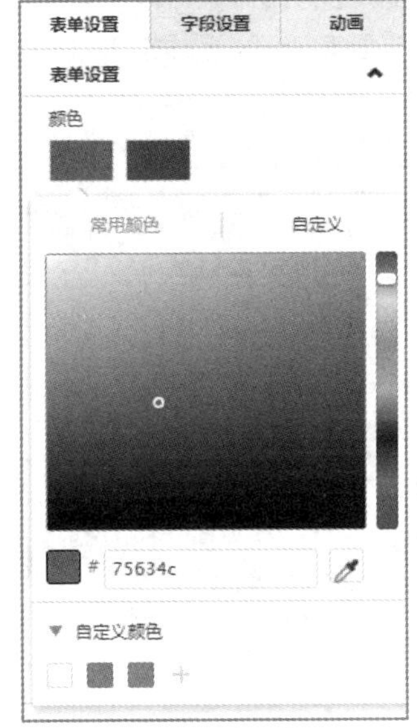

图 10-63　设置颜色

图 10-64　发布 HTML5 作品

课后练习

一、填空题

1. 数字媒体的特点主要有__________、__________、__________。
2. 虚拟现实技术主要分为__________、__________、__________和分布式虚拟现实。
3. 融媒体是一种实现__________、__________、__________、利益共融的新型媒体。
4. 音频采样的时间间隔称为__________。

5. 常见的视频格式有__________、__________、__________、__________。

二、选择题

1. 虚拟现实技术的简称是（　　）。

A. AR　　B. VR　　C. MR　　D. SR

2. 从听觉角度讲，声音具有音调、音响和（　　）3 个要素。

A. 音波　　B. 音量　　C. 音色　　D. 音质

3. 下面不属于图像格式的是（　　）。

A. AVI　　B. SVG　　C. SWF　　D. PNG

4. 下面选项中属于 HTML5 特点的是（　　）。

A. 表现形式丰富　　B. 具有互动性

C. 具有可操作性　　D. 以上选项全部都是

三、操作题

1. 利用提供的素材（配套资源：\素材文件\模块十\招聘文本.txt、“招聘图片”文件夹）制作一个招聘类 HTML5。由于提供的文本内容较多，没有条理性，因此在制作前需要先使用 WPS Office 软件选择一个合适的模板制作出招聘文档，便于后期制作 HTML5 文本时使用；又因提供的图像尺寸过大、不清晰，为了不影响 HTML5 的展示速度和展现效果，也需要先使用 Photoshop 对图像进行处理；最后在“MAKA”官方网站中选择一个合适的 HTML5 模板进行制作，并将处理后的文本和图像运用到该模板中。完成后的部分参考效果如图 10-65 所示（配套资源：\效果文件\模块十\招聘文档.docx、“招聘图片”文件夹、招聘类 HTML5 二维码.tif）。

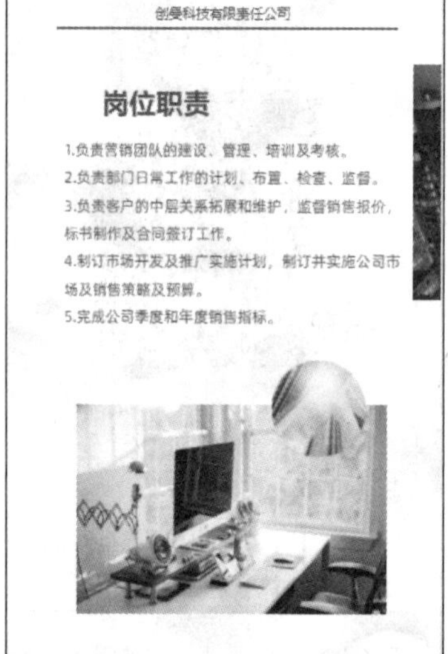

图 10-65　招聘类 HTML5 参考效果

2. 利用提供的素材（配套资源：\素材文件\模块十\欢快.mp3、童装.mp4）制作一个视频。制作前需要先对提供的音频素材进行剪辑，删除不需要的部分，然后将其运用到视频中。制作视频时要求使用“剪映”App 来完成。完成后的参考效果如图 10-66 所示（配套资源：\效果文件\模块十\欢快-剪辑后.mp3、童装视频.mp4）。

图 10-66　视频参考效果

模块十一
虚拟现实

11

虚拟现实是一种运用计算机技术相关系统来建立虚拟的世界，并且供用户进行体验的新型技术，其应用已经渗透到日常工作生活的各个领域。与发达国家相比，我国虚拟现实技术发展水平较低，还需投入更多的人力和时间成本。当代青年应该努力学习虚拟现实的技术和应用，并在学习过程中做到反复求证，不惧怕问题且勇于解决问题，把自己培养成为理想信念坚定、专业素质过硬国家需要的优秀虚拟现实技术人才。

课堂学习目标

- 知识目标：了解虚拟现实技术的概念、发展历程、应用场景和未来趋势等基础理论知识；了解虚拟现实应用开发的工具和流程，以及不同虚拟现实引擎开发工具的特点和差异；能够使用 Unity 3D 虚拟现实应用开发程序。
- 素质目标：积极探索虚拟现实的应用和虚拟现实应用程序的开发；了解虚拟现实技术对社会未来发展的意义。

任务一 了解虚拟现实

任务描述

虚拟现实技术是集成计算机、电子信息、传感器等技术实现环境模拟的典型信息化技术。发展至今，虚拟现实技术在教育培训、医疗康复、国防航空、设计规划、影视娱乐等领域已被广泛应用。本任务将介绍虚拟现实技术的概念、发展历程、应用场景和未来趋势等知识，再通过搜索虚拟现实技术类型的关键词和虚拟现实技术的相关特点等进行实践操作，加深对虚拟现实的理解。

相关知识

（一）虚拟现实技术的概念

虚拟现实（Virtual Reality，VR）是一种以计算机为载体的集合技术的总称，开发者利用对计算机 3D 图形的运算，衍生出包括多媒体、仿真、传感、立体显示等在内的多项系统技术。虚拟现实技术通过构建计算机三维虚拟世界，打造了一个能使用户产生听觉、视觉、触觉和嗅觉等的交互世界，给予用户身临其境的感受，同时用户能以自然的方式与虚拟环境进行交互操作。

虚拟现实技术能有效模拟用户在自然环境中的各种感知，使用户能感知虚拟环境中的物体，通过多种感官渠道与虚拟现实的三维设备所模拟的虚拟环境进行实时人机交互。虚拟现实技术飞速发展，已成了十分重要的研究领域，为人类探索更加广阔的自然和宇宙空间，研究各种复杂和危险的环境，以及各种事物的运动变化规律，提供了极大的便利和全新的方法。

虚拟现实技术主要包括以下 5 种关键技术。

- 动态环境建模技术。动态环境建模技术是虚拟现实的核心技术，其主要内容是根据应用的需要，利用获取的三维数据建立相应的虚拟环境模型。
- 实时三维图形生成技术。实时三维图形生成技术需要先将二维图形转化为三维图形，再依托虚拟现实技术进行实时的生成。
- 立体显示和传感器技术。立体显示和传感器技术的关键是通过对产品的立体化展示，营造出多维虚拟空间，带动用户沉浸到虚拟现实的环境中。
- 系统集成技术。系统集成技术的使用目的是将隐含在虚拟现实环境中的信息和模型进行渲染与联合，构建出整体环境。系统集成技术包括信息同步技术、模型标定技术、数据转换技术、数据管理模型、识别和合成技术等。
- 应用系统开发工具。要想实现虚拟现实的应用，就必须研究能够开发虚拟现实系统的工具，如虚拟现实系统开发平台、分布式虚拟现实技术等。

（二）虚拟现实技术的发展历程

虚拟现实技术发展到今天已经走过了半个多世纪的历程，主要分为以下 4 个阶段。

1. 萌芽阶段（1963 年以前）

这个阶段主要是虚拟现实技术的建设构想被提出，并由科学家对其进行研发，为之后虚拟现实技术奠定了理论和技术基础。

- 1929 年，发明家爱德华 • 林克（Edward Link）设计出用于训练飞行员的模拟器。
- 1935 年，一部以眼镜为基础，涉及视觉、嗅觉、触觉等全方位沉浸式体验的科幻小说被发表，也被很多人认为是首次提出虚拟现实概念的作品。
- 1956 年，莫顿 • 海利希（Morton Heilig）发明了多通道仿真体验系统 Sensorama，这个系统能够通过 3 面显示屏来实现空间感，其本质是一款简单的 3D 显示工具。

2. 探索阶段（1963—1972 年）

这个阶段主要是在具备虚拟现实技术研发条件的基础上，很多科学家开始探索虚拟现实技术的创新，并让虚拟现实技术从理论研究真正过渡到实践。

- 1968 年，伊凡 • 苏泽兰（Ivan Sutherland）研发出带跟踪器的头盔式立体显示器。
- 1972 年，诺兰 • 布什内尔（Nolan Bushell）开发出第一个交互式电子游戏。
- 1973 年，迈伦 • 克鲁格（Myron krurger）提出“Virtual Reality”一词，一直沿用至今。

3. 发展阶段（1973—1989 年）

发展阶段的虚拟现实技术的理论和技术不断完善，科学家研发出了具有特色的虚拟现实系统，使虚拟现实技术能够与人形成有效互动，对虚拟现实技术的大范围应用提供了重要的技术支持。

- 1984 年，美国国家航空航天局开发出用于火星探测的虚拟环境视觉显示器。

- 1984 年，杰伦 • 拉尼尔（Jaron Lanier）组装了一台虚拟现实头盔，这是第一款真正投放于市场的虚拟现实商品。
- 1986 年，“虚拟工作台”概念被提出，裸眼 3D 立体显示器也被研发出来。
- 1987 年，吉姆 • 汉弗莱斯（Jim Humphries）设计了双目全方位监视器的最早原型。

4. 应用阶段（1990 年至今）

在应用阶段，虚拟现实技术的理论研究不断被完善，虚拟现实技术也愈发成熟，在很多领域得到了广泛应用。

- 1990 年，三维图形生成技术、多传感器交互技术和高分辨率显示技术等多项虚拟现实技术被提出。
- 1993 年，波音公司利用虚拟现实技术，设计出飞机波音 777。
- 1993 年，世嘉发布了基于游戏机的虚拟现实头戴显示器。
- 2012 年，帕尔默 • 拉吉（Palmer Luckey）创建了 Oculus VR 公司，并于 2016 年推出了大众消费级别的虚拟现实头戴显示器——Oculus Rift，如图 11-1 所示。

图 11-1　Oculus Rift

（三）虚拟现实技术的应用场景

虚拟现实技术最开始被广泛应用在军事和航空领域，随着技术越来越完善，在建筑设计、工程、教育及产品设计等领域上都获得了良好的发展。现在，虚拟现实技术在多方面影响着人们的生活，给人们的生活带来便捷。

- 医疗。运用虚拟现实技术可以在虚拟环境中建立虚拟的人体模型，使医疗工作者和教学人员可以借助于跟踪球、头盔显示器、感觉手套等设备轻松地了解和观察人体内部器官的各种构造。虚拟现实技术可用于解剖教学、复杂手术过程的规划、远程医疗，以及在手术过程中提供辅助信息等。
- 娱乐游戏。利用虚拟现实技术将游戏从二维制作成三维，玩家佩戴虚拟现实的眼镜、手柄和座椅等设备，可置身于虚拟环境中，极大地提升了游戏感受。
- 教育。由于虚拟现实带给人的真实感觉，因此在教育方面可以通过虚拟现实技术提高学生们对事物的认知能力与接受能力。例如，利用虚拟现实技术有效创造出对应的课堂教学情景，提高课堂教学内容的趣味性和形象性，培养学生良好的学习兴趣和热情。
- 军事航天。利用虚拟现实技术可以在训练中模拟战场环境，让军人们感受真实的战场，提升训练质量。在航天领域则可以通过虚拟现实技术模拟飞行器内部环境，使训练从实战出发，这样既能保证军人的安全，又能使其更加方便、快捷地掌握实际的飞行器操控技术。
- 建筑设计。设计者可以把平面设计图通过虚拟现实技术转换成虚拟的三维图像，真实呈现建筑环境，然后便可根据用户的设计要求来变换设计风格和内容。
- 城市规划。在虚拟现实技术的帮助下，政府、企业单位在城市规划建设管理中能够匹配现实环境中的各项数据信息，有效构建出仿真、模拟的虚拟环境，并全面提高数字城市建设项目的综合管理水平，保障政企尽量在最低成本下创造出最大的社会经济效益。
- 房地产开发。将虚拟现实技术运用于房地产开发场景可以使人们更真切地看到楼盘房屋建成后的真实情况，以及楼盘的实景动画，让购买者仿佛置身其中，增加人们的购买动力。

- 应急推演。在进行高危工作前，为了提升高危工作人员的生存能力，可利用虚拟现实技术模拟工作环境，训练他们工作操作的熟练度和面对各种突发状况的应对能力，降低实际工作中的危险指数。例如，模拟不同程度的火灾救援，让消防员仿佛真的置身火场，感受周围的热感与烟雾。
- 文物考古。虚拟现实技术可以通过 3D 建模来还原文物原貌，便于文物的修复和保护，还可以结合数字影像信息网络技术，使人们在虚拟环境中更真切地接触“真实”的文物。

（四）虚拟现实技术的未来趋势

从我国当下的实际情况来看，虚拟现实技术在未来很长一段时间内具有非常广阔的发展前景，其未来的发展趋势主要表现在以下 6 个方面。

- 新型交互设备。除了现有的数据手套、数据衣服、显示头盔和传感器等虚拟现实技术设备外，未来的新型交互设备将越来越轻便、便宜、微小，但性能将更为强大。
- 智能化语音虚拟现实建模。虚拟现实技术和语音识别技术相结合，融合图形处理技术和人工智能技术，大幅提升虚拟现实建模的效率和质量。
- 传感采集技术进一步拓展。现在的传感采集技术主要应用在音视频、触觉、温度、距离等方面，对现实世界的描绘维度还不够。未来的传感采集技术将对现实中更多可感知的信号进行采样，如气味、味道、力度、加速度、脉搏等，逐步开发多维度的传感器技术，并实现信号的数字化，通过无线通信技术的研究去除实体线缆。
- 三维图形显示技术进一步提高。目前的虚拟现实技术支持的图形显示技术水平还比较低，屏幕的刷新率和分辨率都不够高，画面较易产生颗粒感，未来将进一步发展液晶技术或激光光源技术，提升画面的清晰度和分辨率，最终实现显示质量与真实世界基本一致。
- 人机交互更贴近真实世界。未来虚拟现实技术需要使用更加简单、更贴近人们实际操作习惯的输入方式进行人机交互，进一步提升虚拟现实环境的真实性。例如，可以通过动作捕捉对物体和肢体语言进行识别，并提供语音识别技术，以提升人机交互的控制能力，或者将人机交互的控制上升到意识控制方式，通过研究人类神经信号来解析、处理和控制动作等。
- 建立和完善虚拟现实的生态系统。虚拟现实技术在未来还需要建立生态系统，通过发展和提升硬件设备的技术水平，提升用户体验，彰显虚拟现实技术的商业价值，并进一步制定和完善相关的行业标准。

任务实践

（1）从 2013 年开始，我国在虚拟现实技术方面不断进步，在图像处理、眼球捕捉、3D 声场、机器视觉等领域获得了一大批具有自主知识产权的专利，正在建立覆盖硬件与软件、内容制作与分发、应用与服务等环节的技术标准体系。结合上述情形搜索虚拟现实技术的相关内容，并回答下列问题。

① 虚拟现实技术有哪些主要类型？

② 我国虚拟现实技术的发展历程是怎样的？

③ 在虚拟现实产业领域，我国的现实情况如何？有哪些突出的成就？

（2）在互联网中搜索虚拟现实技术的特点，根据表 11-1 所示的关键词填写相关内容。

表 11-1　虚拟现实技术的特点

特点	具体内容
多感知性	
沉浸性	
交互性	
动作性	
构想性	
自主性	

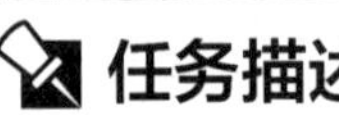

任务二　虚拟现实应用开发

任务描述

基于虚拟现实技术的生态系统是一个极其复杂的系统，它将各种先进的硬件和软件技术按照一定的标准集合在一起。这个系统创建的虚拟现实环境，需要为用户提供可能出现的各种交互操作，不仅需要硬件设备的支持，还需要通过功能强大的工具进行设计和开发。本任务将介绍虚拟现实应用的常用开发工具 Unity 3D 和 Unreal Engine 4，以及这两款工具的应用开发流程、特点和差异等相关知识，并通过搜索认识其他一些虚拟现实的应用开发工具，以及罗列 Unity 3D 和 Unreal Engine 4 支持的平台等实践操作，加深对虚拟现实应用开发的理解。

相关知识

（一）虚拟现实应用开发工具

虚拟现实应用开发工具主要用于提供虚拟交互、动画和物理仿真等的控制语言，可以应用在不同的硬件配置环境中，是为开发广泛的虚拟现实应用系统而开发的工具。目前，主流的虚拟现实应用开发工具有 Unity 3D 和 Unreal Engine 4 两款。

- Unity 3D 是一款用于开发跨平台 2D 和 3D 体验的虚拟现实应用开发工具，支持手机、平板电脑、个人计算机、游戏主机、增强现实和虚拟现实设备等虚拟现实平台的应用开发，可以为游戏、汽车、建筑工程和影视动画等多个领域中的开发者提供开发工具。目前，市面上比较流行的用 Unity 3D 开发的游戏有“王者荣耀”“炉石传说”等。另外，一些用于楼盘展示的 3D 售楼软件、3D 智能家居，以及 VR 看房、VR 教学等都能用 Unity 3D 开发。
- Unreal Engine 4 是一个完全基于 C++开发的游戏引擎，可以创建逼真的视觉画面和沉浸式体验，并完整构建游戏、汽车、航空、建筑和辅助数据可视化等虚拟现实应用。Unreal Engine 4 采用了目前较新的即时光迹追踪、HDR 光照、虚拟位移等技术，通过与专业显卡的 3D 引擎搭配，可以实时运算出电影 CG 等级的画面。使用 Unreal Engine 4 进行虚拟现实应用开发同样免费，但开发者在发行游戏或体验时需要支付一定的费用。

(二)虚拟现实应用开发的流程

虚拟现实应用开发的流程主要有以下 3 个部分。

(1)前期工作。通过调研、分析各个模块的功能进行信息和数据的采集工作，主要是在具体开发过程中虚拟场景，需要通过摄像等方式采集材质纹理贴图和模拟真实场景的平面模型，以此来处理纹理和构建真实场景的三维模型。

(2)中期工作。将创建的三维模型导入到虚拟现实应用开发工具中，进行音效、图形界面、插件和灯光等元素的设置、渲染等操作，并编写交互代码。

(3)后期工作。进行发布设置，将整个应用项目打包输出，发布成各类虚拟现实硬件设备的运行文件，图 11-2 所示为使用 Unity3D 进行虚拟现实应用开发的工作流程。

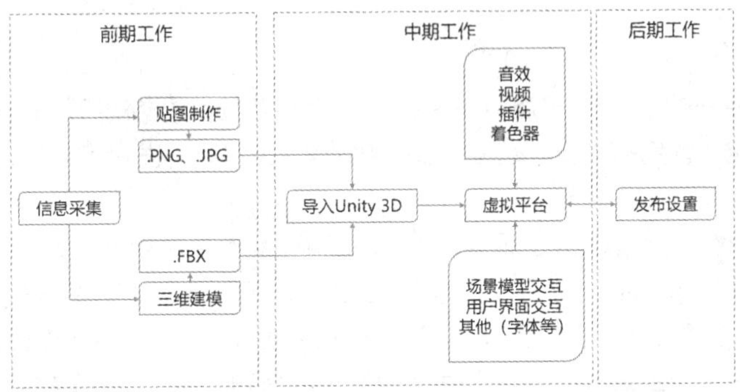

图 11-2 使用 Unity 3D 进行虚拟现实应用开发的工作流程

在使用 Unreal Engine 4 进行虚拟现实应用开发时，其整套流程可划分为场景建模、模型优化、贴图制作、蓝图编辑和打包输出等关键过程，如图 11-3 所示。

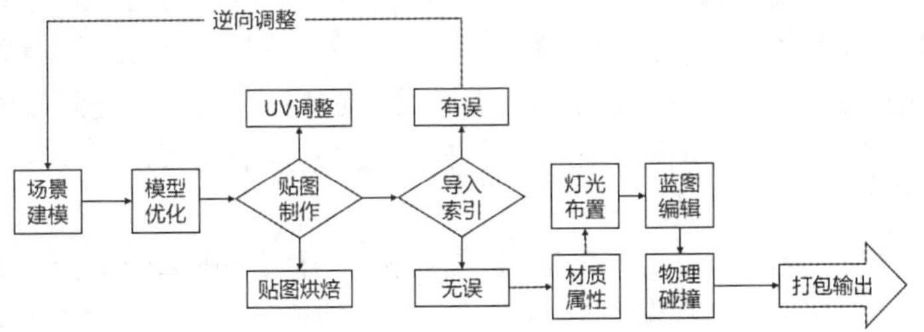

图 11-3 使用 Unreal Engine 4 进行虚拟现实应用开发的工作流程

(三)不同虚拟现实引擎开发工具的特点和差异

在开放性上，Unity 3D 在不修改源代码的情况下自定义的自由度较高，Unreal Engine 4 则更封闭。在画面渲染方面，Unreal Engine 4 的上限更高，但也需要有配置更高的硬件设备支持。另外，Unity 3D 和 Unreal Engine 4 两款虚拟现实应用开发工具还各有一些特点和差异。

1. Unity 3D

Unity 3D 是一款对开发者十分友好的虚拟现实应用开发引擎，不但允许开发者在开发时编写程序代码，而且可以同时使用图形和代码，具有可视化的编辑窗口和层级式的综合开发环境，能让开发者在极短的周期内掌握相关操作，进行虚拟现实的应用开发工作。

- 场景。场景是 Unity 3D 程序的基本组成单位，一个完整的 Unity 3D 程序是由多个场景组合起来的，Unity 3D 程序通过编写的代码在各个场景之间切换。
- 模型。每个场景包含很多模型，所有的模型都有自己的专有属性。游戏开发中的模型叫作游戏对象，仿真环境开发中的模型叫作仿真环境对象等。
- 脚本。控制场景中模型行为的代码称为脚本，模型的行为也是由脚本实现的。
- 摄像机。虚拟现实开发的场景中看到的内容都是由摄像机来控制并呈现的，通常一个场景呈现的内容是由多个摄像机按照一定的先后顺序叠加而成的。
- 物理引擎。在 Unity 3D 程序中，物理引擎的作用是模拟现实世界中的物理现象，开发者将需要的物理特性添加到模型上，就能模拟出现实世界中对应的物理现象。
- 粒子系统。粒子系统的功能是帮助开发者在场景中添加特效效果，从而让场景呈现出更加真实的现实效果。

2. Unreal Engine 4

Unreal Engine 4 的本质是一款游戏引擎，其项目保存着构成游戏所需的所有内容和代码。项目目录由许多系统构成，包括材质、光照、蓝图和物理等系统，开发者可以随时修改项目目录的名称和层级关系。

- 材质系统。材质是可以应用到网格物体上的资源，可用于控制场景的可视外观。通常把材质视为应用到一个物体上的“描画”，开发者可以定义颜色、光泽度和透明度等材质属性。在 Unreal Engine 4 中，颜色通常由红、绿、蓝（R、G、B）和 Alpha（A）这 4 个通道构成。描绘物体表面的图像则称为纹理贴图，由纹理、光照、法线和自然光 4 个不同的贴图通道构成。物体材质的最终效果由多个部分混合而成，每个部分均是材质的输入接口，由底色、高光和粗糙度等多种属性项目构成。
- 光照系统。Unreal Engine 4 中的光照系统由定向光源、点光源、聚光源和天光这 4 种类型光源组成。定向光源主要用于模拟太阳光，或从无限远的源头发出的光线，此光源投射出的光线均平行。点光源是像传统的“灯泡”一样的光源，用于模拟从空间中的一个点均匀地向各个方向发射光。聚光源是从圆锥形中的单个点发出光照，其工作原理类似于手电筒或舞台照明灯。天光则是一种通过获取场景的背景光亮，然后将其用于场景网格物体的光照效果。另外，Unreal Engine 4 还可以自定义一种由矩形平面向场景发出光线的矩形光源，模拟电视或显示器屏幕、吊顶灯具或壁灯等光源的光照效果。
- 蓝图系统。在 Unreal Engine 4 中，蓝图系统是一种可视化脚本，是一类完整的游戏性脚本系统，此系统的基础概念是使用基于节点的界面在虚幻编辑器中创建游戏性元素。使用蓝图所定义的对象通常被直接称为“蓝图”，蓝图使用引线连接节点、事件、函数和变量后即可创建复杂的游戏性元素。蓝图使用节点图表来达到蓝图每个实例特有的诸多目的（如目标构建、个体函数，以及通用 gameplay 事件），以便实现行为和其他功能。
- 物理系统。Unreal Engine 4 中的物理系统用于在游戏中添加物理效果，从而提升场景的沉浸效果。Unreal Engine 4 默认使用 PhysX 来驱动物理模拟计算并执行所有的碰撞计算，提供执行准确的碰撞检测，以及模拟世界中对象之间的物理互动的功能。

任务实践

（1）在互联网中搜索一些其他的虚拟现实应用开发工具，并试着绘制其工作流程图，了解其面对的平台和用户，完整填写表 11-2。

表 11-2　虚拟现实开发工具与支持的平台

开发工具	支持的平台
Unity 3D	支持 Unreal 支持的所有平台，外加 Nintendo Wii、Hololens、Xbox One、Facebook Gameroom 等
Unreal Engine 4	Oculus、Steam、HTC Vive、Playstation VR、Mac、iOS/ARKit、三星 Gear VR、Google VR、Leap Motion 和 OSVR
CryEngine	
Lumberyard	

（2）根据本任务所讲的知识，在互联网上搜索相关内容，总结出虚拟现实应用开发的基本流程，并绘制出流程图。

任务三　虚拟现实应用程序的开发

任务描述

Unity 3D 占据了虚拟现实应用开发领域的“半壁江山”，是如今绝大多数游戏开发团队的首选 3D 引擎，并且它在 2D 上的表现也极为优秀。为了推进虚拟现实技术的发展，同学们需要积极学习相关的知识和技能，把自己打造成虚拟现实应用开发领域的技术先锋，为国家“十四五”科技创新规划做出贡献。本任务将介绍 Unity3D 的操作界面和简单应用，然后通过下载、安装和使用 Unity 3D 虚拟现实应用开发程序进行实践操作。

相关知识

（一）Unity 3D 的操作界面

Unity 3D 的操作界面是进行虚拟现实应用开发的主要区域，也被称为 Unity 编辑器，主要包含 7 个部分，如图 11-4 所示。

- 菜单栏。菜单栏主要提供文件、编辑、游戏项目等相关的命令操作。
- 工具栏。工具栏提供基本操作的快捷按钮和选项，包括播放、暂停，以及访问 Unity 账户和云服务等各种工具按钮，还有可见性和布局等选项。
- “Hierarchy”面板。“Hierarchy”面板用于展示场景中每个游戏对象的分层文本表示。
- 视图窗口。视图窗口主要有“Scene”和“Game”两种，“Scene”视图窗口用于直观导航和编辑场景。“Game”视图窗口通过场景摄像机模拟最终渲染的游戏外观效果。
- “Inspector”面板。“Inspector”面板用于查看和编辑当前所选游戏对象的所有属性，选择不同的游戏对象时，“Inspector”面板的布局和内容也会有变化。
- “Project”面板。“Project”面板用于显示可在项目中使用的资源库，将资源导入项目中时，这些资源将显示在“Project”面板中。
- 状态栏。状态栏用于显示有关 Unity 进程的通知，以及对相关工具和设置的快速访问。

图 11-4　Unity 3D 的操作界面

（二）Unity 3D 的简单应用

Unity 3D 有一些基本的操作需要大家掌握，包括新建项目和在操作界面的不同窗口中操作等。

1. 新建项目

需要新建一个项目才能启动 Unity 操作界面，新建项目之前需要用户登录并激活许可证。激活许可证通常需要先启动 Unity Hub，在 Unity Hub 左侧单击"首选项"按钮，在窗口左侧的窗格中单击"许可证管理"选项卡，单击"添加"按钮，按照提示添加许可证，获得许可。在 Unity Hub 操作界面左侧的窗格中单击"项目"选项卡，再单击右侧的"新项目"按钮，在弹出的下拉列表中选择已经安装好的 Unity 程序的版本，打开创建新项目的窗口，在"所有模板"选项卡中会显示 Unity 提供的应用开发模板，默认情况下选择"3D"模板，在右侧的"项目设置"栏中可以设置项目的名称和文件的保存位置，单击"创建项目"按钮，完成新建项目的操作，如图 11-5 所示。

图 11-5　新建项目

2. Unity 3D 的基本操作

Unity 3D 的操作都在其操作界面中进行，常用的基本操作包括以下 6 种。

- “Scene”视图窗口是进行场景编辑的主要窗口，在其中可以非常直观地对虚拟对象进行编辑和操作，这些操作都可通过操作按钮实现，包括平移视口、移动对象、旋转、缩放等。
- 在菜单栏中通过“File”菜单可以创建新的场景和项目，通过“GameObject”菜单可以新建项目和添加新的模型，这些模型是 Unity 3D 内置的常用类型。
- 在“Scene”视图窗口中选择需要编辑的对象，在“Inspector”面板中将显示对应的属性值，如图 11-6 所示。单击“Add Component”按钮，还可以为虚拟对象添加特定的组件。

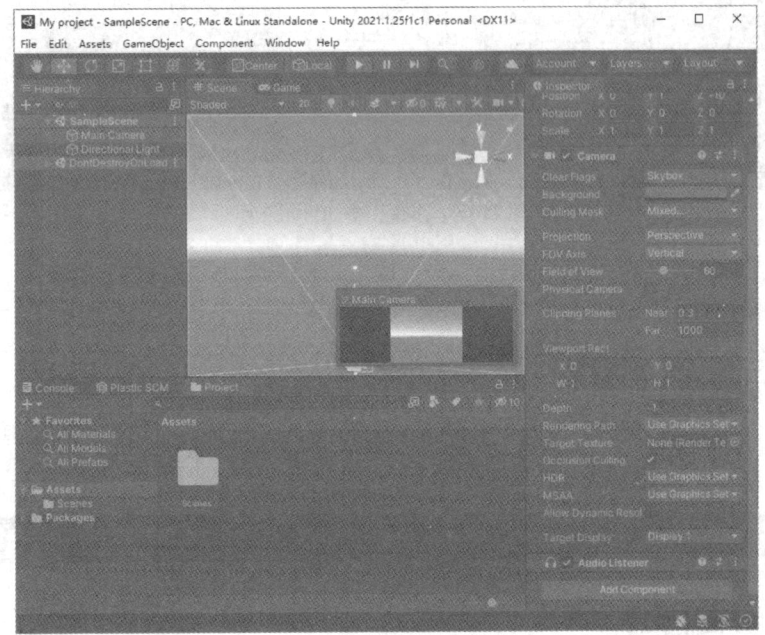

图 11-6 查看对象属性

- 在“Hierarchy”面板中，可以通过拖动的方式改变虚拟对象的从属关系，在面板中单击鼠标右键，可以执行弹出的快捷菜单中的相关命令来为场景添加相应的虚拟对象。
- 在“Project”面板中单击鼠标右键，在弹出的快捷菜单中可以执行“Create”命令为项目创建相应的资源；执行“Import”命令为项目导入资源包，还可以将外部资源拖动到面板中，快速为项目导入单一资源。
- 在“Game”视图窗口中预览程序运行效果时，单击工具栏中的播放控制按钮，可以启动、关闭和暂停创建的虚拟现实应用程序。

任务实践

（一）下载和安装 Unity 3D

Unity 3D 的下载和安装可以直接在 Unity 官方网站中进行，操作步骤如下。

（1）进入 Unity 官方网站，在菜单栏右侧单击“下载 Unity”按钮，进入下载页面，单击“下载 Unity Hub”按钮，打开“提示”对话框，在其中可根据操作系统类型选择相应的下载方式，这里单击“Windows 下载”按钮，如图 11-7 所示。

图 11-7　选择下载 Unity Hub

（2）打开 Unity 登录对话框，根据提示进行操作，创建 Unity ID 并进行登录。

（3）将 Unity Hub 下载到计算机中，双击运行安装程序，打开“许可证协议”对话框，单击“我同意”按钮，在打开的“选定安装位置”对话框中设置程序的安装位置，单击“安装”按钮，完成 Unity Hub 的安装。

（4）返回 Unity 官方网站，进入下载页面，选择 Unity 的版本和安装方式，这里选择当前的最新版本，并单击“从 Hub 下载”按钮，如图 11-8 所示。

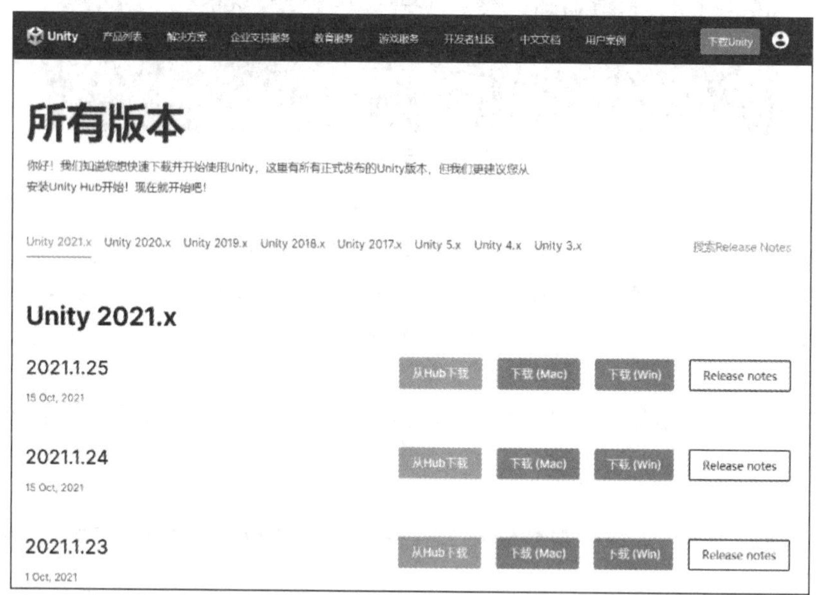

图 11-8　选择下载版本

（5）启动 Unity Hub，在操作界面右侧单击“安装”选项卡，单击“安装编辑器”按钮，打开“安装 Unity 编辑器”对话框，选择一种程序版本，并单击版本右侧的“安装”按钮，打开安装该版本程序对应的对话框。

（6）在“平台”栏中选择虚拟现实应用开发支持的平台，包括移动端的 Android 和 iOS，以及 PC 端的 Linux、Mac 和 Windows，接下来在“语言包”栏中选择应用开发支持的语言，设置完成后单击“继续”按钮，如图 11-9 所示。

（7）在打开的对话框中可以通过超级链接查看许可条款和条件，勾选“我已阅读并同意上述条款和条件”复选框，单击“安装”按钮。

（8）Unity Hub 开始下载并安装对应的 Unity 程序，操作界面中会显示安装进度，安装完成后，将显示安装的版本及安装的位置等信息。

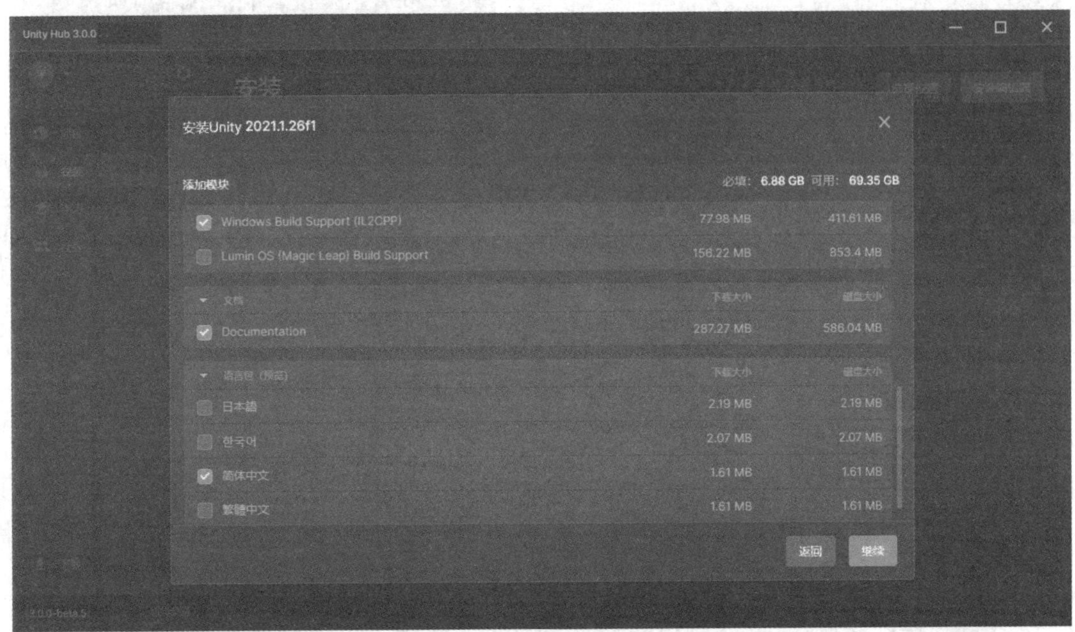

图 11-9　设置并安装 Unity 编辑器

（二）使用 Unity 3D 虚拟现实应用开发程序

下面通过下载、安装和使用 SteamVR 资源包来介绍 Unity 3D 虚拟现实应用开发程序的使用，操作步骤如下。

（1）打开“Unity Asset Store”网站，在其中搜索“SteamVR”，找到“SteamVR Plugin”资源包，在其界面中单击“添加至我的资源”按钮，按照提示将其添加到 Unity 中，并选择将其在 Unity 中打开。

（2）在 Unity 3D 操作界面中执行【Windows】/【Package Manager】命令，打开“Package Manager”窗口，在右侧的窗格中可以看到添加的“SteamVR Plugin”资源包，单击“Download”按钮，将其下载到 Unity 编辑器中。单击“Import”按钮，在打开的对话框中再单击“Import”按钮，导入资源包，在打开的对话框中单击“Accept All”按钮，如图 11-10 所示。

（3）在“Project”面板的“Assets”文件夹中双击打开“SteamVR”文件夹，双击打开“Simple Sample”场景文件，在“Scene”视图窗口中将显示该测试场景，单击工具栏中的“play”按钮▶即可进行场景测试，如图 11-11 所示。

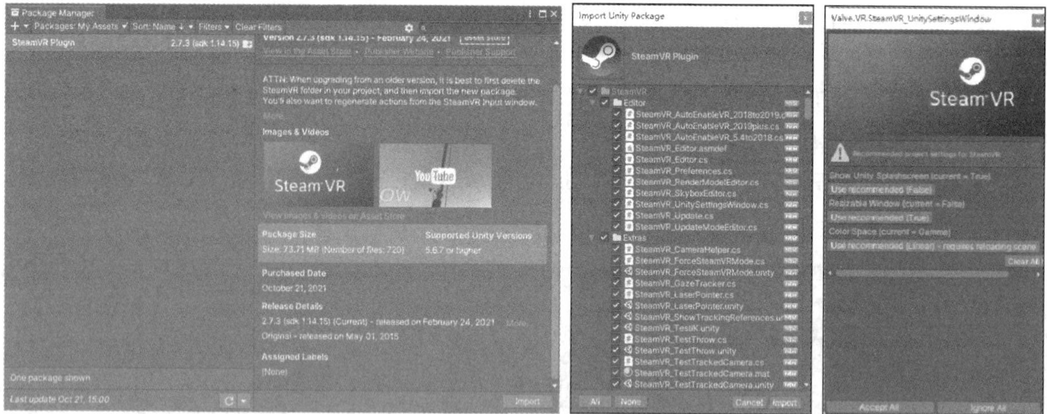

图 11-10　下载和安装 SteamVR Plugin 资源包

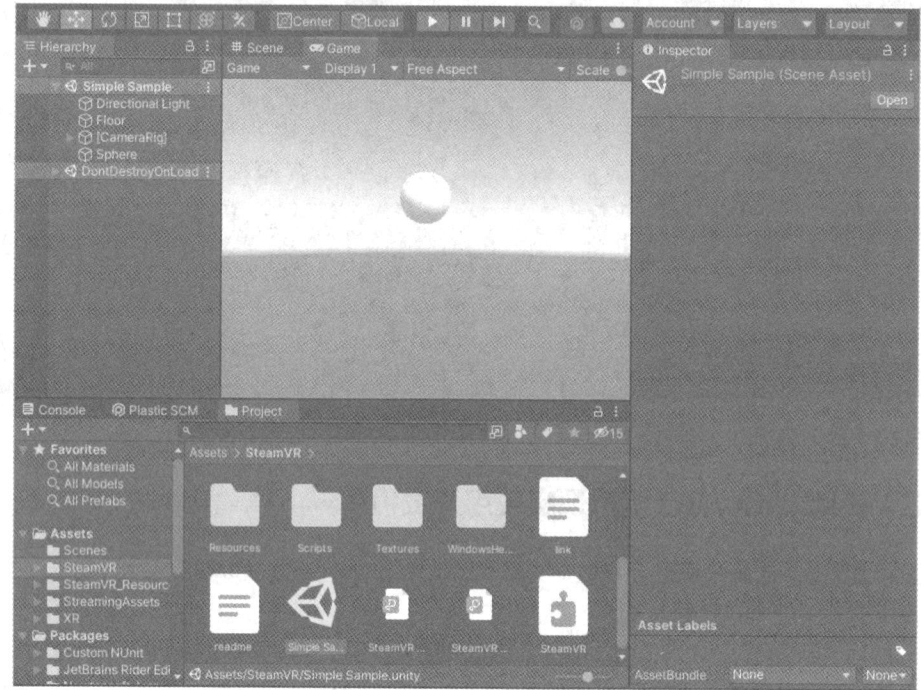

图 11-11　导入并测试场景

（4）在“Project”面板中单击“Favorites”选项下面的“All Materials”选项，在“Scene”视图窗口下方的列表框中选择“AlienHand”选项，将其拖动到“Scene”视图窗口中的大地对象上，为大地应用该材质效果；在列表框中选择“ArcheryTargetWeeble”选项，将其拖动到“Scene”视频窗口中的圆球对象上，为圆球应用该材质效果。

（5）在“Scene”视图窗口中单击摄像机，在代表方向的箭头上按住鼠标左键拖动鼠标，调整摄像机的位置，单击圆球，在工具栏中单击“旋转”按钮，调整圆球图案的方向至摄像机的正前方；在工具栏中单击“移动”按钮，将圆球移动到摄像机的正前方，如图 11-12 所示。

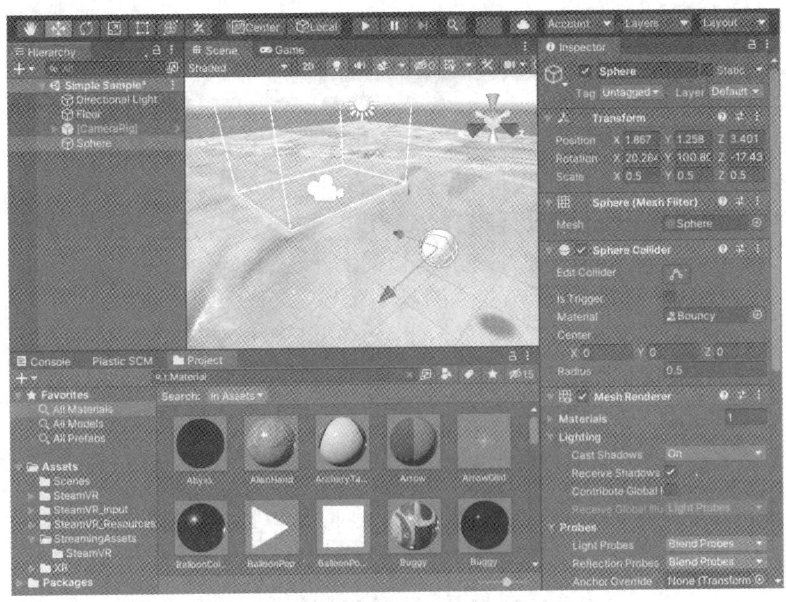

图 11-12　调整摄像机和对象的位置和方向

（6）在工具栏中单击“play”按钮▶查看最终效果，如图 11-13 所示。

图 11-13　最终效果

课后练习

一、填空题

1. ________是虚拟现实的核心技术，其主要内容是根据应用的需要，利用获取的三维数据建立相应的虚拟环境模型。

2. 虚拟现实技术最开始被广泛应用在________和________领域，随着技术开发越来越完善，在建筑设计、工程、教育及产品设计等领域都获得了良好的发展。

3. Unity 3D 程序的基本组成单位是________，一个完整的 Unity 3D 程序是由多个________组合起来的，Unity 3D 程序通过编写的代码在各个________之间切换。

4. 在 Unity 3D 操作界面中，有一个视图窗口，主要包括________和________两种视图。

二、选择题

1. 下列属于虚拟现实关键技术的是（　　）。

   A. 实时三维图形生成技术　　B. 立体显示和传感器技术

   C. 系统集成技术　　D. 应用系统开发工具

2. 下面关于虚拟现实技术发展历程的说法，正确的是（　　）。

   A. 萌芽阶段主要是提出虚拟现实技术的建设构想

   B. 1986 年，“Virtual Reality”的概念被提出

   C. 1963—1972 年是虚拟现实技术的发展阶段

   D. 大众消费级别的虚拟现实头戴显示器 Oculus Rift 是在 2012 年由帕尔默·拉吉发明的

3. 以下哪些行业领域可以使用 Unity 3D 进行虚拟现实的应用开发？（　　）

   A. 手机游戏　　B. 3D 智能家居展示

   C. VR 看房　　D. VR 教学

4. 以下哪些平台是 Unity 3D 支持的？（　　）

   A. Mac　　B. Windows　　C. Android　　D. Linux

模块十二
区块链

12

2020 年 4 月，中华人民共和国国家发展和改革委员会首次明确了“新基建”范围，将区块链纳入其中。2021 年，十三届全国人大四次会议通过的《第十四个五年规划和 2035 年远景目标纲要》中提出：“加快推动数字产业化，培育壮大人工智能、大数据、区块链、云计算、网络安全等新兴数字产业等”。这些都明确表明我国对区块链的发展与应用十分重视。此外，当前世界各国都意识到了发展区块链的巨大意义，区块链的创新性为很多传统领域带来了全新的发展空间。当代青年应该积极接触区块链，了解区块链的特点和技术原理，探索区块链的应用。

课堂学习目标

- 知识目标：了解区块链的概念、发展历史、特点、分类及应用；了解区块链技术的价值、发展趋势和原理；了解数字货币的特性、分类和流通渠道。
- 素质目标：积极探索区块链的应用，尝试使用区块链的理念解决实际问题。

任务一　了解区块链

任务描述

作为一种新技术，区块链处于发展初期，相关生态、工具和应用仍处于快速发展阶段，各种传统行业与区块链的结合让人们频繁在各种新闻报道中看到区块链这个名词。然而人们对区块链真正的特点、原理等了解得并不多，很多人对区块链的理解比较局限。本任务将对区块链的基础知识进行介绍，然后搜集区块链电子发票的相关资料并进行简单分析来实践操作。

相关知识

（一）区块链的概念

区块链（Blockchain）是一门新型技术，已受到全世界金融界与技术界的高度关注。早在 2008 年，中本聪（该名字可能是一个代号）就在自己的论文中提出了区块链，然而直至目前，关于区块链的定义尚未形成一个统一的说法。本书采用工业和信息化部 2016 年发布的《中国区块链技术和应用发展白皮书（2016）》中对区块链的定义，从狭义上讲，区块链是一种按时间顺序将数据区块以顺序相连的方式组合成的一种链式数据结构，并以密码学方式保证不可篡改和不可伪造的分布式账本；从广义上讲，区块链技术是利用块链式数据结构来验证与存储数据、利用分布式节点共识算法来生成和更新数据、利用密码学的方式保证数据传输和访问的安全、利用由自动化脚本代码组成的智能合约来编程和操作数据的一种全新的基础架构和应用模式。

这样的定义比较抽象，这里借助一个简单的例子来辅助理解。小陈、小张和小李分别往银行存入 100 元，此时银行账本中 3 人的存款均为 100 元。现小李向小张转账 50 元，那么此时银行账本中小张的存款就变为 150 元，而小李的存款变为 50 元，并且记录相关操作记录。若银行账本出现问题（事故或误操作），小李向小张转账的记录丢失，那么小李和小张的账户信息将变回交易前的 100 元。而采用区块链技术，小陈、小张和小李的账户信息和交易记录将由 3 人共同记录，例如，小李向小张转账的操作记录将分别被小陈、小张和小李的账本记录，其中任何一人的账本丢失，都可从另两人的账本中重新获取记录，同时小陈还可以作为第三方来为交易真实性进行公证，这样就可以保证账本记录的正确性。

提示 **区块链本质上就是去中心化的分布式账本数据库，其首次提出就旨在实现减少以银行为代表的第三方中介组织存在的金融交易。由于区块链具有不可篡改性，因此区块链可以让存储的数据具有更高的可信度、安全度。**

（二）区块链的发展历史

自 2008 年诞生开始，区块链的发展总共经历了 3 个阶段，即区块链 1.0 阶段、区块链 2.0 阶段和区块链 3.0 阶段。

1. 区块链 1.0 阶段

在区块链 1.0 阶段，区块链的应用主要局限于数字货币。区块链不等于数字货币，前者是后者的技术基础。

2. 区块链 2.0 阶段

在区块链 2.0 阶段，区块链将数字货币与智能合约相结合，使得其应用范围在金融领域得到了扩展，包括资产注册、存储和交易等。例如，中国工商银行就自主研发了“工银玺链”区块链平台，该平台是一个企业级的区块链平台，向用户提供了“智能合约+共享账本”一体化机制。

3. 区块链 3.0 阶段

目前区块链的发展已进入区块链 3.0 阶段，区块链技术的应用已超出金融领域，涉及物流、供应链、医疗等领域，能真正为各行各业提供去中心化的解决方案。在移动互联网时代，区块链重塑了货币市场、支付系统、金融服务及经济形态等的各个方面，其去中心化的特点与互联网的流动性结合，将人们连接到一起，让数量庞大的参与方共同协作。

（三）区块链的特点

区块链之所以能够带来颠覆性的创新，主要因其具有去中心化、共识性、不可篡改性、可追溯性和匿名性等特点。

1. 去中心化

去中心化是区块链的核心特点，即区块链尤其强调去除“中心”的概念，例如，在前述的银行转账案例中，转账的各参与方利用区块链技术形成了一个没有“中心”的网络，该网络中的所有成员地位相等，成员间开展业务时产生的数据将被网络中的所有成员共同记载，因而不再需要类似银行的第三方“中介”加入。由此可以看出，这样去中心化的网络可以创造一个更自由、透明和公平的环境。

2. 共识性

区块链网络由于去中心化，因此必然需要以共识性为基础，才能实现在网络中的数据同步。传统中心化业务的系统存在客户端（如前述转账业务中的小张和小李）和服务端（如前述转账业务中的银行），服务端会记录所有信息，而客户端只记录与自身相关的信息，因此客户端与服务端的地位并不相等。而在区块链网络中，所有成员的地位相等，成员间的业务操作需要达成共识后才会被记录。

3. 不可篡改性

区块链中记录的信息是不可被篡改的。由于区块链采用全民参与数据记录的形式，所以要想修改任何记录，其难度和成本都不可想象。此外，区块链中的数据记录还采用了密码学算法，其链式结构使得攻击者一旦篡改单个节点的数据，就很容易暴露其攻击行为。

4. 可追溯性

在数据存储方面，区块链采用带有时间戳的链式区块结构，即存有交易数据的区块都带有时间戳，而区块在区块链中都是按照加入时间的先后顺序排列的，因此能很好地支持交易追溯。

5. 匿名性

匿名性是指区块链利用密码学的隐私保护机制，保证交易者在参与交易的整个过程中身份信息不被透露。由于区块链各节点之间的交易遵循固定的算法，区块链中的程序规则能自行判断交易是否生效，因此交易双方无须信任对方，也无须知道彼此的身份和个人信息。

（四）区块链的分类

根据去中心化的数据开放程度与范围，目前区块链可分为公有链、私有链和联盟链三大类。

1. 公有链

公有链是为所有用户开放的区块链技术，任何人都可以参与此类区块链技术构建的网络，在网络中没有权限设定，也没有身份认证。在公有链中，任何用户都可以参与其共识过程，进行交易并查看所有数据。公有链的典型技术应用是以太坊等。

公有链的安全由“加密数字经济”维护。“加密数字经济”将经济奖励和加密数字验证相结合，每个人获得的经济奖励与其在共识过程中做出的贡献成正比。此外，由于不存在第三方中介系统，在公有链中开展任何业务都需要依照约定的规则，例如，通过智能合约来设计具体的业务流程，以确保交易的安全性。

2. 私有链

私有链与公有链相对应，是指写入权限仅在一个组织手里的区块链，其构建的网络是完全中心化且不对外开放的，其应用场景通常在组织的内部。相较于公有链和联盟链，私有链不具有明显的去中心化特征。私有链与外界网络隔离，只面向组织内部人员，不像公有链那样被广泛使用。

3. 联盟链

联盟链是指其共识过程受到预选节点控制的区块链，它介于公有链和私有链之间。联盟链有加入“门槛”，成员在加入前需要经过权限系统的授权。而且联盟链在运行时只允许一些特定的节点与区块链系统连接，因此联盟链没有完全去中心化。

联盟链主要应用于企业或政府职能部门之间的交易、结算或清算等。例如，银行间进行支付、结算、清算的系统就能够采用联盟链的形式。公有链的数据需要被所有成员记录，数据产生速率较低，而联盟链通过限制成员的数量，使数据形成共识的时间大幅减少，从而更适应企业或政府职能部门对数据传输的速度需求。

目前，联盟链被寄予厚望，成为区块链技术应用的热点。在我国，未来联盟链将主要应用于提供产业整体解决方案、运营和维护平台等方面。

（五）区块链的应用

随着区块链的逐步发展，其应用潜力也得到了越来越多行业的认可，各行各业开始主动利用区块链技术解决实际问题。从最初的金融服务到供应链管理、社会公益、民生、数字版权、医疗等领域，区块链的应用范围越来越广泛，也带来了丰富的成果。

1. 金融服务

区块链在金融服务领域的应用最早局限于数字货币，后来逐渐拓展到更多方面，包括资产管理、贸易融资、保险、反洗钱等。

在资产管理方面，区块链由于具备时间戳技术和不可篡改的特点，因此可以应用于防假防伪、知识产权保护、资产授权和控制。

在贸易融资方面，凭借着数字加密、点对点技术、分布式共识与智能合约，区块链的应用能够让信息更加快速、透明地交换，克服通过人力来搜集数据、核对信息和贸易接洽所带来的高成本及潜在风险。早在 2017 年，中国农业银行就上线了基于区块链的涉农互联网电商融资系统。而 2020 年 4 月，中国建设银行青海省分行在跨境金融区块链服务平台为青海某公司办理了融资业务，从提交申请到放款，用时仅 30 分钟。

在保险方面，区块链的应用可以让保险公司的所有理赔记录在全网公开并被验证，从而有效杜绝“双重索赔”现象和骗保行为，有助于规范保险行业的秩序。这方面的典型代表是众安科技保险区块链系统。

在反洗钱方面，商业银行会利用区块链的可追溯性和不可篡改性来完善反洗钱监测体系，全面掌握义务机构记录的客户身份信息、交易数据信息，并通过区块链向相关部门发送可疑线索、可疑交易信息和获取洗钱案件信息，最终加强反洗钱能力。

2. 供应链管理

由于信息不对称，传统供应链管理面临效率低下、协调困难等问题，在流程追踪和统筹安排等方面有较大难度。应用区块链可以让交易信息更加公开化和透明化，大大减少信息不对称的情况，提高供应链的周转效率。在区块链网络架构下，供应链的各个参与方将加入区块链网络，参与方必须遵照约定开展工作，一方面杜绝数据篡改，另一方面保证了各参与方的地位平等。

天猫国际的“全球溯源计划”就是一个区块链在供应链管理方面应用的典型案例。在该溯源计划中，生产、通关、运输等环节的相关数据都会被记录在区块链中，使产品能够溯源。

3. 社会公益

在社会公益方面，区块链的不可篡改性和高透明度特点有助于提升公益信息的公开度和透明度。可在资金流向、捐助对象、募捐明细等公益信息中加入区块链节点，使公益信息受到公众的监督。例如，在阿里巴巴的“链上公益”计划中，捐款人可以查看自己在该平台上每笔捐赠的具体流向。

4. 智慧物联

目前，各种智能设备已被广泛应用于实时追踪桥梁、道路、电网、交通灯等设施设备的状况，而利用区块链可以更高效地连通各类设施设备，加强物联网的通信有效性。例如，利用区块链来追踪联网汽车设备，实时获取汽车设备的信息，进而实现车辆保险条款自动追踪、车辆自动理赔等。

5. 智慧医疗

在医疗方面，应用区块链可以追溯药物、器材等医疗用品的信息，提升健康信息的透明度，有利于医疗监管。此外，在区块链中存储医疗健康数据，可以创建不可篡改的电子健康记录，并对用户身份进行确认，确保个人健康信息被合法使用。例如，MediBloc 就是一个基于区块链开发的开放式信息服务平台，能够将分散在不同医疗机构的医疗信息安全地整合在一起进行管理，并确保医疗信息的完整性和可信性。

6. 智慧民生

应用区块链建设公民登记平台，搭建透明度、可信度、开放性高的公民数据共享账本，使公民记录可以追溯，防止公民记录被篡改，有助于各地政府、不同的政府部门共同使用、维护公民数据。

在房屋租赁与二手房交易方面，通过区块链存储房源、房东、房客、房屋租赁合同等信息，利用区块链的多方验证机制来防止信息被篡改，有助于保障房源真实性，提升房屋租售市场的透明度。

在电力供应方面，应用区块链存储每户家庭太阳能设备的发电记录，可以将其转换为新型资产，并支持兑换为剩余电力，提升民众参与节能环保事业的热情，实现家庭太阳能设备发电补充传统电力供应的目标。

7. 数字版权

自从互联网普及以来，在文化创意领域内，知识产权（Intellectual Property，IP）的热度不断上升，但相关版权问题却成了阻碍其发展的障碍。应用区块链可以真实地记录每一个 IP 的传播路径，这些信息一旦被记录，就不可篡改、全网公开，且有严格顺序。这样既可以防止作假，也可以明确 IP 的真正价值。通过时间戳、哈希算法等技术，IP 创作者也可以通过区块链保障自己的权益。

此外，区块链的应用还能有效整合文化娱乐产业链中的各个环节，缩短相关文化产品的创造周期。例如，基于区块链技术的蚂蚁链 IP 商业平台就将 IP 授权市场从之前的“批发”模式转变为“零售”模式，即卖多少件就付多少版权费，还通过区块链智能合约自动清算分成，大大降低了 IP 使用方需支付的保底授权费及相关风险。

任务实践

搜索区块链电子发票的相关信息，了解区块链在该应用中的作用和原理，填写表 12-1。

表 12-1 区块链电子发票分析

问题	回答
区块链电子发票的原理是怎样的？	

续表

问题	回答
区块链电子发票有何优势?	
该应用中体现了区块链的哪些特点?	
区块链电子发票目前的应用情况如何？未来发展趋势如何?	

任务二 了解区块链技术

微课
了解区块链技术

任务描述

随着区块链的发展，区块链在各领域的应用让人们真正认识到了区块链技术的价值，因此逐渐开始关注区块链技术的原理，区块链技术迎来了快速发展期，展现出蓬勃的发展趋势。本任务将对区块链技术的价值、发展趋势和原理进行介绍，然后读者自行学习一些智能合约的拓展性知识，比较智能合约与传统合约的不同，设计一个应用智能合约的房屋租赁案例。

相关知识

（一）区块链技术的价值

区块链技术有着精巧的设计理念和运作机制，对传统中心化业务有着颠覆性的影响，能够彻底改变人与人、人与组织、组织与组织之间的协作关系。具体来说，区块链技术的价值体现在以下 4 个方面。

1. 减少交易中间环节

区块链技术的应用可以构建经济行为自组织机制，从而绕开部分中介机构，这样一方面可以进一步打通上下游产业链，大大提高价值传递、数据获取、供需对接的效率，另一方面还可以大幅减少中间环节带来的成本，促进实体经济的发展。

2. 促进陌生人之间达成信任关系

区块链技术不依托具有权威的中心，形成了一套基于密码算法的信任机制，使不论相隔多远的陌生人都可以建立信任，以及基于技术约束的合作关系。尤其是在部分市场机制、信用体系不健全的地区，区块链技术的价值显得更加重大。

3. 打造公平、透明、便捷、高效的市场环境

区块链技术由于具有不可篡改、可追溯的特征，因此具有监管各类经济行为的作用，可以与实体经济相融合，通过记录商品生产和流通过程的所有信息，减少假冒伪劣、以次充好、赖账、欺诈等行为，打造公平、透明、便捷、高效的市场环境。

4. 助力数字资产确权

在当前数字经济时代，数据资源的价值越来越被人们重视。但数字资产存在确权难、追溯难、利益分配难等问题，还无法在市场中高效、有序地流通，这一点制约了数字经济的发展。而区块链技术基于不可篡改性、可追溯性、共识性等，可以让数字资产的权属能够被有效界定，数字资产的流通能够被全程追踪监管，数字资产带来的收益能够被合理分配，从而有助于实现数字资产的市场化，并推动数字经济朝着更加透明、共享、均衡的方向发展。

（二）区块链技术的发展趋势

当前，区块链技术的潜力已经被各行各业认可，区块链的新应用也层出不穷，在这样的背景下，区块链技术呈现出明确的发展趋势。

1. 区块链即服务保持高速发展

区块链即服务（Blockchain as a Service，BaaS）是一种基于云计算的服务，使用户能够通过区块链技术开发自己的数字产品，实际上就是一种结合区块链技术的云服务。例如，微软的 Azure 云计算平台、IBM 的 Bluemix Garage 云平台就提供了区块链即服务。微软、IBM 从自己的云服务网络中开辟出一个空间来运行某个区块链节点，该节点的工具性更强，其用途主要是：快速建立开发环境，提供一系列基于区块链的搜索查询、交易提交、数据分析等服务，让开发者能够快速验证自己的概念和模型。

因此，区块链即服务可以说是一种托管在云中的 SaaS，它让企业只需租用而不必自己构建区块链平台，让企业不必支付高昂的开发成本便可以有机会尝试区块链应用程序和智能合约。

2. 互操作性成为技术热点

在发展早期，区块链技术聚焦于各个独立区块链系统自身的技术创新与生态建设上，而随着区块链应用越来越广泛，供应链管理、医疗、社会公益等领域都将建立各自的区块链系统，区块链的互操作性显得更为重要，区块链系统间的跨链协作与互通是一个必然趋势。区块链互操作性是指跨多个区块链系统和网络共享数据和其他信息的能力，可以让用户方便地查看和访问不同区块链网络中的数据。此外，区块链的互操作性可以促进链间协同工作，带来价值自由流动，推动区块链向着网络效应规模化发展。

3. 隐私保护手段日趋多样化

在区块链系统发展的早期阶段，其主要通过“假名”来保护用户的身份信息，而随着区块链技术的不断发展，这种隐私方案已经无法适应需要，因此很多公有链和联盟链都在积极探索隐私保护方案。目前，混币、机密交易、零知识证明等手段已出现在供应链金融等对隐私保护要求较高的应用场景。可以预见的是，在未来，区块链技术的隐私保护手段将更加多样化。

提示 **零知识证明允许一方向另一方证明他们知道一个值，除了他们知道该值的事实外，无须传达任何信息。例如，使用零知识证明时，一个新的贷款申请人仅需向银行提交与满足贷款要求相关的信息，而无须透露其他个人信息。**

4．多样化应用催生更多技术方案

当前区块链的应用越来越多样化，在金融、供应链、医疗等不同领域中的应用在实时性、高并发性、延迟和吞吐等多个方面呈现较大的差异，这将反向催生出多样化的区块链技术方案。当前的区块链技术还远未定型，可以预见的是，区块链技术在共识算法、服务分片、处理方式、组织形式等技术环节上都还有进一步发展的空间。

（三）区块链技术的原理

作为一项新兴技术，区块链整合多方技术作为基础，包括分布式账本、非对称加密、哈希算法、智能合约和共识机制等。其中很多技术都是当前非常成熟的技术，已经在互联网各个领域被广泛使用。区块链在整合这些技术时，并不是简单地重复使用，而是做出了一些革新，例如，将智能合约从一个理念变成了现实。

1．分布式账本

分布式账本是一种在网络成员之间共享、复制和同步的数据库，即在区块链交易（如交换资产或数据）过程中，众多网络节点共同完成记账，且每个节点均能记录完整账目，这意味着每个节点都可以对交易进行监督和证明。分布式账本在区块链中的作用不仅是能使数据具有多个备份，防止数据丢失，更赋予了区块链去中心化的特点，有效规避了传统单一记账人出于各种原因记假账的可能性，保证了账本数据的安全性、真实性和可靠性。图 12-1 所示为分布式账本的记账方式。

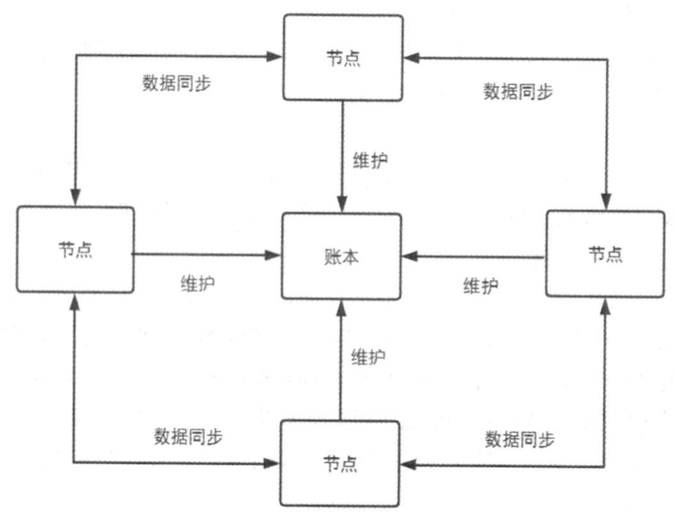

图 12-1　分布式账本的记账方式

提示　区块链的分布式账本在数据存储方面比较特殊，首先将某一时间段内产生的所有数据打包为区块（即数据块），然后将所有区块以链的方式连接在一起。每个区块都包含本区块的唯一标识和时间戳，以及上一区块的标识。

2．非对称加密

非对称加密是指加密和解密使用不同的密钥，两个密钥一个作为公钥，另一个作为私钥，又称公开密钥加密、双钥密码加密，其原理如图 12-2 所示。非对称加密的具体算法主要是 RSA 加密算法，该算法由罗纳德 • 李维斯特（Ronald L. Rivest）、阿迪 • 萨莫尔（Adi Shamir）和伦纳德 • 阿德曼（Leonard M. Adleman）于 1977 年共同提出，RSA 是他们三人姓氏开头字母拼在一起组成的。该算法是第一种既可以用于加密，又可以用于数字签名的算法。

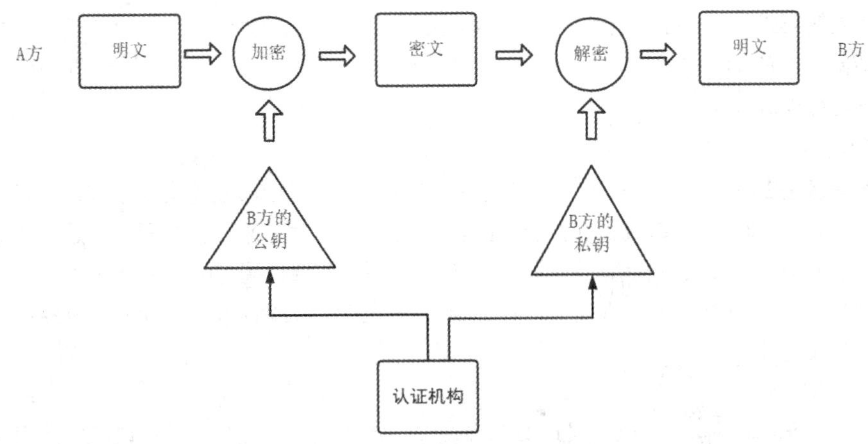

图 12-2　非对称加密的原理

非对称加密使用这对密钥中的其中一个进行加密，使用另一个进行解密，即用公钥加密的信息，只有使用私钥才可以解密；而用私钥加密的信息，只有使用公钥才可以解密。私钥只能由一方妥善保管，不能泄露，而公钥则可以发送给任何请求它的人。

非对称加密技术的优点是安全性更高、使用灵活、密钥数量较少、密钥管理和传输难度不大、可以适应互联网开放性的要求。其缺点是加密和解密效率较低，需要花费较长时间，适用于少量数据加密的情况。

在区块链中使用非对称加密的作用包括：通过非对称加密唯一标识区块链成员的身份，防止伪造身份；加密消息，保证信息的机密性。

3. 哈希算法

哈希算法是指一种把任何长度的数据提炼出固定长度数字“指纹”的方法，被广泛用于构建区块和确认交易完整性。哈希算法属于单向密码体制，是一个从明文到密文的不可逆的映射，只有加密过程，没有解密过程。哈希算法具备的基本特性包括：其输入可为任意大小的字符串；输出为固定长度数据；输入只要稍微改变，输出就会完全不同；无法从输出推导出输入；能进行有效计算，即能在合理的时间内计算输出值。

哈希算法有很多，如 MD5 和 SHA 系列等，而 SHA 算法又可分为 SHA-1、SHA-224、SHA-256、SHA-384 和 SHA-512 等，区块链中使用的是 SHA-256 算法，区块中的共识挖矿、钱包的创建等使用的都是 SHA-256 算法。相对于其他的哈希算法而言，SHA-256 算法的特点是对于任意长度的消息都会产生一个 256bit 长的哈希值，该值称作消息摘要。

4. 智能合约

智能合约是一套以数字形式定义的承诺，包括合约参与方可以在上面执行这些承诺的协议。智能合约是区块链技术的灵魂，区块链中的智能合约如同现实社会的法律一般，起着规范参与成员的职责和利益的作用。

从技术角度而言，智能合约其实是一种计算机程序，它能自主执行与合约有关的操作，并生成对应的可被验证的证据，以证据来表明合约执行的有效性。与智能合约相关的所有条款的逻辑流程在其部署前就已经被制定好了。智能合约是通过部署在区块链上的去中心化、可信共享的脚本代码来实现的，在经各方签署后，智能合约会以程序代码的形式部署在区块链数据上，经 P2P 网络传播到各节点，各节点通过验证后将智能合约记入区块链的特定区块中。

传统合约的形式单一，在人与人之间建立信任关系依靠法律作为约束，效率较低，有被篡改的风险。而智能合约的形式更多样，信任关系建立在机器与机器之间，依靠共识进行约束，效率更高，数据不可篡改。

5. 共识机制

由于区块链是去中心化的结构，各个成员地位平等，因此当成员之间出现分歧时，如何达成共识就成了一大问题。此时，共识机制的重要性就凸显出来了。简单来说，共识机制是区块链节点就区块信息达成全网一致共识的机制。目前，共识机制包括工作量证明（Proof of Work，PoW）机制、权益证明（Proof of Stake，PoS）机制、股份授权证明（Delegated Proof of Stake，DPoS）机制、验证池共识机制。

（1）PoW 机制。

PoW 机制可简单理解为一份能证明参与者做过一定量工作的证明，是区块链中常用的共识机制。PoW 机制的优点是完全去中心化，不需要花费中心化信用机构的建立和维护成本。其缺点在于在 PoW 机制下达成共识需要的周期较长，因而不适合商用。

（2）PoS 机制。

PoS 机制是要求节点提供拥有一定数量的代币证明来获取竞争区块链记账权的一种分布式共识机制。简单来说，PoS 机制可以理解为以持有代币的数量和时长来决定获得记账权的机率，因此拥有的代币越多，获得记账权的概率就越大。PoS 机制的优点是其在一定程度上减少了达成共识所需的时间，降低了 PoW 机制的资源浪费。其缺点在于容易使网络共识受少数富裕账户支配，降低公正性。

（3）DPoS 机制。

DPoS 是基于 PoS 衍生出的解决方案，其机制类似于现代企业董事会投票制度，具体是指拥有代币的人选择并投票给自己信任的节点，以选举出多个代理人，代理人负责验证和记账工作。为了激发更多人参与竞选的热情，系统会生成少量代币作为奖励。相较于 PoW 和 PoS 全网参与记账竞争的模式，DPoS 的节点在一定时间段内往往是有限和确定的。比特股采用的就是 DPoS 机制。

DPoS 大幅度缩小了记账节点的数量，能大大提高区块链的数据处理能力，降低区块链网络安全维护的费用。DPoS 的缺点是去中心化程度较弱，代理人都是人为选出的，公平性不如 PoS，且在节点数少的场景中选举的代理人的代表性不强。

（4）验证池共识机制。

验证池共识机制是一种基于传统的分布式一致性技术，并结合数据验证机制，是目前联盟链和私有链场景中常用的共识机制。其优点是不需要依赖代币也可以实现快速（甚至数秒内）共识验证。其缺点在于去中心化程度弱，更适合用于多方参与的多中心商业模式。

任务实践

（1）搜集有关智能合约的相关资料，从各个维度比较传统合约与智能合约，填写表 12-2。

表 12-2 区块链应用分析

比较维度	智能合约	传统合约
自动化程度		
成本		
适用范围		
违约惩罚		
执行时间点		

（2）通过互联网了解智能合约的具体原理，设计一个应用智能合约的房屋租赁案例，简单描述其运作机制。

① 案例基本背景。假设 A 将房屋出租给 B，租金 1 000 元/月，按月支付，租期为一年。假设 A 的房屋门锁可联网控制，开锁密码为 Key（每月生成一次）。

② 构建智能合约。A 与 B 向智能合约服务器提交合约构建申请，并由智能合约服务器将生成的合约发布到区块链中，合约即生效。

③ A 与 B 分别向智能合约服务器提交信息和资金。A 将 Key 及自己的银行账户提供给智能合约服务器。B 通过自己的银行账户向智能合约服务器支付 12 个月的租金 12 000 元作为抵押。

④ 每月合约执行。B 收到智能合约服务器发送的 Key，A 的银行账户收到智能合约服务器从 B 的抵押金中代扣的 1 000 元租金，直至合约到期。在整个合约执行期间，相关记录都会被完整地记录到区块链中，全网均可监督。

⑤ 合约到期。智能合约服务器生成一条合约记录，表明合约终止并发布到区块链中。

任务三 了解数字货币

任务描述

货币是购买货物的媒介，人类社会的货币从早期的金属货币发展到纸质货币，已经经过了漫长的时间。而基于区块链等技术，数字货币诞生了。数字货币的诞生标志着货币由纸质形态向数字化方向发展的历史性飞跃。本任务将对数字货币的特性、分类和流通渠道进行介绍，然后通过下载和安装数字人民币 App 并开通中国银行钱包进行实践。

相关知识

（一）数字货币的特性

数字货币是一种基于数字技术，依托网络传输，以非物理形式存在的价值承载和转移的载体。

简单来说，数字货币是一种基于节点网络和加密算法的虚拟货币。数字货币具有以下独特的属性。

1. 数字化

传统货币需要有物理实物或真实承诺作为基础，而数字货币不需要任何物理实体作为载体，属于数字世界的产物。

2. 透明性

与传统货币不同，数字货币的交易是全面透明的，也就是说所有交易信息都会被记录下来。例如，基于区块链技术的数字货币体系可以记录每一个数字货币从诞生起的每一次转手交易，从而杜绝了假币存在的可能性。

3. 全球化

传统货币通常有一定的国界限制和主权属性，而数字货币理论上可以在任何被互联网覆盖的地方使用，因此具有全球化的特性。数字货币的这一特性让其可以在全世界自由流通。

4. 高科技

数字货币应用了多项高新技术，包括共识算法、数字签名、智能合约等，其原理十分复杂。数字货币的这一特性有助于提升货币的防伪水平。

（二）数字货币的分类

按照特点及发行方式的不同，数字货币可以分成匿名币（Anonymous Currency）、稳定币（Stable Coin）和央行数字货币（Central Bank Digital Currency）。

1. 匿名币

匿名币是在交易过程中能够隐藏交易金额、隐藏发送方与接收方身份的一种特殊的数字货币。匿名币不是由主权国家中央银行发行的，具有去中心化的特点，整个货币系统中只有用户，没有中心化的控制机构。

2. 稳定币

稳定币是一种不受价格波动影响的数字货币，其价值是相对稳定的。稳定币之所以不受价格波动影响，是因为其与某种稳定资产挂钩，如黄金、美元、欧元等。稳定币价值稳定这一特性使其更适合被收藏或作为交换媒介和记账单位。同匿名币一样，稳定币也不是由主权国家中央银行发行的，而是由市场化手段进行商业运作的。当前典型的稳定币是瑞士公司 Be Treasury Asset Management 发行的 BUSD。

3. 央行数字货币

央行数字货币是由主权国家中央银行发行并运用国家强制力保障流通的数字化的主权信用货币，是主权国家以国家信用为背书的法定货币。当前知名度较高的央行数字货币包括委内瑞拉的石油币、美联储的 Fedcoin、加拿大央行的 CADcoin、瑞典央行的 eKrona，以及我国央行的数字人民币。以我国央行发行的数字人民币为例，其主要定位为取代人民币现金。

（三）数字货币的流通渠道

央行数字货币由国家保障流通，而匿名币、稳定币（统称为非央行数字货币）依靠的是纯市场化运作，因此，流通渠道也是不同的。

1. 央行数字货币的流通渠道

央行数字货币是法定货币，因此其流通渠道是商业银行及第三方支付机构。

（1）商业银行。

商业银行拥有健全的信贷网络基础设施、支付网络基础设施，以及 IT 服务系统，在央行数字货币的推广过程中扮演着重要角色。

就我国而言，当前四大国有银行已开始推广数字人民币相关业务，例如，农业银行就与天府通 App 合作，通过发放地铁优惠券的形式提升用户开通并使用数字人民币的积极性。

（2）第三方支付机构。

从本质上来讲，第三方支付机构是商业银行的渠道延伸。央行数字货币只是形式发生了变化，其管理系统并不会有过大变动，因而第三方支付机构也是央行数字货币的一个重要的流通渠道。

2. 非央行数字货币的流通渠道

非央行数字货币不由各主权国家中央银行发行，其流通渠道主要包括数字货币钱包、数字货币交易所。

（1）数字货币钱包。

数字货币钱包是指用于存储和管理用户数字货币密钥的应用程序，是数字货币主要的流通渠道。数字货币钱包不是用来放钱的，而是用来存放私钥的工具。对于匿名币和稳定币而言，拥有了私钥就等于拥有了私钥对应的数字货币的支配权。

（2）数字货币交易所。

数字货币交易所是数字货币交易和兑换的场所，是一种十分便捷的流通渠道。其功能主要是管理资产、清算资产，以及撮合交易。

任务实践

下载并安装数字人民币 App，开通中国银行钱包（无需中国银行银行卡），具体步骤如下。

① 在应用商店搜索“数字人民币”，找到数字人民币 App，下载后直接安装，按照系统提示获取并输入手机验证码，设置登录密码完成注册。

② 进入 App，点击首页的“+”按钮，在打开的界面中选择需要的中国银行，在“设置联系方式”界面中输入手机号，勾选“我已阅读...”复选框，点击→按钮。

③ 在打开的界面中设置支付密码，并再次确认密码，点击“注册”按钮，在打开的“设置钱包名称”界面中修改默认钱包名称，点击→按钮，即可成功开通中国银行钱包。

课后练习

一、填空题

1. 共识机制包括__________、__________、__________、__________。
2. 非对称加密是指______________________________。
3. 根据去中心化的数据开放程度与范围，目前区块链可以分为__________、__________、__________。

二、选择题

1. 区块链 1.0 阶段的代表性应用是（　　）。

A. 智能合约　　B. 数字货币
C. 跨境金融区块链服务平台　　D. 区块链医疗平台

2. 区块链的特点包括（　　）。
A. 共识性　B. 不可篡改性　C. 匿名性　D. 可追溯性
3. 区块链整合的技术包括（　　）。
A. 分布式账本　B. 非对称加密　C. RFID 技术　D. 哈希算法
4. 下列关于数字货币的说法中，正确的有（　　）。
A. 数字货币的交易可以被完全记录
B. 数字货币没有国界限制
C. 数字货币都是主权国家中央银行发行的
D. 央行数字货币的流通渠道是数字货币钱包